高等院校软件工程学科系列教材

软件工程方法
与 金融领域实践

许 蕾●编著

机械工业出版社
CHINA MACHINE PRESS

图书在版编目（CIP）数据

软件工程方法与金融领域实践 / 许蕾编著 . —北京：机械工业出版社，
2023.3

高等院校软件工程学科系列教材

ISBN 978-7-111-72787-3

I. ①软⋯　II. ①许⋯　III. ①软件工程 – 高等学校 – 教材　IV. ① TP311.5

中国国家版本馆 CIP 数据核字（2023）第 044637 号

机械工业出版社（北京市百万庄大街 22 号　邮政编码 100037）
策划编辑：姚　蕾　　　　　　责任编辑：姚　蕾
责任校对：龚思文　　周伟伟　　责任印制：张　博
保定市中画美凯印刷有限公司印刷
2023 年 7 月第 1 版第 1 次印刷
185mm×260mm・16.5 印张・418 千字
标准书号：ISBN 978-7-111-72787-3
定价：69.00 元

电话服务　　　　　　网络服务
客服电话：010-88361066　机　工　官　网：www.cmpbook.com
　　　　　010-88379833　机　工　官　博：weibo.com/cmp1952
　　　　　010-68326294　金　书　网：www.golden-book.com
封底无防伪标均为盗版　机工教育服务网：www.cmpedu.com

前　言

背景和动机

目前我国金融行业正处于经济增长的前沿，证券、银行等金融产业占据着越来越重要的地位，各种金融产品影响着每个人的生活。金融行业需要大量既懂软件技术又掌握金融知识的专业软件开发人员。因而，学科的交叉融合是当前环境下的必然趋势，其基本指导思想是宽基础、重实践、求复合、创模式，即融合两个专业的学科基础，在有限的学习时间内奠定复合型人才的学科基础，并将复合人才的实践实训落到实处，强调内容重构和教学手段创新，力争形成既符合学科内涵又体现学科交叉的融合培养新模式。

自 2016 年以来，针对学科交叉融合建设中软件工程课程教学的需求，南京大学计算机科学与技术系进行了系统、深入的教学改革，落实金融计算机人才培养方案，加强学生软件工程能力培养，以适应专业和产业交叉融合发展，从而满足金融科技岗位需求。这次教学改革涉及面广、幅度大、要求高，包括计算机学科和金融工程学科的交叉融合、知识结构的重组优化、教学方式方法的改进、在线教学平台的开发应用、考核评价方法的适应调整等。本书在此背景下应运而生。

软件工程课程的目标是培养学生借助工程化的手段综合运用多方面知识来解决复杂问题和开展创新实践的能力。目前软件工程在一些行业、领域已普遍应用（如 MIS、GIS、ERP等），但软件工程与金融领域交叉，其关键是数据处理和金融模型算法。开发维护这类软件系统时，需要在内容、流程和工具支撑上更有针对性，以融合软件工程和金融工程之间的认知差异。同时，通过针对性的软件系统工程化开发实践，学生可深入理解和掌握抽象的软件工程知识，并学以致用，在开发、维护软件系统的过程中克服困难、解决问题，进而积累经验、提升能力。

另外，跨学科的计算机金融实验班面向全校不同专业招生，学生编程基础相对薄弱，缺乏软件项目经验，需要开发维护的又是专门领域的软件，对金融和计算机两个专业的知识要求都很高。例如，金融软件需要在大量数据的基础上结合科学计算、机器学习等技术，对数据进行清洗、去重、规格化和针对性的分析，这涉及多个学科的多项专业技能。目前，互联网技术蓬勃发展并有效助力软件开发大环境的改善，各种开源软件、社区日新月异。总体来看，挑战与机遇并存。

本书以软件生命周期为序，分别介绍问题定义和可行性分析、软件需求分析、软件设计、程序编码、软件测试、软件的发布 / 维护 / 重构等内容，并在现有软件工程技术的基础上，结合新兴的大数据、云计算、人工智能、区块链等技术，介绍了金融科技项目实践，最后通过分析金融科技发展面临的挑战，对其未来趋势进行展望。本书可作为计算机类和金融类专业本科软件工程课程教学或实践课程教学的教材，也可作为金融领域金融科技工程师的参考用书。

继程序设计教材后，本书有助于提高学生的软件开发能力。要求学生在学习本书前应掌握信息管理系统、数据结构、结构化程序设计、面向对象程序设计以及程序设计方法论等知识。学生通过学习本书将在项目开发、毕业设计等方面奠定良好的基础。

教材组织思路

本书的组织思路是以项目驱动的方式让学生完整体验金融软件产品上线的全过程。例如：建设一个在线银行网站（存取款），从基本静态页面到动态交互页面、关联到数据库，再到考虑终端设备的多样性等；结合专业特点，完成一个融合信息获取、处理和表达等多方面设计的投顾系统；根据校园生活的衣、食、住、行各方面，实现 App 的开发和运维。但更重要的是做真实的项目，即有真正用户的软件，这样才能有真实的需求、场景和测试用例。

在需求分析阶段，要明确所需开发软件的需求（可采用思维导图，事先确定好 what、why、how、who、when 等要素），采用一系列技术和措施来保障实施推进工作的顺利开展，并高度重视所实现软件的质量检验。

在实施推进阶段，要求目标明确、方法得当、稳步推进。可以通过草图来细化软件设计，并充分了解现有的技术，包括基础的编程语言、算法、数据结构以及各种流行的框架、包、API 等。在项目管理方面，关注各种文档的版本控制、需求变动，强调流程的规范性——目前流行的 GitHub 可以有效处理项目的托管。

在质量检验阶段，可以设计功能、性能、可用性、安全性等方面的检查列表（Checklist），并学习分析（静态＋动态）及测试（黑盒＋白盒）技术，在度量时考虑内聚度＋耦合度，维护时考虑需求变动＋重构。

章节构成

第 1 章从软件工程的基本概念出发，介绍工程、软件的概念，以及软件的特点、软件的类型和软件危机；进而介绍软件工程的发展历史，包括软件开发历程、软件工程定义、软件工程生命周期模型以及软件工程的经济观点；最后介绍金融软件工程的产生背景及特点、内容等。

第 2 章从计算机及软件的发展历程出发，介绍软件开发计划的制订过程，包括问题定义、可行性分析、可行性分析报告和系统的开发计划，另外还介绍了个人软件流程与团队软件流程，以及敏捷过程、软件生命周期、软件体系结构。

第 3 章从软件需求入手，介绍了需求工程，重点是需求获取以及需求分析与建模。需求分析是软件定义时期的最后一个阶段，基本任务是准确回答"系统必须做什么"。另外还介绍了需求规格说明书的撰写以及需求验证。

第 4 章介绍有关软件设计的基本概念、设计技术和设计方法，包括图形建模、控制流、UML 等，并介绍软件设计的过程、任务和步骤。

第 5 章着重考虑怎样实现软件系统，即对系统的各个模块进一步细化，分析各个模块的子模块，给出各子模块的算法和数据库设计等。该章介绍了各种过程设计工具以及数据库选择策略，并以 ATM 系统设计为例，展示了基于 UML 的分析设计过程。

第 6 章首先明确界面设计的概念，然后分析用户界面设计，接着说明界面设计的基本类型以及界面设计风格，最后分别介绍数据输入界面的设计和数据输出界面的设计。

第 7 章介绍程序设计语言的基本概念、基本成分、特性、发展和分类、选择，并说明什么是高质量代码，接着给出达到高质量的建议，包括代码复审和结对编程，另外还介绍了软件配置管理的概念、方法、技术和工具 Git。

第 8 章介绍了软件测试的起源、概念和特点、流程和类别等基础知识，并给出了一些软件测试工具，解释了针对软件测试的一些误解，另外还介绍了软件测试设计的一些方法。

第 9 章着重介绍白盒和黑盒这两类基础的测试用例设计方法，比较了各种方法的特点和适用场景，另外还以 ATM 取款测试为例，说明如何应用这些用例设计方法。

第 10 章首先介绍程序错误类型，然后介绍软件测试的级别和类型，接着介绍软件的纠错（调试），最后介绍面向对象测试与敏捷测试；重点介绍了多模块程序的测试策略和软件调试技术。

第 11 章以 Web 应用为例，具体介绍软件测试的角度、内容和过程，以及 Web 应用自动化测试。

第 12 章的内容对形成可实际应用的软件非常重要。该章介绍软件稳定，以及和发布相关的词、发布流程、发布方案、发布前后的注意事项，并介绍软件维护和重构的相关技术。这是软件生命周期中耗时最长的阶段。

第 13 章从介绍金融科技四大新兴技术入手，详细说明了云计算、大数据、人工智能、区块链的概念、发展、技术要点和在金融领域的应用场景，结合金融科技产业生态以及发展面临的挑战和趋势，以量化投资、智能信贷、智能投顾为例，说明如何按照软件工程的原理和方法进行金融软件项目的实践，最后给出了 AiQuant 人工智能量化平台的案例分析。

致谢

笔者在编写本书的过程中得到了南京大学计算机科学与技术系各位老师的帮助，这里特别感谢仲盛教授、陶先平教授、聂长海教授等给予的鼓励和支持。

感谢 2017—2022 年这 6 年来选修本课程的同学以及完成本科毕业论文的同学，他们在金融软件工程的教学研讨与实践过程中提供了开阔的思路和丰富的素材，对最终形成本书起到了非常重要的作用。

本书在编写过程中得到了国家自然科学基金面上项目"基于程序分析的 IDE 编程辅助智能增强关键技术研究"（No.62272214）、国家自然科学基金重点项目"面向安全攸关深度学习系统的软件测试技术"（No.61832009）、南京大学软件新技术国家重点实验室、南京大学计算机科学与技术系、华为 – 南京大学下一代程序设计创新实验室、南京大学校级教改项目"计算机与金融工程交叉复合人才培养改革"子课题"计算机与金融工程复合人才培养计算机课程群建设研究"等单位和项目的支持。

编者
2023 年 2 月 10 日
于南京大学仙林校区计算机楼

目　录

第 1 章

软件工程概述

本章从软件公司的现状引出软件工程的基本概念，首先介绍工程、软件、软件的特点类型和软件的危机；进而介绍软件工程的发展历史，从软件开发历程到软件工程定义，从软件工程生命周期模型到软件工程的经济观点；最后介绍金融软件工程的产生背景及特点、内容。

1.1 引言

目前，软件公司的架构通常有横纵两条线：横向分为市场部、产品部、研发部、测试部等部门；纵向按照软件项目来组织，从各个部门抽调合适的人选来完成软件项目。

金融系统中常用的"支付"功能看起来就是数字的加减：用户购买某个物品，对应的用户账户减去商品的金额，且商家账户加上对应的金额之后，就表示交易成功。但在实际环境中，很可能有多种意外产生。例如，用户点击了"支付"按钮，但由于网络问题，显示未支付成功，此时如果用户选择继续支付，很可能会造成重复支付，需要系统能够自动发现重复支付并发起自动退款。另外，还可能有多种支付渠道，相应地，这个系统也必须提供支持。因而，产品经理需要清楚这些需求，对交互场景有清晰的概念；开发人员要有并发处理的多线程开发经验，请求、响应关系要对应好；测试人员也要设计有针对性的用例，减少系统中的隐患。

在当前的互联网环境下，IT 软件公司通常采用快速迭代式开发，即敏捷开发。确定开发意向以后，通过工具（如 Axure）绘制好界面、设计好交互序列之后，就进行编程开发，一般 2 周内完成任务，再有 2 周时间来测试交付。后期继续维护软件系统，确保其可靠、稳定运行，根据需要打补丁或者升级系统等。

这与传统的软件工程课程教学有很大的差别，具体对比如表 1.1 所示。学生学习软件工程课程时理想与现实截然不同，需要正视这些问题并给出解决方案。大学的软件工程课程一般只涉及软件基础功能的实现，而要实现"工程"级的应用，得到可靠、稳定运行的软件产品，需要付出相当大的努力，尤其在软件生命周期的各个阶段中，特别需要关注很多领域相关的技术细节。

表 1.1　学习软件工程课程时理想与现实的对比

软件生命周期各阶段	现实情况	理想情况
需求分析	不懂企业需求	分析现有软件，了解用户需求
设计阶段	用设计工具画各种形状的图形（如 UML 图）	用快速发布来证明设计是有效的、能适应变化的
实现阶段	热烈讨论，UML 图早已扔到一边	用各种软件工程的衡量手段来证明实现的能力
稳定阶段	1/10 的人开始写代码，其他人不知道干什么；代码大部分都不能工作；所有设计的黑盒和白盒测试都无法开展	证明测试能否覆盖大部分代码
发布阶段	只有一天时间（即最后检查的那一天），仍在调试程序	如期发布，通过用户量、用户评价来体现效果
维护阶段	没有任何维护	网上的观众或下一个年级的同学愿意接手该软件
总评	没学到什么知识	做有人用、有生命的软件

因而，软件工程课程提倡的学习方法有：一是从切身经历学，即自己动手开发一个实用的（小）产品，解决实际问题，从而体会软件开发过程的各个阶段，包括学习并运用编程语言、工具、理论以及合作技巧来解决问题，总结自己和团队在各个阶段的得失；二是从间接经验学，通过实际使用和代码评审等方式分析已有项目中的得失；三是通过结对编程和代码复审等方式学习别人的长处，从团队中不同角色（产品经理、界面设计、开发、测试、维护等）得到启发，还可以通过项目交流、研讨、答辩等方式向别的团队学习；四是向老师、助教、社区、用户学习，例如软件产品的 Alpha/Beta 发布就是以用户为主的。

软件工程非常注重实践，以下三点是检查软件工程实践效果的清单：

- 能够研发出符合用户需求的软件，即公开发布、有实际用户并保持一定的用户量和持续使用量（3 天后能保持 10 ～ 100 个用户），可以是 PC、Web、手机应用，而不是没有用户使用的软件；
- 通过一系列工具、流程、团队合作，能够在预计的时间内发布"足够好"的软件，即有项目规划 / 需求 / 设计 / 实现 / 发布 / 维护并有定时的进度发布，而不是通过临时熬夜、胡乱拼凑、一人代劳、延迟交付等方式糊弄；
- 通过数据展现软件是可以维护和继续演化的，而不是找不到源代码、代码无文档、代码不能编译、没有 task/bug 等项目演化的资料。

1.2　软件工程的基本概念

软件工程是一门研究用工程化方法构建和维护有效、实用和高质量软件的学科，涉及程序设计语言、数据库、软件开发工具、系统平台、标准、设计模式等方面的内容。作为计算机科学与技术专业的核心课程，其研究和实践涉及人力、技术、资金、进度的综合管理，是开展最优化生产活动的过程。

软件工程学科的理论基础是数学和计算机科学，其相关学科有计算机科学与技术、数学、计算机工程、管理学、系统工程和人类工程学等。软件工程必须划分系统的边界，给出系统的解决方案。

1.2.1　工程

在近代技术发展历史上，工程学科的进步一直是产业发展的巨大动力。传统工程所走过的道路已为人们所熟知，如水利工程、建筑工程、机械工程、电力工程等对工农业、商业的影响是极为明显的。随着工程学科的发展，近年来人们开始对气象工程、生物工程、计算机工程等产生新的认识。作为工程学科家族的新成员，人们对软件工程的认知正在不断提升。

工程建设项目具有唯一性、一次性、产品固定性、要素流动性、系统性、风险性等特征，其中的唯一性、产品固定性和要素流动性是工程建设项目中三个最基本的特征。工程建设项目的特点有：

- 投资额巨大，建设周期长。由于建设项目规模大、技术复杂、涉及的专业面宽，因此，从项目设想到施工投入使用，少则需要几年，多则需要十几年。同时，由于投资额巨大，要求项目建设只能成功、不能失败，否则将造成严重后果，甚至影响国民经济发展。
- 整体性强。建设项目是按照一个总体设计建设的，是可以形成生产能力或使用价值的若干单位工程的总体。
- 具有固定性。建设产品的固定性，使其设计单一，不能成批生产（建设），也给实施带来难度，且受环境影响大、管理复杂。

与一般工程类似，软件工程的本质特性有：软件工程关注大型程序的构造；软件工程的中心课题是控制复杂性，许多软件的复杂性不是由问题的内在复杂性造成的，而是由必须处理的大量细节造成的；软件经常变化；开发软件的效率非常重要；和谐合作是开发软件的关键；软件必须有效支持它的用户；由一种文化背景的人替具有另一种文化背景的人创造产品。

但现实世界中经常出现软件推迟交付、超出预算、带有错误、不满足用户要求等问题，失败案例比比皆是，应当使用已建立的工程学科的基本原理和范型来解决软件危机。需要特别关注软件的地位和作用、软件的特点、软件的发展、软件的危机以及软件工程学科的形成、软件生命周期等方面的问题和基本概念。

软件工程专业以计算机科学与技术学科为基础，强调软件开发的工程性。其培养目标是：使学生在掌握计算机科学与技术知识和技能的基础上，熟练掌握从事软件需求分析、软件设计、软件测试、软件维护和软件项目管理等工作所必需的基础知识、基本方法和基本技能。整个过程突出对学生专业知识和专业技能的培养，造就能从事软件开发、测试、维护以及软件项目管理的高级专门人才。

1.2.2　软件

"软件"这一名词是在20世纪60年代初从国外传来的，当时许多人都不清楚它确切的含义。从字面上看，Software一词由soft和ware两个单词组合而成。有人翻译为"软制品"，也有人翻译为"软体"，现在统一翻译为"软件"。目前公认的解释是：软件是计算机系统中与硬件相互依存的另一部分，它是包括程序（按事先设计的功能和性能要求执行的指令序列）、数据（使程序能正常操纵信息的数据结构）及相关文档（与程序开发、维护和使用有关的图文材料）的完整集合。

Program（程序）= Data Structure（数据结构）+ Algorithm（算法）

Software（软件）= Program（程序）+ Software Engineering（软件工程）

Software Company（软件公司）= Software（软件）+ Business Model（商业模型）

以上3个公式可以表明程序、软件、软件公司的构成和关系。程序（源程序）是一行一行的代码，是建立在数据结构上的一些算法。但光有代码是不行的，代码不会自己运行，要将其编译成机器能识别的目标代码，而编译不仅仅是 cc 和 link 命令。一个复杂的软件不但要有合理的软件架构（Software Architecture）、软件设计和实现（Software Design & Implementation），还要用各种文件来描述各个程序文件之间的依赖关系、编译参数、链接参数等。这些都是软件的构建，是工程性的事务。另外，软件加上商务模型就构成了一个软件公司。

软件早期作为计算机硬件的零件来开发。到 20 世纪 50 年代中后期和 60 年代早中期，软件开始被独立地开发、销售和使用。大家通常认为软件是一种工具：从 20 世纪 50 年代起，软件主要作为计算工具；从 20 世纪 60 年代起，软件主要作为商业计算和数据处理工具；从 20 世纪 70 年代起，软件主要作为计算和信息处理工具。要对软件有清楚的认识，我们首先必须知道软件的发展，软件大体上经历了程序—软件—软件产品这 3 个发展阶段。

- 第一阶段（程序）：在世界上出现了第一台电子计算机以后，就有了程序的概念。从 20 世纪 50 年代到 60 年代，人们曾经把程序设计看成一种任人发挥才能的技术领域。当时人们一般认为写出的程序要能在计算机上得出正确的结果。
- 第二阶段（软件）：传统软件开发（作坊式的软件生产），其开发工作主要依赖于开发人员的个人素质和程序设计技巧。其特点是缺少与程序有关的文档，由于程序量和规模都不大，通常由个人编写，不需要考虑团队合作，因此项目管理松散，程序可重用的程度差。
- 第三阶段（软件产品）：现代软件开发适应社会化大生产的要求，强调分工和协作，重视对项目的管理和软件质量的把握，采用工程化的方法进行文档的控制和代码的管理。

现代软件开发模式经历了巨大的转型，如单枪匹马写出 WPS 的求伯君、单独完成 BASIC 开发的比尔·盖茨等创业英雄在现代软件开发中越来越少见，而越来越多的项目经理都具有丰富的管理经验。项目的划分也越来越细，项目不再依赖于单个程序员的发挥和技巧，而依靠团队（Teamwork）的力量。实行现代软件开发的软件生产企业——微软公司，1975 年时只有 3 名员工，营业额仅有 16000 美元；1989 年时已经有 8000 名员工，营业额达 80 亿美元；而发展至 2000 年时，员工已多达 35000 名，营业额达 240 亿美元，利润更高达 150 亿美元，成为世界上最大的软件公司。

还有一些与软件密切相关的工作，比如源代码管理（Source Code Control），也叫软件配置管理（Software Configuration Management）。软件团队成员每天都在不断地修改各种源代码，因此要保证软件在不断的修改中能稳定质量，不至于崩溃。另外还可能需要为某个需求写一些特殊功能，并把这些功能合并到主要版本中。这些程序还有 32 位版本、64 位版本等。又如质量保证（Quality Assurance），也叫软件测试（Test），需要有一系列的工具和程序来保证程序的正确性。当然，这些工具和程序本身应该是正确的，这样才能保证其他软件的质量。

在软件的生命周期（Software Life Cycle，SLC）中，还要有人负责软件项目管理（Software Project Management）。一个软件得先找到顾客，顾客有各种需求，要把应实现的需求都实现。从需求分析（Requirement Analysis）开始，软件开发者需要做各种事情，比如设计（软件架构）、实现（写数据结构和算法）、测试，到最后的发布软件。软件在运行过程中还会出现这样或那样的问题，也许要时不时地给软件打个补丁，即软件的维护（Software Maintenance）。

1.2.3　软件的特点

为了能全面、正确地理解计算机软件，需要了解软件的特点。总体来说，软件具有复杂性（是人类创造的最复杂的系统类型）、不可见性（看不到源代码具体是如何被执行的）、易变性（看上去很容易修改）、服从性（需要协调系统中其他组成、用户和行业系统）和非连续性（输入很小的变化引起输出极大的变化）。

随着技术的不断发展，软件开发会越来越容易吗？答案是"No Silver Bullet"（没有银弹），即没有一种大规模提高软件开发效率的快速办法，将来也没有。这也充分说明了软件工程的必要性，需要坚持不懈的努力。

具体来看，区别于硬件，软件有以下 4 大特点。

- 软件是一种逻辑实体，而不是具体的物理实体。这个特点使软件和计算机硬件有着明显的差别。人们可以把软件记录在纸上、保存在计算机的存储器中，也可以将其保留在磁盘、磁带等介质上，但却无法看到软件的形态，必须通过观察、分析、思考、判断去了解它的功能、性能及其他特性。
- 软件的生产与硬件不同。在软件开发过程中，没有明显的制造过程；不同于硬件，软件一旦研制成功，可以重复制造，并可以在制造过程中进行质量控制，能保障产品的质量。软件是通过人们的智力活动，把知识与技术转化成信息的一种产品。对软件质量的控制，必须着重在软件开发方面下功夫，由于软件的复制非常容易，也出现了软件产品的知识产权保护问题。
- 在软件的运行和使用期间，没有硬件那样的机械磨损、老化问题。任何机械、电子设备在运行和使用期间的失效率都遵循 U 型曲线。因为在刚刚投入使用时，各个部位尚未做到配合良好、运转灵活，很容易出现问题。经过一段时间的磨合、运行就可以稳定下来。当设备经历了相当长时间的运转后，会出现磨损、老化等问题，使失效率越来越大。当失效率达到一定程度时，就达到寿命的终点。而软件的情况与此不同，它没有 U 型曲线的右半部分，因为不存在磨损和老化的问题。但在软件的生命周期中，为了克服以前没有发现的故障以及适应硬件 / 软件环境的变化、用户新的要求，必须多次修改、维护软件，而每次修改不可避免地会引入新的错误。一次次的修改可能导致软件的失效率升高，进而导致软件退化。因此，软件维护要比硬件维护复杂得多，也与硬件维修有本质上的差别。
- 软件成本相当高。软件的研制工作需要投入大量的、复杂的、高强度的脑力劳动，成本比较高。值得注意的是，硬件、软件的成本发生了戏剧性的变化。无论自己研制还是向厂家购买，在 20 世纪 50 年代末，软件的开销大约占总开销的百分之十几，大部分成本要花在硬件上；但到了 20 世纪 80 年代，这个比例完全颠倒过来，软件的开销大大超过了硬件的开销；到了 20 世纪 90 年代，情况更是这样，如美国每年投入的软件开发经费有几百亿美元。

1.2.4　软件的类型

要给计算机软件做出科学的分类是很难的事情。对于不同类型的工程对象，对其进行开发和维护有着不同的要求和处理方法，需对软件类型进行必要的划分。

1. 按功能划分

按功能划分，软件可分为系统软件、应用软件和支撑软件三大类。

系统软件能与计算机硬件紧密配合在一起，使计算机系统各个部件、相关的软件和数据协调、高效地工作，比如操作系统、数据库管理系统、设备驱动程序以及通信处理程序等。系统软件是计算机系统中必不可少的组成部分。

应用软件是在特定的领域内开发、为特定目的服务的一类软件，如 CAD（计算机辅助设计）、CAM（计算机辅助制造）、CAI（计算机辅助教学）等软件以及专家系统、模式识别系统、刹车系统等。

支撑软件是协助用户开发软件的工具性软件，其中包括帮助程序人员开发软件产品的工具（如集成开发环境 IDE），也包括帮助管理人员控制开发进程的工具（如版本控制软件 SVN 或 Git 等）。

2. 按规模划分

按规模划分，软件可分为微型软件、小型软件、中型软件、大型软件、甚大型软件、极大型软件等。

微型软件通常是只有一个人在几天之内完成的软件，通常不到 500 行代码。

小型软件通常是一个人半年之内完成的、2000 行语句以内的软件。例如，数值计算问题或数据处理问题就是这种规模的软件。这种程序通常没有与其他程序的接口。

中型软件通常是 5 人以内在一年多时间里完成的 5000 到 50000 行语句的软件。这种软件需要关注软件人员之间以及软件人员与用户之间的联系、协调和配合关系等问题。

大型软件通常是 5 ~ 10 人在两年多的时间里完成的 5 万行到 10 万行语句的软件。如编译程序、小型分时系统、应用软件包、实时控制系统等。

甚大型软件通常是 100 ~ 1000 人参与完成的软件。

极大型软件通常是 2000 ~ 5000 人参与完成的软件，如微软的 Windows 2000 项目包含近 3000 名工程师，被分成几百个小的团队。

3. 按软件开发划分

按软件开发划分，软件可分为软件产品和软件项目两类。

软件产品指不局限于特定领域的可以被广大用户直接使用的软件系统，如微软的 Windows、Office 等。这类系统的特点是技术含量高，开发时要考虑各种不同的用户需求。

软件项目也称定制软件，是受某个特定客户或少数客户的委托，由一个或多个软件开发机构完成，有具体合同的约定，如我们常说的管理信息系统（MIS）和电子商务系统。这类软件的特点是领域知识所占的比重较大，相对技术而言，工程性更强。例如，军用防空指挥系统、卫星控制系统等均为这类软件。

针对上述两种不同类型的软件，有不同的软件开发方法去指导项目开发过程。例如，针对软件产品的开发，微软公司积累了许多成功的经验；针对软件项目的开发，目前比较成熟的软件开发方法有软件成熟度模型（CMM）。这种软件开发模型试图将整个软件开发过程规范化和量化，直到可以对软件开发过程进行定量的控制和优化。

1.2.5 软件危机

在计算机刚刚投入实际使用时，往往只是为了一个特定的应用而在指定的计算机上设计和编制软件，一般采用密切依赖于计算机的机器代码或汇编语言，软件的规模较小，文档资料通常也不存在，很少使用系统化的开发方法，设计软件往往等同于编制程序，基本上是个人设计、个人使用、个人操作、自给自足的私人化的软件生产方式。

20 世纪 60 年代中期，大容量、高速度计算机的出现使计算机的应用范围迅速扩大，软件开发的规模急剧增长，同时高级语言开始出现，操作系统的发展引起了计算机应用方式的变化，大量的数据处理促进了第一代数据库管理系统的诞生。因而软件系统的规模越来越大，复杂程度越来越高，软件可靠性问题也越来越突出。原来的个人设计、个人使用的方式不再满足实际要求，因而迫切需要改变软件生产方式，提高软件生产率，软件危机由此开始爆发。

软件危机是指在软件开发和维护过程中遇到的一系列严重问题，表现为：

- 软件开发进度难以预测，拖延工期几个月甚至几年的现象并不罕见，这种现象降低了软件开发组织的信誉；
- 软件开发成本难以控制，投资一再追加，实际成本往往比预算成本高出一个数量级，而为了赶进度和节约成本所采取的一些权宜之计又往往降低了软件产品的质量，不可避免地会引起用户的不满；
- 用户对产品功能难以满意，开发人员和用户之间很难沟通、矛盾很难统一，原因往往是软件开发人员不能真正了解用户的需求，而用户又不了解计算机求解问题的模式和能力，双方无法用共同熟悉的语言进行交流和沟通，在双方互不充分了解的情况下就仓促设计系统、匆忙着手编写程序，必然导致最终产品不符合用户的实际需求；
- 软件产品质量无法保证，系统中的错误难以消除，原因在于软件是逻辑产品，质量问题很难使用统一的标准进行度量，从而造成质量控制的困难，另外盲目的检测很难发现软件产品中的所有错误，隐藏下来的错误往往是造成重大事故的隐患；
- 软件产品难以维护，表现在软件本质上是开发人员代码化的逻辑思维活动，他人难以替代，除非是开发者本人，否则维护人员很难及时检测、排除系统故障，另外，为使系统适应新的硬件环境或根据用户的需要在原系统中增加一些新功能，又有可能造成系统中的新错误；
- 软件缺少适当的文档资料，文档资料是软件中必不可少的重要组成部分，是开发组织和用户之间的权利和义务的合同书，是系统管理者、总体设计者向开发人员下达的任务书，是系统维护人员的技术指导手册，是用户的操作说明书。缺乏必要的文档资料或文档资料不合格，将给软件开发和维护带来许多严重的问题。

因此，软件危机客观上是由于软件本身的特点造成的——软件由复杂的逻辑部件构成，同时规模又十分庞大；主观上是由不正确的开发方法造成的——开发者通常会忽视需求分析，并错误认为"软件开发 = 程序编写"，同时轻视软件的测试和维护。

在软件开发项目中常以人月来衡量工作量。这种度量暗示着人手和时间是可以互换的，但这种"人多力量大"的想法是一种一厢情愿的虚妄神话（见《人月神话》）。布鲁克斯法则表明：向滞后的软件项目追加人手，会使进度更加迟缓。为此提倡外科手术式的团队组织，即软件项目的核心概念要由很少的人来完成，以保证概念的完整性。另外，软件开发过程中的沟通手段非常必要，并需要保持适度的文档。需要牢记的是：在软件开发过程中，只有适度改进，没有包治百病的银弹。

目前在软件开发过程中，人们开始研制和使用软件工具，用以辅助进行软件项目管理与技术生产，人们还将软件生命周期各阶段使用的软件工具有机地结合成为一个整体，形成能够连续支持软件开发与维护全过程的集成化软件支撑环境，以期从管理和技术两个方面来解决软件危机问题。

　　此外，人工智能与软件工程的结合成为 20 世纪 80 年代末期开始活跃的研究领域。程序变换、自动生成和可重用软件等软件新技术研究也已取得了一定的进展，把程序设计自动化的进程向前推进了一步。在软件工程理论的指导下，发达国家已经建立起较为完备的软件工业化生产体系，形成了强大的软件生产能力。软件标准化与可重用性也得到了工业界的高度重视，在避免重复劳动、缓解软件危机方面起到了重要作用。

1.3　软件工程的发展历史

1.3.1　软件开发历程

　　软件是由计算机程序和程序设计的概念发展演化而来的，是在程序和程序设计发展到一定规模并且逐步商品化的过程中形成的。伴随着计算机技术的发展，软件开发经历了程序设计阶段、软件设计阶段和软件工程阶段。

　　程序设计阶段出现在 1946—1955 年。世界上第一台通用计算机 ENIAC 于 1946 年在美国宾夕法尼亚大学诞生。它是一个庞然大物，用了 18000 个电子管，占地 170 平方米，重达 30 吨，耗电功率约 150 千瓦，每秒钟可进行 5000 次运算。ENIAC 是研究用大型机，以电子管作为元器件，体积很大，耗电量大，易发热，工作的时间不能太长。在此第 1 代计算机（电子管）阶段尚无软件的概念，程序设计主要围绕硬件进行开发，追求节省空间和编程技巧，规模很小，工具简单，无明确分工（开发者和用户），无文档资料（除程序清单外），主要用于科学计算。

　　软件设计阶段出现在 1956—1970 年。这是第 2 代计算机（晶体管数字机）和第 3 代计算机（集成电路数字机）阶段，逐渐出现了商业大型机和商业微型机。其特点是：硬件环境相对稳定，出现了软件作坊式的开发组织形式；开始广泛使用产品软件（可购买），从而建立了软件的概念，出现了 BIOS、操作系统、数据库管理系统等系统软件，并出现了瀑布模型。随着计算机技术的发展和计算机应用的日益普及，软件系统的规模越来越庞大，从科学计算转向业务应用，高级编程语言层出不穷，应用领域不断拓宽，开发者和用户有了明确的分工，社会对软件的需求量剧增，逐渐形成了结构化编程和结构化分析设计的软件开发技术，但软件产品的质量不高，生产效率低下，从而导致了软件危机的产生，即落后的软件生产方式无法满足迅速增长的计算机软件需求，导致软件开发与维护过程中出现了一系列的严重问题。

　　软件工程阶段出现在 1970 年后至今。这是第 4 代计算机（大规模集成电路机）及其后的阶段，个人计算机开始流行，也有了图形化操作系统。软件危机迫使人们不得不研究、改变软件开发的技术手段和管理方法，形成了现代结构化方法、面向对象编程和软件复用，开始使用增量演化的开发模型，从此软件生产进入了软件工程时代。此阶段的特点是：硬件已向巨型化、微型化、网络化和智能化四个方向发展，数据库技术已成熟并被广泛应用，第三代、第四代编程语言出现；第一代软件技术（结构化程序设计）在数值计算领域取得优异成绩；第二代软件技术（软件测试技术、方法、原理）用于软件生产过程；第三代软件技术（处理需求定义技术）用于软件需求分析和描述。

　　随着 Intranet 和 Internet 技术的蓬勃发展，网络操作系统、中间件平台、面向 Web 的中间件平台等也促进了软件开发技术的发展和成熟，敏捷开发日益流行。未来将在 Internet 平台上进一步整合资源，形成巨型的、高效的、可信的虚拟环境，使所有资源能够高效、可信地为所有用户服务，这成为软件技术的研究热点之一。软件复用和软件构件技术被视为解决软件危机的一条现实可行的途径，是软件工业化生产的必由之路。软件工程会朝着开放性计算的方向发展，朝着可以确定行业基础框架、指导行业发展和技术融合的开放计算前进。

1.3.2　软件工程定义

软件工程是把系统的、有序的、可量化的方法应用于软件的开发、运营和维护的过程。软件工程包括下列领域：软件需求分析、软件设计、软件构建、软件测试和软件维护。软件工程和下列学科相关：计算机科学、计算机工程、管理学、数学、项目管理学、质量管理、软件人体工学、系统工程、工业设计和用户界面设计。

"软件工程"一词于 1968 年北大西洋公约组织（NATO）在德国召开的一次会议上首次被提出。它的主要思想是：把软件当成一种产品，并要求采用工程化的原理与方法对软件进行计划、开发和维护。

著名软件工程专家 B. Boehm 综合有关专家和学者的意见并总结了多年来开发软件的经验，于 1983 年在一篇论文中提出了软件工程的 7 条基本原理：用分阶段的生命周期计划进行严格的管理，坚持进行阶段评审，实行严格的产品控制，采用现代程序设计技术，软件工程结果应能清楚地审查，开发小组的人员应该少而精，承认不断改进软件工程实践的必要性。

软件工程的定义（IEEE610.12—1990）为：①应用系统、规范、可量化的方法来开发、运行和维护软件，即将工程应用到软件；②对①中各种方法的研究。

因此，软件工程是一种工程活动，具有解决实际问题的动机，应用科学知识指导工程活动，并以成本效益比有效为基本条件，构建机器或事物，以服务人类为最终目的。

为何要以工程的方式进行软件的开发维护？这是因为：软件需求日益复杂，需要满足不同类型用户的多种需求，并且能长时间提供稳定可靠的服务；软件系统太复杂，可能包含数以百万计的代码行；人们的生命、财产依赖于软件，因此软件的责任重大，尤其是在如今"软件定义一切"的时代。

"工程"在各种行业都有，通常包括构想、分析、建设、交付、运行这几大阶段。工程具有系统性、规范性、可度量性，因而软件工程也以科学性、实践性、工艺性并重：计算机科学建立了软件生产的知识基础，例如软件开发的理论、方法、技术、模型等；给出了多种实践方法（配置管理、风险控制、需求管理等）与原则（模块化、信息隐藏、OO 设计等）；工艺性则体现在个人的直觉和非理性能力上，尤其在软件分析与设计活动中。

在现实世界中，软件危机、焦油坑比比皆是，但遗憾的是"没有银弹"；且要解决的实际问题范围广泛，没有行业和领域限制，需要客户和用户的紧密合作；另外，要解决的实际问题通常模糊不清，用户通常有很多疑问：为什么软件需要如此长的开发时间？为什么开发成本居高不下？为什么在将软件交付顾客使用之前无法找到所有的错误？为什么维护已有的程序要花费如此多的时间和人工？为什么软件开发和维护的进度仍旧难以度量？

为达到软件"优质高产"这个目标，人们从技术到管理都做了大量的努力，逐渐形成了"软件工程学"这一新学科。软件工程学的主要组成成分包括软件工程方法学、软件工程环境以及软件工程管理的基本内容和作用，既包括了计算机科学家的研究成果，也总结了广大软件工作者的实践经验。软件开发技术可涵盖形式化方法与非形式化方法两大分支。前者以形式化的程序变化和验证为主要内容，目的在于达到程序设计的自动化，多用于计算机应用人员。后者主要讨论的是工程化的软件开发技术，包括软件开发方法、软件工具、软件工程环境、软件工程管理学等多个方面，这也是本书重点介绍的内容。

1. 软件开发方法

软件工程的方法提供了构建软件在技术上需要"如何做"，涵盖了一系列的任务——需求分析、设计、编程、测试和维护。这是在 20 世纪 60 年代后期逐步形成的一种软件开发方法，在不同的软件开发阶段对应有不同的方法。

例如，在软件的设计阶段，有结构化分析与设计方法以及面向对象的程序设计方法等。在面向对象的程序设计方法中，数据和数据的操作被封闭在一个称为对象（Object）的统一体中，对象之间则通过消息（message）进行沟通。软件所描述的系统与客观世界的系统在结构上十分相似，不仅提高了软件的可修改性与可维护性，也提高了软件的可重用性，这是工程多年来所追求的目标。从结构化程序设计到面向对象程序设计是程序设计方法的又一次飞跃。

在软件测试阶段，有黑盒与白盒测试技术。其中黑盒强调功能测试，在接口层面上工作包括等价类划分、边界值分析、决策表、因果图等技术；白盒强调结构测试，在源代码基础上工作，包括语句覆盖、分支覆盖、条件覆盖、基本路径覆盖等技术。

2. 软件工具

为了提高软件设计的质量和生产效率，目前已经实现了许多帮助开发和维护软件的软件，即工具。在不同的开发时期，要用到不同的软件开发工具。

例如，我们要用某种语言来开发一个应用软件，就要涉及编辑程序、编译程序、连接程序等；另外，在软件测试阶段还要用到测试数据产生器、排错程序、跟踪程序、静态分析工具和覆盖监视工具等。软件工具发展迅速，许多用于软件分析和设计的工具正在建立，其目标就是要实现软件生产的自动化。

软件方法和工具是软件开发的两大支柱，它们之间密切相关。软件方法提出了明确的工作步骤和标准的文档格式，这是设计软件工具的基础；而软件工具的实现又将促进软件方法的推广和发展。

3. 软件工程环境

"环境"一词对不同用户有着不同的含义。

对最终用户（end user）而言，环境是他们运行程序所使用的计算机系统。这类用户对环境的要求主要是运行可靠、操作方便、容易学习和使用。

对软件开发人员（developer）来说，环境是他们进行软件开发活动的舞台，例如集成开发环境（IDE）的界面采用菜单来完成各种功能。目前生产数据库管理软件的环境有大型数据库软件 Sybase、能帮助进行程序设计的 PB 软件等。

4. 软件工程管理学

对于一个企业来说，如果只有先进的设备和技术，而没有完善的管理，是不可能获得应有的经济效益的。软件生产也一样，如果管理不善，是不可能高质量、按时完成任务的。软件工程管理就是对软件工程生命周期内的各阶段的活动进行管理。软件工程管理的目的是能按预期的时间和费用，成功地完成软件的开发和维护任务。

软件工程管理学的内容包括软件费用管理、人员组织、工程计划管理、软件配置管理等各项内容。软件工程管理也可借助计算机来实现，估算成本、指定进度、生成报告的管理工具已经在许多公司得到了使用。一个理想的软件工程环境，应该同时具备支持开发和支持管理的工具。

1.3.3　软件工程生命周期模型

一切工业产品都有自己的生命周期，软件（产品）也不例外。生命周期是软件工程的重要概念，刻画软件从产生、发展到成熟直至衰亡的过程。它把软件形成产品的整个过程划分为若干个阶段，并赋予每个阶段相对独立的任务。我们可以从软件开发模型观测出软件生命周期中每个阶段的任务。目前使用较多的软件工程生命周期模型有：瀑布模型、原型模型、进化树模型、迭代－递增模型、编码－修补模型和开源模型等。下面介绍瀑布模型和原型模型。

1. 瀑布模型

瀑布模型是 1970 年由 W. Royce 首先提出的。瀑布模型把软件生命周期分为计划时期、开发时期、运行时期。每个时期又可划分为若干个阶段。计划时期可分为问题定义、可行性研究两个阶段；开发时期包括需求分析、概要设计、详细设计、编码、测试等阶段；运行时期主要进行软件的维护和重构。这反映了软件开发中串行、连贯的步骤，其优点是：每一步的结果都是可验证的，能够减少风险并给团队提供稳定的流程支持。各阶段任务说明如下。

- 问题定义：这是计划时期的第一步，主要是为了弄清楚"用户要计算机解决什么问题"。该阶段是软件生命周期中最短的阶段，一般只需要一两天左右。
- 可行性研究：此阶段主要是论证解决问题的方案是否可行，由此确定工程规模和目标，再由系统分析员更准确地估算出系统的成本和效益。
- 需求分析：此阶段的主要任务是确定系统必须具备哪些功能，并设计出用户确认的系统逻辑模型。这一阶段要产生的文档资料比较多，包括数据流图、数据字典、简要的数据描述等。
- 概要设计：此阶段主要是建立起系统的总体结构，并画出由模块组成的软件结构图。
- 详细设计：此阶段需要把问题具体化，也就是把概要设计阶段所产生出的模块图进一步细化，设计出系统的详细规格说明书。
- 编码：此阶段是由程序员来完成的，主要是利用指定的语言，把设计阶段所产生的各种图和文字描述翻译成源程序。
- 测试：这是开发时期的最后一个阶段，通常是先进行每个模块的测试，即单元测试，然后再将模块装配在一起进行测试，即集成测试。
- 运行维护时期：这是软件生命周期的最后一个阶段，此阶段的主要任务是对已实现的软件进行维护，其目的是延长软件的使用寿命并提高软件的运行效率。软件在运行期间会由于潜在的问题而发生错误；用户在使用后也会提出一些改进或扩充软件的要求；另外软件运行的硬件、软件环境有时也会发生变化。这些情况使软件需要不断地进行维护，才能继续使用而不至于被废弃。软件维护是软件生命周期中比较长的一个阶段。

瀑布模型在软件工程中占有很重要的地位，它提供了软件开发的基本框架，非常有利于大型软件开发过程中人员的组织、管理，有利于软件开发方法和工具的研究与使用，大大提高了大型软件项目开发的质量和效率。瀑布模型强调需求、设计的作用，前一阶段完成后只需关注后续阶段，为项目提供了按阶段划分的检查点，里程碑清晰，文档也很规范。

但瀑布模型也有其不足之处：直到循环结束才能得到软件，难以适应需求的频繁变化，里程碑、完成时间点是强制的，编写文档的工作量非常大。

因此，瀑布模型适合于稳定的软件产品定义和理解透彻的技术。

2. 原型模型

在生产硬件或其他有形的工业产品时，我们常常会先制造一个样机，待成功后再批量生产。原型化软件开发的思想正是从硬件的样机生产借用过来的。但硬件生产的批量大，因制造样机增加的成本仅占很小的比例；而软件则属于单件生产，如果每开发一个软件都要先制造一个原型，那么成本就会成倍增加。

当我们获得一组基本需求说明后，可以通过快速分析构造出一个小型的软件系统，以满足用户的基本要求，接着用户可在试用原型系统的过程中得到亲身感受并受到启发，以做出反应和评价，然后开发者根据用户的意见对原型加以改进。通过不断试验、纠错、使用、评价和修改，获得新的原型版本，如此周而复始，逐步减少开发者与用户沟通中的误解，从而提高最终产品的质量。

因此在建立原型系统时，经常会这样处理：原型系统仅包括未来系统的主要功能，而不包括系统的细节，例如异常处理、对非有效输入的反应等；另外，为了尽快向用户提供原型，开发原型系统应尽量使用能缩短开发周期的语言和工具。

例如，早期 UNIX 支持的 SHELL 语言是一种功能很强的高级语言，有人用这种语言来编写办公室自动化的原型系统，仅用很短的时间就完成了编码和测试，比使用其他高级语言快许多倍。虽然 SHELL 语言在运行时需要很大的支撑系统，运行速度也比较慢，不适合用来实现最终的系统，但用它来开发原型系统能大大加快实现速度。

从瀑布模型开始的各种模型都有一个共同点：重计划、重事先设计、重文档表达。这类方法中的集大成者要算 Rational 统一流程（Rational Unified Process，RUP），RUP 把软件开发的各个阶段整合在一个统一的框架里。在 RUP 中，一个项目分为几个里程碑（milestone），每个里程碑内部有几个迭代（iteration）。需要向开发团队提供开发环境、过程和工具，并提供配置和变更管理，以更好地进行项目管理。

1.3.4 软件工程的经济观点

作为一个工程项目，软件工程同样需要考虑成本、代价，但由于所属领域的特殊性，要注意以下较为特殊的经济观点。

1. 开发的成本

使用新的编码技术 CT_{new} 比使用旧的编码技术 CT_{old} 编写代码的时间少 10%，那么选择哪种技术比较恰当？需要注意的是：引进新技术的花费包括培训费用以及学习过程、实践过程中的费用，维护问题也包括纠错性维护和增强性维护两大类。

2. 纠错的代价

检测并纠正一个错误的成本在需求阶段可能只需要 10 美元，因为只要对文档进行修改即可；而到分析阶段就可能需要 30 美元，设计阶段可能需要 40 美元，到交互后维护阶段就可能需要 2000 美元，因为越到后期，成本代价就越高，需要编辑代码、重新编译和链接、验证问题是否解决，查看修改有无产生新的问题，更新相关文档，甚至重新交付、安装等。

3. 人多不一定力量大

在实际项目开发中，个人编程较为少见，小组开发非常见。这就涉及代码模块间的接口问题。例如，有模块 P 和 Q，P 调用 Q，有 5 个参数，但顺序不同或者参数类型不同，需要花费很多的时间和精力来协调；又如，小组成员之间存在沟通问题，大量时间浪费在小组成员之间的协调上。试想一下：如果 1 个项目 1 个程序员 1 年完成，交给有 6 个人的小组，需要多长时间完成？具体可参见《人月神话》一书。

1.4　金融软件工程

21 世纪，我国经历着伟大的变革，正在从制造大国逐步向金融大国转变。金融行业通常包括银行、证券、保险、互联网金融等。金融产业的巨变对社会中各个层面都产生着深远的影响：各种金融产品影响着我们每个人的生活；越来越多的普通人接触并参与到各种各样金融活动中来；证券、银行等金融产业占有愈来愈重要的地位；金融行业的从业人员也成为当今社会收入水平和生活水平最高的群体之一。

金融的本质可以用三个词来刻画——信用、杠杠、风险，以实现跨时空的资源配置。没有信用就没有金融，信用是基石，信用体现在三个方面：首先，金融机构自身要有信用；其次，向金融机构借钱的企业要有信用；再者，各种金融中介服务机构、理财机构要有信用。信用是杠杆的基础，杠杆就是透支，是负债，所有的金融风险都是杠杆比过高造成的，如何设计一个风险较小、有一定信用基础、可靠稳定的杠杆比，是金融从业人员的智慧。

这对金融行业的从业人员提出了更高的要求。在当今的全球互联时代，金融产业的健康发展需要大量既懂软件技术又掌握金融知识的专业软件开发人员。拥有金融知识和金融行业从业背景的软件工程师已成为国内外银行、证券公司争抢的稀缺人才。掌握系统的金融软件开发理论、技术和方法，使用正确的工程方法开发出成本低、可靠性高并能够高效运行的金融软件，可以为今后从事金融软件的开发和维护打下坚实的基础。

另外，从个体来看，如果不具备一定的金融基础知识，是不能够在这个金融社会时代健康地生活和发展的。个人金融理财已经成为每个人需要掌握和了解的基础技能，是当今社会中每个个体都应该学习的必修课。不具备一定的金融知识，就意味着辛辛苦苦通过汗水积攒下来的财富，其购买力在以每年 5% ～ 10% 的速度贬值。

目前，软件工程在一些行业、领域已得到了普遍应用（如 MIS、GIS、ERP 等），但与金融领域交叉，还处于刚刚开始的阶段，其关键是数据处理和金融模型算法。开发维护这类软件系统，需要在内容、流程和工具支撑上更有针对性，以融合软件工程和金融工程间的认知差异。

金融软件有如下特点：安全等级高、数据量大、业务逻辑复杂。一个从实践出发的软件构建步骤包括：先把最主要的情况处理对，让程序能运行；再把各种情况处理好；接着优化速度；进而让程序可扩展；最后让程序可读、可维护。

如图 1.1 所示，行业应用软件由领域知识、开发技术和过程管理三部分共同构建而成。可以从三个角度来认识金融软件工程：一是"金融 + 软件工程"，即软件工程在金融行业的应用；二是"金融软件 + 工程"，即金融软件的工程实现；三是"金融工程 + 软件"，即金融工程实施中需要的软件。本书的目标是帮助读者掌握系统的金融软件开发理论、技术和方法，使用正确

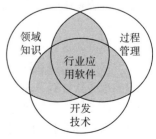

图 1.1　行业应用软件构成

的工程方法开发出成本低、可靠性高并能高效运行的金融软件，为从事金融软件的开发和维护工作打下坚实的基础。

　　对应课程的教学目标如下：理论上要求掌握各种软件工程的方法论和名词，包括各个方法论的优缺点，并且灵活应用软件开发生命周期的各种概念和工具，达到最佳实践效果；技能上需要掌握某种编程语言、工具在实战中的应用，能够进行效能分析、单元测试、原型设计，并做好项目管理工作；在经验 / 洞察力方面，要求既能够了解自己、明确自己在他人眼中的形象并管理好自己，又能够与他人合作，给他人提意见，影响他人，还需要具备会议组织能力和领导项目实施能力，并且能够分析案例，看清行业发展趋势、保持持续创新等。

　　如图 1.2 所示，要实现一个具有增删改查（CRUD）功能的数据库应用软件系统，需要具备基础知识和具体业务领域知识，并要具备软件工程、网络与通信、操作系统、数据库、编程语言和用户界面设计等多种技能，是综合能力的全面展示。

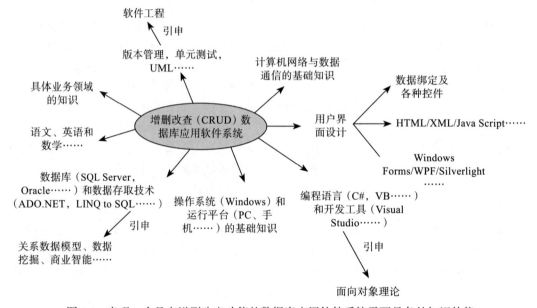

图 1.2　实现一个具有增删改查功能的数据库应用软件系统需要具备的知识技能

作业

1. 软件有很多种：在包装盒子里的软件（ShrinkWrap）、基于网页的软件（Web App）、企业、学校或某组织内部的软件（Internal Software）、游戏（Game）、手机应用（Mobile App）、操作系统（Operating System）、工具软件（Tool）等。请选取三种软件分析它们各自的特点，从以下角度展开。

（1）你清楚这些软件的开发者吗？他们的目标有哪些？

（2）你是如何得到这些软件的（邮购、下载、互相拷贝……）？

（3）这些软件有 Bug 吗？是如何更新版本的？

（4）此类软件是什么时候开始出现的？同一类型的软件间是如何竞争的？发展趋势如何？

（5）列举你在使用上述软件时观察到的"特殊"现象，它们和硬件有什么不同？能说明软件的某些本质特性吗？

（6）你个人第一次使用此类软件是什么时候？在哪里如何得到的（买的正版、盗版、下载）？

（7）你是如何精通这软件的？它给你带来哪些好处和坏处？

（8）你现在还使用它吗？或者使用同类软件的不同品牌吗？为什么？

（9）这种软件再过 10 年、20 年还会存在吗？为什么？

2. 对某个手机 App（如微信、QQ、12306 等）进行产品分析，包括：

（1）调研、评测：通过下载并使用 App，描述最简单直观的个人第一次上手体验；找出 1 ～ 2 个功能性软件缺陷并记录下来。

（2）分析：估计该项目所需要的时间，列举功能的优缺点。

（3）建议和规划：如何改进，同类产品，人员配置。

3. 请设计一份问卷，分别针对软件工程师和高年级同学，调查分析他们在设计、开发软件系统时通常会面临的困难和困惑，并调研其解决问题的途径和方法。

4. 收集嵌入式软件的相关资料，分析说明嵌入式软件是否独立于硬件。

5. 有资料表明软件工程师经常跳槽，但他们很少跨行业跳槽。能否解释这个现象？

6. 美国的实践调查数据表明：软件企业平均每人每月的工作量为 10 个功能点，折合 500 行 Java 代码。根据你的编程经验判断这个工作量多还是少，并分析原因。

7. 有这样的说法：现在中学生都会编程，很多电子系、数学系、物理系的毕业生的编程能力不弱于软件工程专业的毕业生，所以软件工程专业没有单独存在的必要。请分析这一说法。

8. 软件工程课程和计算机程序设计课程之间有何差异？开发软件系统和编写程序代码之间有何差异？

9. 金融软件系统的复杂性主要体现在哪里？开发一个金融软件系统面临的主要挑战是什么？如果让你来组织开发一个具有一定规模和复杂度的金融软件系统，会存在哪些方面的困难和问题？

10. 什么是软件工程？请给出你自己的定义。

第 2 章

计算机软件的发展与开发计划

本章将带领大家了解计算机和软件的发展历程，进而介绍软件开发计划的制订过程，包括问题定义、可行性分析、可行性分析报告和系统的开发计划，另外还将介绍个人软件流程与团队软件流程，以及敏捷过程、软件生命周期、软件体系结构等。

2.1　计算机软件的发展历程

自 1946 年第一台电子计算机 ENIAC 问世以后，电子计算机经历了几代的发展变化，相应的软件技术也在不断发展中。

第一代（1949—1956），这是电子管计算机体系时代，器件采用真空电子管，用于存储信息。但真空管会大量生热，不太可靠。使用真空管的机器需要重型空气调节装置并要进行不断的维修。此外，它们还需要巨大的专用房间。

基本技术是提出了程序存储方式，采用二进制码，考虑自动运算控制方式，发明变址寄存器，研制各种存储器，确立了程序设计概念等一系列计算机技术基础。

在此阶段，程序设计围绕硬件进行，追求节省空间和编程技巧，规模很小，工具简单，无明确分工（开发者和用户），无文档资料（除程序清单外），主要用于科学计算。

第二代（1956—1962），这是晶体管计算机体系时代，确立了输入/输出控制机制，器件采用半导体晶体管，比真空管更小、更可靠、更快，寿命更长，也更便宜。

1947 年 12 月，美国贝尔实验室 John Bardeen、Walter H. Brattain 和 William B. Shockley 组成的研究小组研制出了一种点接触型的锗晶体管（三人因此获得诺贝尔物理学奖），为迈入计算机晶体管时代奠定了坚实的基础。

基本软件技术使机器的稳定性逐步提高，磁芯存储器和各种辅助存储器的使用得到进一步的发展。开始采用中断的概念，主要矛盾逐步转向软设备。

此阶段开始有了软件设计的需求：随着软件系统的规模越来越庞大，高级编程语言层出不穷，应用领域不断扩展，开发者和用户有了明确的分工，社会对软件的需求量剧增，但软件开发技术没有重大突破，软件产品的质量不高，生产效率低下，从而导致了软件危机。

　　第三代（1962—1970），这是集成电路时代，特点是采用集成电路（IC，每个电路片有
4～100 个门）和软设备系统化。在第二代计算机中，晶体管和其他计算机元件都被手工集
成在印制电路板上；第三代计算机的特征是集成电路———一种具有晶体管和其他元件及它们
连线的硅片。集成电路比印制电路更小、更便宜、更快而且更可靠。

　　1965 年，著名的摩尔定律诞生。戈登·摩尔（Gordon Moore）预测：未来一个芯片上的
晶体管数量大约每年翻一倍（后来修改为每 18 个月翻一倍），至今依然适用。

　　第四代（20 世纪 70 年代开始至今），开始进入大规模集成电路时代，也是软件工程阶段
的开端。这一阶段的特点是采用大规模集成电路（每个电路片有 1000 个门以上），具有毫微
秒操作速度及 10 亿位的存储容量。同时，硬设备和软设备充分融合。

　　在 20 世纪 70 年代早期，一个硅片上可以集成几千个晶体管；而到 80 年代中期，一个
硅片可以容纳整个微型计算机。基本技术上，在硬设备方面没有革命性的技术发展，所利用
的是标准集成电路技术，只强调机器在结构、体制、计算技术上的高度利用；但在程序设计
技巧方面有了变化，正在向巨型化、微型化、网络化和智能化四个方向发展。

　　在软件方面，数据库技术已成熟并被广泛应用，第三代、第四代编程语言出现。其中，
第一代软件技术（结构化程序设计）在数值计算领域取得优异成绩，第二代软件技术（软件
测试技术、方法、原理）用于软件生产过程，第三代软件技术（处理需求定义技术）用于软
件需求分析和描述。

　　第五代（20 世纪 80 年代开始至今），是计划把信息采集、存储、处理、通信同人工智能
结合在一起的智能计算机系统，能进行数值计算或处理一般的信息，主要面向知识处理，具
有形式化推理、联想、学习和解释的能力，能帮助人们进行判断、决策、开拓未知领域和获
得新的知识。人机之间可直接通过自然语言（声音、文字）或图形图像交换信息。其应用程
序将达到知识表达级，具有听觉、视觉甚至味觉功能，能听懂人说话，自己也能说话，能认
识不同的物体，看懂图形和文字。人们不再需要为它编写程序指令，只需要口述命令，它就
能自动推理并完成工作任务。

　　但在日本，"五代机"的命运是悲壮的：1992 年，因最终没能突破关键性的技术难题，
无法实现自然语言人机对话、程序自动生成等目标，该计划最后阶段的研究被迫流产。

　　总体来说，如图 2.1 所示，电子计算机经历了 5 代发展历程，前四代分别是真空电子管
计算机、晶体管计算机、集成电路计算机、大规模集成电路计算机，第四代后遇到了冯·诺
依曼瓶颈，即指令与数据放在同一内存带来的 CPU 利用率（吞吐率）降低。而将其并行化网
络处理（第五代）后，又遇到了斯密 / 泰
勒 / 法约尔瓶颈———所有权、严格的等
级体系、矩阵组织和计算机接口，试图
通过知识网络化来突破。计算机技术和
网络技术的发展为已经成熟的全球化工
厂和市场注入了一些新的变量，但这些
变量的影响是工厂化模式进入人类生活
以来所面临的严峻挑战，有众多问题需
要解决和突破。

　　在当今时代，云计算、量子计算机、
区块链、人工智能（包括 AlphaGo、无

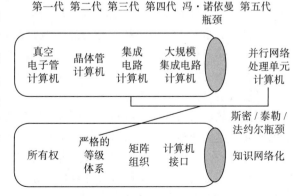

图 2.1　电子计算机 5 代发展历程示意图

人驾驶、自动编程 DeepCoder) 等概念和技术层出不穷、日新月异,部分内容可以参见第 13 章。感兴趣的读者可以自行查找相关资料,第 5 代计算机的未来将由你们来开创。

2.2　问题定义和可行性分析

在我们着手做任何一项工作之前,必须明确该工作的性质、任务,并制订完成任务的计划,这是非常有必要的。同样,对于软件产品的开发,也应该解决好类似的问题,即明确该软件产品开发的任务以及完成任务的价值,从而制订出能够完成任务的计划。

问题定义和可行性研究是制订软件系统计划的第一步。在软件工程中,把这一步称为计划时期。在瀑布模型中,软件生命周期的第一个时期是计划时期,包括问题定义和可行性研究两个阶段。

我们的目标是开发有用的软件,需要明确 3 个 W,即:Who——为谁设计、用户是谁,What——要解决哪些问题,Why——为什么要解决这些问题。

2.2.1　现状调查和问题定义

问题定义是计划时期的第一个阶段,其目的是要弄清楚用户需要计算机解决什么样的问题以及实现新系统所需的资源和经费。该阶段的主要任务是在用户调查的基础上,形成一个资料文档(系统目标与范围的说明)。该文档被用户认可后,即可作为下一步工作的依据。该阶段所涉及的工作内容全部由系统分析员和用户来操作。具体来说,本阶段需要确定研究的对象、分析研究的意义和价值、了解当前的研究成果和程度、明确目前还存在的问题、研究获得成果的条件是否具备、落实研究的方法和方案,即确定:

- What、Why(目的、目标是什么,要做什么),据此进行初步的问题(需求)分析和设计;
- Whether(是否可能成功),进行风险分析;
- How(步骤、技术、条件)、When(时间计划)、Who + Which(人员职责),此即问题的定义(软件)过程。

2.2.2　可行性研究与论证

可行性研究主要对系统的经济可行性、技术可行性、社会可行性、法律可行性等方面进行研究。软件开发人员大都存在一个通病,即只考虑到满足人的一切需要,而忽略了技术上的可行性,或过分依赖未来新技术的突破。这样的设计通常会导致软件的失败,浪费大量的人力、物力。事实上,很多技术并不是一蹴而就的,而是需要较长时间的积累才可以实现。软件设计工作只有基于用户需求、立足于可行的技术才有可能成功。

可行性研究的主要步骤有:确定目标、系统调查、列出可能的技术方案、技术先进性分析、经济效益分析、综合评价、优选可取方案并撰写可行性分析报告。

因此,软件可行性研究的目的是用最小的代价在尽可能短的时间内确定该软件项目是否能够开发,是否值得开发。可行性研究实质上是要进行一次简化、压缩了的需求分析和设计过程,要在较高层次上以较抽象的方式进行需求分析和设计。

例如,前面提到的日本第五代计算机。在 20 世纪 80 年代,日本政府和学术界发起了第五代计算机的革命,投入了大量的财力和人力,其目的在于使计算机以人的智能帮助人类,包括能看、能听、能说、能与人对话、能理解人及能翻译的智能机器人。这一革命在当时极大地推动了计算机人工智能的发展，但可惜的是人们过于乐观、操之过急。人工智能的发展未能如愿，在当时的大环境下，绝大多数基本技术（包括算法、存储等方面的问题）不能解决，日本最终不得不宣布放弃革命，第五代计算机终成泡影。

再来看项目可行性的论证，其焦点是围绕系统开发价值进行的，主要体现在以下四个方面。

1）技术可行性：分析技术冒险的各种因素，对系统的性能、可靠性、可维护性以及生产率等方面的信息进行评价。技术可行性常常是系统开发过程中最难决断和最关键的问题，分析人员需要建立系统模型，从技术的角度研究系统实现的可行性。

技术可行性研究包括：开发的风险，即能否设计出系统，包含实现必需的功能和性能；资源的有效性，即硬件/软件资源、现有技术人员的技术水平与已有的工作基础；技术，即相关技术的发展是否能支持本系统，如现有的技术是否能实现本系统、现有的技术人员是否能胜任、开发系统的软硬件资源是否能如期得到等。

技术可行性分析将为新系统提交技术的可行性评估，以指明为完成系统的功能和性能需要什么技术，以及需要哪些材料、方法、算法或者过程等。常用的技术可行性分析方法包括数学模型和优化技术、概率和统计、排队论、控制论等。

2）经济可行性：分析开发本系统有没有经济效益、多久能收回成本，要对经济的合理性进行评价。基于计算机系统的成本通常有 4 部分：购置软硬件及有关设备费用；系统开发费用；系统安装和维护费用；人员培训费用。

3）运行可行性：分析为新系统规定的运行方案是否可行，如果新系统建立在原来已担负其他运行任务的计算机系统上，就不能要求它在当前状态下运行，以免与原来的任务相矛盾。

4）法律可行性：分析新系统的开发会不会侵犯他人、集体或国家的利益并由此而承担法律责任。

在开发方案的选择方面，一般通过"将一个大而复杂的系统分解为若干个子系统"的办法来降低开发的复杂性。那么如何进行系统分解？如何定义各子系统的功能、性能和界面？实现方案不是唯一的。可以采用折中的方法，反复比较各个方案的成本/效益，选择可行的方案。因为用户无法准确知道自身的需求，所以必须由开发方理解用户的问题，并给出有效的解决方案，这是现代软件开发的重点，带来的好处是需求更容易明确，开发和维护成本降低，质量提高，产品附加值提高，利润增加。方案会考虑用户的隐性需求，产品使用寿命延长，同时可能带来一系列的后续项目。

可行性论证工作由系统分析员完成，具体包括以下几个部分。

1）复查系统规模和目标：系统分析员对所提交的文档（系统目标与范围说明书）进行复查确认，改正含糊不清的叙述，清晰描述系统的一切限制和约束，确保解决问题的正确性。

2）研究目前正在使用的系统：现有系统是信息的来源，通过对现有系统文档资料的审读、分析和研究，再加实地考察该系统，总结现有系统的优点和不足，从而得出新系统的雏形。这样的调查研究是了解一个陌生应用领域的最快方法，它既可以使新系统脱胎而生，又不会全盘照抄。

3）导出新系统的高层逻辑模型：优秀的设计通常总是从现有的物理系统出发，导出现有系统的高层逻辑模型，逻辑模型通常由程序流图来描述。

4）推荐建议方案：在对提出的各种方案分析比较的基础上，提出推荐给用户的方案，在推荐的方案中应清楚地表明本项目的开发价值、推荐该方案的理由、制订实现进度表（主要用来估算生命周期每个阶段的工作量）等。

5）书写计划任务书：把上述材料进行分析汇总，然后草拟一份计划任务书，即可行性论证报告。此报告应包含以下内容：

- 系统概述，是对当前系统及其存在问题以及新系统的开发目的、目标、业务对象和范围等的简单描述，着重说明新系统和其各个子系统的功能与特性。
- 可行性分析，是报告的主体，包括新系统在经济上、技术上、运行上、法律上的可行性以及对新系统主客观条件的分析。
- 拟订开发计划，包括工程进度、人员配备情况、资源配备情况，需要估计出每个阶段的成本、约束条件。
- 结论意见，综合上述分析，说明新系统是否可行。结论可分为三类：立即进行、推迟进行、不能或不值得进行。

6）提交申请：请用户和使用部门的负责人仔细审查上述文档，也可以召开论证会。通常论证会成员包括用户、使用部门负责人及有关方面专家。论证会成员对该方案进行论证，最后由论证会成员签署意见，指明该任务计划书是否能够通过。

2.2.3　可行性分析所需工具

当我们进行可行性分析和研究时，需要了解和分析现有的系统。为此涉及若干工具，如系统流程图和系统结构图，具体介绍如下。

1. 系统流程图

系统流程图用图形符号的形式描绘系统中的每个部件，表达对现有系统的认识。它清楚地表达了信息在系统各部件之间流动的情况，也称为业务流程图。

制作系统流程图的过程是系统分析员全面了解系统业务处理的过程，可利用系统流程图来分析业务流程的合理性。系统流程图不仅可用于可行性分析，还可以用在后续的需求分析阶段。

系统流程图有三种基本的结构：顺序、选择和循环。其中顺序结构适用于具有先后发生特性的处理程序，例如绘制图形的上下顺序就是程序的处理顺序；选择结构分为二元结构和多重结构，二元结构适用于需要进行选择或决策的过程，依据选择或决策结果，择一进行不同处理，而多重结果适用于多于两种的选择或决策；循环结构分为 repeat-until 结构和 do-while 结构。

在绘制系统流程图时，可以按照以下次序进行：首先记录调查材料，整理工作顺序；然后分析工作流程和业务关系；接着分解业务过程并描述业务处理；最后整合成完整的系统流程图。

2. 系统结构图

系统结构图是结构化设计方法所使用的描述方式，也称结构图或控制结构图。它表示一个系统（或功能模块）的层次分解关系、模块之间的调用关系以及模块之间数据流和控制流信息的传递关系，是描述系统物理结构的主要图表工具。系统结构图反映的是系统中模块的调用关系和层次关系，有先后次序（时序）关系。所以系统结构图既不同于数据流图，也不同于程序流程图。在系统结构图中的有向线段表示调用时程序的控制从调用模块移到被调用模块，并隐含了当调用结束时将控制交回给调用模块。

为了开发系统模型，可以使用一个结构模板，如图 2.2 所示。系统工程师把各种系统元素分配到模板内的五个处理区域：用户界面处理、输入处理、系统功能与控制、输出处理、维护和自测试。结构模板能够帮助系统分析员建立一个逐层细化的层次结构并形成系统模型。其中，外部实体是系统所使用信息的产生者、由系统建立信息的使用者以及通过接口进行通信或实施维护与自测试的所有实体。

图 2.2　系统结构模板图

2.3　个人软件流程与团队软件流程

为了提高软件系统开发的效率、可靠性和可维护性，软件工程包括各种技术和过程。

我们来了解一下个人软件流程（Personal Software Process，PSP）和团队软件流程（Team Software Process，TSP）。以足球为例，个人足球流程强调体能、技术和意识；团队足球流程则更强调阵型、配合和临场。流程本身不是目标，赢球才是目标。

绝大多数软件模块都是由个人开发和维护的。个人贡献者（Individual Contributor，IC）需要了解当前的情况并找到解决方案，估计工作时间，确定模块的依赖关系，和相关人士讨论解决方案并不断迭代，执行解决方案（包括代码复审、更新测试等具体工作），和其他队友一起维护软件，并对结果负责。个人的工程质量将极大地影响软件的质量。

作为一个（未来的）软件工程师，你是否有这样的体会：理论和实践往往有差距，开发项目的时候会发现实际情况和书上讲的内容有一些出入，一些重要的细节书本中并不会提及。而且很多软件工程师是边看 Python 相关书籍边开发 Python 项目。这说明个人的知识储备还很不够，需要继续成长。

那么一个软件工程师如何成长？如何证明自己的成长？可以采用 PSP 衡量这些核心数据：任务的大小，如有多少行代码（Line of Code，LoC）；需要多少努力，花了多少时间；产品中有多少质量问题；日程是否按时交付等。

PSP 的弱点在于这些评价指标很难量化，也会被很多因素影响，举例如下：

- 在小型的创业团队很难找到高质量的需求分析文档，这会导致后续的活动非常随机，开发活动随时可能变化；
- 依赖于数据，要求开发人员手动记录所有活动，对于丢失的数据或者不准确的数据应该如何处理？
- 利益冲突，是否应该如实记录花了很长时间处理的简单问题？
- 记录工作量大小时，代码行数是否作为唯一度量指标？重用代码、用别人的类库，自己从头写，或者开发者删除了 200 行有问题的代码，该如何计算绩效？
- 是否衡量最终的结果？目前只衡量工程师如何有效地实现了软件需求，但是没有衡量用户对产品是否满意。例如，Windows 8 系统开发人员把"开始"按钮取消了，完美地执行了任务，但用户是否满意？

在实践中要衡量个人贡献者的成长，可以从以下 5 个方面着手。

- 积累软件开发相关的知识，提升技术技能，如对具体技术的掌握、动手能力等，包括：对 Java、C/C++、C# 等编程语言的掌握；对诊断 / 提高效能的技术的掌握；对设备驱动程序（Device Driver）、内核调试器（Kernel Debugger）的掌握；对某一开发平台的掌握。

- 积累问题领域的知识和经验，如对游戏、医疗或金融行业的了解。
- 对通用的软件设计思想和软件工程思想的理解。
- 提升职业技能（区别于技术技能）。职业技能包括自我管理的能力、表达和交流的能力、与人合作的能力、按质按量完成任务的执行力，在 IT 行业和其他行业都很重要。
- 实际成果。绝大部分软件工程师的工作成果都是可以公开的。你参与的产品用户评价如何？市场占有率如何？对用户有多大价值？你在其中起了什么作用？这些实际的工作成果是最重要的评价标准。

再来看团队软件流程。团队对个人的期望通常体现在以下几个方面。

- 交流：能有效与其他团队成员交流，既有大的技术方向，也有看似微小的问题。
- 说到做到：按时交付，言出必行。
- 接受团队赋予的角色并按角色要求工作：要完成任务，团队有很多事情要做，能接受不同的任务并高质量完成。
- 全力投入团队的活动：对于一些评审会议、代码复审等，都要全力以赴地参加，而不是游离于团队之外。
- 按照团队流程的要求工作：团队有自己的流程，一个人即使能力很强也要按照团队制订的流程工作，不要认为自己可以不受流程约束。
- 准备：在开会讨论、开始一个新功能或新项目之前，都要做好准备工作。
- 理性地工作：软件开发有很多个人的、感情驱动的因素，但一个成熟的团队成员必须从事实和数据出发，按照流程理性地工作。

现实中，软件工程师通常有若干思维误区，具体表现在：过于保守，等有 100% 的把握再出手时，往往是行不通的；依赖链条过长，表现在不分主次、想解决所有问题，结果是什么也做不成；过早优化，与现实格格不入；过早泛化，很多学生热情高涨，在学了一些编程语言、读了一些技术博客后，都豪情万丈，开发一个项目时恨不得展现自己平生所学，这固然值得鼓励，但实践表明这些往往都不能成功。因此，我们要尽量避免走入这些思维误区，才能少走弯路。

下面再简单说一下不同的职业观。职业只是人生的一部分，但不同的职业观，对应的工作动力也有很大的差异。希望大家都能找到自己理想的、愿意为之奋斗的事业。

- 临时的寄托或工作（Temporary Work）。在大学里，你会看到很多人选 IT 专业的原因和"热爱"没有什么关系，有些人是因为专业调剂，有些人是因为要拿一个文凭作为敲门砖，有些人是临时找到这样一份工作，并不打算做长久。这些人往往处于低动力、低技能的状态。
- 工作（Job）。有些人留在这里，只是因为他不会做别的。这些人会经常问"软件开发人员做到 35 岁以后怎么办？"这样的问题。当然，如果了解和体会了软件开发的投入和回报关系，这些人的心态会进入下一个阶段。
- 职业（Profession）。在工作的基础上，如果有足够的职业道德和职业规划，那么工作就是一个"职业"。只有在这个层次上，才可以开始谈有意义的"职业发展"。职业人士对"30 岁以后""35 岁以后"都有一定的规划。
- 投身的事业（Commitment/ Vocation）。把软件项目相关的目标作为长期的承诺，碰到困难也不退缩，一直坚持到完成任务。

- 理想的呼唤（Calling）。一些人觉得通过软件可以改变世界，他们主动寻找机会，实现自己的理想。

事实上，即使是数据库的"增删改查"操作也并不容易，需要的基本技术、扩展技术和进一步的扩展技术如表 2.1 所示。

表 2.1　实现"增删改查"功能所需的各种技术

基本需求	基本技术	扩展技术	进一步的扩展技术
把数据放到数据库中满足"增删改查"的需求	数据库技术（关系数据库的基本原理和操作）	大容量的数据库操作、并行、备份等技术	关系数据库模型、数据挖掘、商业智能
有网页满足一般用户的查询需求	网页服务技术（PHP 等），数据绑定及控件	用户界面的设计、对不同浏览器的支持	用户心理、用户交互原则的应用
能不断实现新的功能	编程语言和开发工具（Java、C#、Python）	程序的效能分析、软件的重用、面向对象	能改进软件工具或构建新语言来提高效率
软件团队能按时高质量地完成任务	每日构建、版本管理、单元测试、项目管理	需求分析、敏捷开发等高级软件工程技术	软件团队的绩效评估、团队的培训和发展
要有一定的安全性	数据库安全、网站安全	计算机网络与数据通信、操作系统	密码学、各种病毒工作原理
能满足业务的需求	对业务领域有基本的了解	进一步了解业务领域知识	对业务领域有深入了解、洞察行业发展趋势

如图 2.3 所示，目前全栈开发中的典型技术包括数据库、云服务器、服务和前端几个方面，也有很多优秀的产品。随着技术的不断进步，全栈 + AI 是否能有一些结合点？ AI 又应该在哪一个层面上？请大家思考。

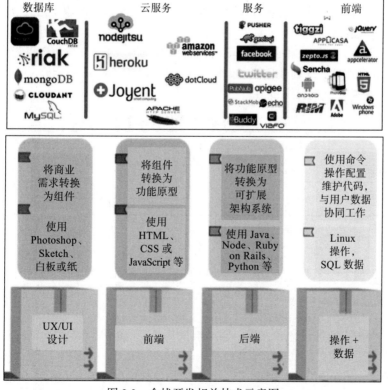

图 2.3　全栈开发相关技术示意图

2.4　敏捷过程

目前非常流行的极限编程 (eXtreme Programming) 包含若干概念，比如迭代 – 递增模型的需求和分析工作流、成本 – 效益分析方法、测试驱动开发、结对编程、时光盒、站立会议等。而敏捷是一组软件开发思想的统称，以一组软件开发方法论为代表，具体体现为许多互相支援的概念、工具和实践经验。

2.4.1　敏捷过程的流行

根据软件开发技术的发展历程，有几个原因导致敏捷（Agile）开发方式在互联网时代的出现，具体分析和说明如下。

- 20 世纪六七十年代，最初的软件顾客是大型研究机构、军方、美国航空航天局、大型股票交易公司等，它们需要通过软件系统来开展科学计算、军方项目、登月项目、股票交易系统等超级复杂的项目。这些项目对功能的要求非常严格，对计算准确度的要求也相当高。
- 20 世纪八九十年代，软件进入桌面软件时代，开发周期明显缩短，各种新的软件开发方法开始进入实用阶段。但是，发布软件的媒介还是软盘、CD、DVD，做一个软件发布需要较大的经济投入，不能频繁更新版本。
- 互联网时代，大部分服务是通过网络服务器端实现的，在客户端有各种方便的推送（Push）渠道，一般消费者成为主要用户。而且网络的传播速度和广度使知识的获取变得更加容易，这就使得很多软件服务可以由一些小团队来实现。同时，技术更新的速度也在加快，"一个大型团队用一种成熟技术开发 2 ～ 3 年再发布软件"的时代已经过去了，用户需求的变化也在加快，开发流程必须跟上这些快速变化的节奏。于是，敏捷开发方式应运而生。

从 2001 年开始，一些软件界的专家开始倡导"敏捷"的价值观和流程，他们在过程要点、结果要点、合作性和计划性这些方面肯定了表 2.2 中现有做法的价值（第 2 列），但是强调敏捷做法（第 3 列）更能带来价值。

表 2.2　现有做法与敏捷做法的比较

	现有做法	敏捷做法
过程要点	流程和工具	个人和交流
结果要点	完备的文档	可用的软件
合作性	为合同谈判	与客户合作
计划性	执行原定计划	响应变化

敏捷中的极限编程就是把各种好办法（best practice）发挥到极致（extreme）：如果满足顾客的需求很重要，那么就用顾客的语言和行为来指导功能的开发（Behavior Driven Development）；如果顾客表达能力不强，就请顾客代表和团队人员一起工作；如果测试 / 单元测试能帮助提高质量，就先写单元测试，从测试开始写程序（Test Driven Development）；如果代码复审可以找到错误，就从一开始就处于"复审"状态（即结对编程）；如果计划没有变化快，就别做详细的设计和文档，通过增量开发、重构和频繁发布来满足用户的需求；如果代码重构会提高质量，就持续不断地重构。

与计划驱动（plan-driven）和形式化开发方法（formal method）相比，在产品可靠性要求、需求变化、团队人员数量、人员经验、公司文化、实际例子、用错方式的后果等方面，敏捷也有自己的适用范围，具体比较情况如表 2.3 所示。其中，可靠性准则包括健壮性（系统承受用户无效输入的能力）、可靠性（指定操作与所观察行为之间的差别）、可用性（系统用于完成正常任务的时间）、容错性（在错误条件下系统的运行能力）、安全性（系统抵御恶意攻击的能力）、预防性（在出现错误和故障时，系统避免威胁人类生命的能力）等。

表 2.3　敏捷的适用范围

客观因素	最适用方式		
	敏捷	计划驱动	形式化的开发方法
产品可靠性要求	不高，容忍经常出错	需有较高可靠性	极高的可靠性和质量要求
需求变化	经常变化	不经常变化	固定的需求，可建模
团队人员数量	不多	较多	不多
人员经验	由资深程序员带队	中层技术人员为主	资深专家
公司文化	鼓励变化，行业充满变数	崇尚秩序，按时交付	精益求精
实际例子	写一个微博网站，开发面向消费者的 App	开发下一版本的办公软件，给商业用户开发软件	开发底层正则表达式解析模块，科学计算，复杂系统的核心组件
用错方式的后果	若用敏捷方法开发登月火箭控制程序，后果不堪设想	只对部分方法有效；若用全套敏捷方法，商业用户未必能够承受两周一次的更新频率	敏捷方法的大部分都和这类用户无关，用户关心把可靠性提高到 99.99%，不能让微小的错误把系统搞崩溃

2.4.2　Scrum 框架

Scrum 方法是 1995 年由 Ken Schwaber 和 Jeff Sutherland 博士共同提出的敏捷开发框架，已被众多软件企业广泛使用，如 Yahoo、Microsoft、Google、Motorola、SAP、IBM 等。Scrum 原意是指橄榄球运动时的积极进取、你争我夺。

Scrum 框架示意图如图 2.4 所示，整个开发过程由若干个迭代周期构成，每个迭代周期称为一个 Sprint。Scrum 通过以下过程实现产品的迭代开发：首先，产品经理根据用户需求和市场需要，提出一个按照商业价值进行排序的客户需求列表；在每个迭代的开始，开发团队要召开迭代计划会议，从这个列表中挑选出一些优先级最高的条目，形成迭代任务；在迭代开发过程中，要召开每日立会，检查每天的进展情况；在迭代结束的时候，会产生一个可运行的交付版本，由项目的相关人员参加产品的演示和评审会议，来决定该版本是否达到发布的要求。

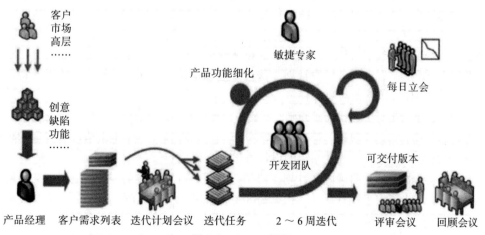

图 2.4　Scrum 框架

一个 Sprint 通常是一个 2～6 周的迭代周期，很多团队采用 2 周作为一次迭代。互联网 / 移动互联网应用产品市场变化快、竞争激烈，有可能采用 1 周的迭代周期。Sprint 的长度一旦确定，将保持不变。其产出是"完成"的、可用的、潜在可发布的产品增量。需求在一个 Sprint 内是不允许变化的。

Scrum 框架主要由 3 部分构成：角色、制品、活动。其中角色主要分为产品负责人、Scrum 主管和团队成员；制品有产品订单、迭代订单和燃尽图；活动包括迭代计划会议、每日立会、迭代评审会议和迭代回顾会议。

在 Scrum 团队角色中，产品负责人是灵魂人物，需要定义产品需求、确定产品发布计划、对产品收益负责、确定需求优先级、调整需求和优先级、验收迭代结果。Scrum 主管直接管理项目，帮助团队制订冲刺计划，组织每日站立会议，引导团队正确应用敏捷实践，确保团队紧密协作，排除团队遇到的障碍，保护团队不受打扰；团队成员一般有 5～9 人，团队是跨职能的，成员都全职工作，通过自我组织和管理，合作完成冲刺开发工作，需要保证每一次冲刺的成功。

Scrum 制品有产品订单、迭代订单和可工作软件等，其中产品订单是从客户价值角度理解的产品功能列表，功能、缺陷、增强等都可以是产品订单项，整体上根据客户价值进行优先级排序；迭代订单是从开发技术角度理解的迭代开发任务，在简单环境中，可直接把产品订单项分配到迭代中，而在复杂环境中，可把一个产品订单项再细分为 Web/ 后台、软件 / 硬件、程序 / 美工等开发任务；可工作软件是可交付的软件产品，"可交付"应视不同情况提前设定和选定交付标准，正式产品可能包括使用文档，在新产品开发初期可能只需要交付勉强看到效果的产品。

在迭代计划时，产品负责人负责产品订单的内容、可用性和优先级，告诉开发团队需要完成产品订单中的哪些订单项，开发团队决定在下一次迭代中能够承诺完成多少订单项。在迭代过程中，不能变更迭代订单，即在一次迭代中，需求是被冻结的。

产品订单最初是基本的、明确的需求，至少要足够一个迭代周期的开发；随着开发团队对产品和用户的了解，产品订单不断演进、动态变化，以保证产品更合理、更有竞争性、更有用。产品订单条目按照优先级来排序，优先级主要由商业价值、风险、必要性来决定。

有些可视化管理的实践，比如任务白板，将团队的任务和进度可视化地展现出来。这最好是实物白板，因为电子白板可能会削减团队间的沟通，降低团队的透明度，违背敏捷重视人和团队的原则。另外，燃尽图以图形化方式展示了剩余工作量（Y 轴）和时间（X 轴）之间的关系。

Scrum 规划有发布规划和迭代规划：发布规划定义用户故事并进行优先级划分，估算规模及评估团队开发速度，制订发布计划；迭代规划确定迭代目标并选择用户故事，将用户故事分解和细化到任务，并对故事和任务分布进行时间估算。

迭代计划会议在每次迭代（或冲刺）开始时召开，时间一般有 2～4h，目的是选择和估算本次迭代的工作项，其中第一部分以需求分析为主，选择和排序本次迭代需实现的订单条目，第二部分以设计为主，确定系统的设计方案和工作内容。

每日站立会的目的是明确团队计划，协调成员间每日活动并报告和讨论遇到的障碍，通过任务板帮助团队聚焦于每日活动，根据需要更新任务板和燃尽图。每个团队成员需回答三个问题：上次例会后完成了什么工作？遇到了什么困难或障碍？下次例会前计划做什么？

迭代评审会议的目的是向最终用户展示迭代的工作成果，希望得到反馈，并以之创建或变更订单条目。基本要求是由团队展示有可能发布的产品增量，允许所有参与者尝试由团队展示的新功能，以及用户对团队演示的产品功能进行反馈。

每一次迭代完成后，都会举行一次迭代总结会，即迭代回顾会议。会上所有团队成员都要反思这个迭代。举行迭代总结会议是为了进行持续过程改进，时间限制在 1h 左右。迭代回顾会议的关键要点有：会议气氛宽松自由，团队全员参加，畅所欲言，发现问题和分析原因；关注重点，每次仅就 1 ~ 3 个关键问题做出可行的解决方案；跟踪闭环，可以放入下一次迭代订单中执行改进。

2.4.3 用户故事

用户故事（User Story）是从用户角度对功能的简要描述，格式如下：作为一个 < 角色 >，可以 < 活动 >，以便于获得 < 价值 >。其中，角色是指谁要使用这个功能，活动是指需要执行什么操作，价值是指完成操作后带来什么好处。

一个好的用户故事具有独立性、可协商、有价值、可估算、短小、可测试等特点。其中，独立性是需要尽可能避免故事之间存在依赖关系，否则会产生优先级和规划问题；可协商是指故事是可协商的，不是必须实现的书面合同或需求；要确保每个故事对客户或用户是有价值的，最好让用户来编写故事；可估算是指开发者应该能预测故事的规模以及编码实现所需要的时间；故事尽量短小，最好不要超过 10 个理想人天，至少在一个迭代中完成；所编写的故事必须是可测试的。

以下为用户故事举例。顾客可以使用信用卡购买购物车中的商品（接受 VISA、Master 和 American Express 信用卡），可以再细分为以下几种测试场景：通过 VISA、Master 和 American Express 信用卡测试；通过 VISA 借记卡测试；用其他卡测试失败；用正确的、错误的和空的卡号进行测试；用过期的卡测试；用不同限额的卡测试。原先的用户故事可能不合适，可以通过迭代进行调整。

用户故事中可以有多种用户类型，比如维基百科网站有三类用户：维基百科用户希望上传文件，以便进行分享；客服代表希望为客户的问题创建记录卡，以便记录和管理客户支持请求；网站管理人员想要统计每天有多少人访问了网站，以便赞助商了解网站会给他们带来多少收益。可见，用户身份不同，视角和立场也会有很大的不同。

另外，系统对浏览器的配置型号和版本也有一些要求，比如要求系统必须支持 IE 8、IE 9、Safari 5、Firefox 7 和 Chrome 15 浏览器；作为开发人员，如果想选择合适的过滤引擎，可以做两个参考原型，分别进行性能测试、规模测试和类型测试，通过比较确定最终的方案。

产品订单是一系列用户故事的列表。如图 2.5 所示，产品负责人首先确定产品订单，这是粗粒度功能，是按照优先级进行排序的；然后通过迭代计划会议得到细粒度的功能 / 任务，形成迭代后的订单；最后由开发团队加以实施，完成增量功能。

以下是一个电商网站用户故事的实例，按优先级进行排序。

1）用户浏览商品，作为一名想购买商品但不确定商品型号的顾客，希望能对浏览网站上的在售商品按照商品类型和价格范围进行过滤；

2）用户搜索商品，作为一名想查找某种商品的顾客，希望能进行不限格式的文本搜索，比如按照短语或关键字搜索；

3）注册账号，作为新顾客，希望注册并设置一个账号，包括用户名、密码、信用卡和送货信息等；

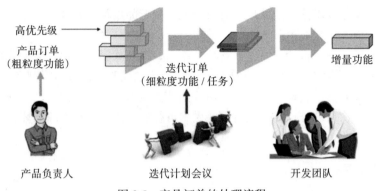

图 2.5　产品订单的处理流程

4）维护购物车，作为一名顾客，希望能将指定商品放入购物车，查看购物车内的商品以及从购物车中移除不想要的商品；

5）结账，作为一名顾客，希望能完成购物车内所有商品的购买过程；

6）编辑商品规格，作为工作人员，希望能够添加和编辑在售商品的详细信息，包括介绍、规格说明、价格等；

7）查看订单，作为一名工作人员，希望能登录并查看一段时间内应该完成或已经完成的全部订单。

2.4.4　敏捷估算

敏捷估算是指将所有订单条目需要的工作量估算值相加，形成估算值总和。估算总值除以平均速率等于迭代数量。

理想时间是一个绝对度量单位，是某件事在剔除所有外围活动以后所需的时间，一般为一天有效工作时间的 60% ～ 80% 比较合理，不会是全部。理想时间的估算方法是：团队查看每个故事，针对复杂性要素讨论故事，然后估计要用多少理想时间可完成该故事。这种方法是人们平时习惯使用的，容易理解和使用；但带来的问题是很难达成共识，因为人天生不擅长做绝对估计，不同的人对理想时间的估算是不同的，因为每个人的能力和认识都不同；由于每个人的理想时间不一样，因此这种估算不能相加，否则产生的计划肯定是不准确的。

故事点是一个相对度量单位，使用时可以给每个故事分配一个点值。点值本身并不重要，重要的是点值的相对大小。故事点的基本做法是给一些简单的标准故事设定一个"标准点数"，形成比较基线；其他故事与标准故事进行比较，给出一个相对的比例，得到该故事的一个估计值。使用难点在于：故事点的项目或产品特征很明显，几乎无法进行跨团队比较；如果没有历史数据，很难设定标准故事。

对于 2.4.3 节介绍的电商网站用户故事，可以分配不同的故事点，比如按照优先级 1 ～ 7，分别需要的故事点是 2、5、1、3、8、3、2，这与项目实际开发中需要的时间是匹配的。

敏捷估算的原则是：开发团队一起估算，产品负责人和 Scrum 主管不参与实际估算，而是分别进行阐述澄清和指导引导。需要注意的是：估算应该准确但不必过分精确，过于精确的估算是浪费。实践中可以使用敏捷估算扑克来进行，估算扑克是一种基于共识的工作量估算技术，估算扑克牌的数值范围由团队决定，有些牌是自然数排列，有些是斐波那契数，有些则是不连续自然数，例如 2 的幂。

2.5　软件生命周期

如果你只想写代码，那么了解软件生命周期对你来说是没有意义的。如果你想深入这个行业，以后想做项目组长、项目经理、部门经理、技术总监或者准备自己开软件公司，那就必须了解软件生命周期。你对这个行业了解得越深入，越会体会到开发一个软件不是把代码交上去就可以了。

软件生命周期是指从软件的产生直到报废的整个生命周期。从实际角度来看，要开发一个软件，应从需求出发，而需求又应从需求的来源出发，因此应考虑需求从哪里来，需要怎么去描述这个需求（此即问题的定义）。进一步分析为什么会产生这个需求，实现它有什么意义，要实现这个需求需要哪些技术，难点在哪里，有没有政策风险（此即可行性分析）。

然后将需求总结出来（此即总体描述），进而对需求进行拆分，把它写成用例、流程图等，以便后续的开发，也让开发人员可以从技术层面来了解这个需求（此即系统设计）。再然后是编码—调试—测试—试运行—验收，并且项目运行过程中需要维护，当你发现维护成本比较高，用户的需求已经没有办法在原系统上修改时，就是你放弃这个版本的时候，由此开始下一个软件的生命周期。

目前典型的软件生命周期模型有瀑布模型、原型模型等，可参见 1.3.3 节。

2.6　软件体系结构

当系统的规模和复杂度不断增加的时候，构造整个系统的关键是对整个系统的结构和行为进行抽象，一方面寻求更好的方法使系统的整体设计更容易理解，另一方面寻求构造大型复杂系统的复用。

编写小规模的程序（如词频统计）主要考虑算法的选择、数据结构的设计、数据库的构造，而编写复杂的大规模程序（如 Web 信息检索系统）更加侧重于对系统的全局结构设计和规划。

体系结构一词起源于建筑学，属于工程领域，是从宏观层面描述整个建筑的结构，把一个复杂的建筑体拆分成多个基本的建筑单元，再进行有机结合。建筑设计的原则是坚固、适用、赏心悦目。软件体系结构（Software Architecture）包括构成系统的设计元素的描述、设计元素之间的交互、设计元素的组合模式以及在这些模式中的约束。软件体系结构有五大组成部分：一是构件，是一组基本的构成要素；二是连接件，是这些要素之间的连接关系；三是约束，是作用于这些要素或连接关系上的限制条件；四是质量，是系统的质量属性，如性能、可扩展性、可修改性、可重用性、安全性等；五是物理分布，是这些要素连接之后形成的拓扑结构，描述了从软件到硬件的映射。

简单来说，软件体系结构 = 构件 + 连接件 + 约束，提供了在更宏观的结构层次上来理解系统层面的骨架，重点关注如何将复杂的软件系统划分成模块、如何规范模块的构成、如何将这些模块组织为完整的系统以及如何保证系统的质量要求。

构件是具有某种功能的可复用的软件结构单元，表示系统中主要的计算元素和数据存储。任何在软件系统运行中承担一定功能、发挥一定作用的功能体都可以称为构件，如程序函数、模块、对象、类、文件、相关功能的集合等。构件作为一个封装的实体，只能通过接口与外界环境进行交互，其内部结构是被隐藏的。构件功能以服务的形式体现出来，通过接口对外发布，进而产生与其他构件的关联，如目前广泛使用的 Web 服务。

连接是构件间建立和维护行为关联与信息传递的途径。有两种实现方式，即机制和协议。机制包括过程调用、中断、I/O、事件、进程、线程、共享、同步、并发、消息、远程调用、动态连接、API 等；协议是连接的规约，对过程调用来说是参数的个数、类型和参数排列次序，对消息传送来说是消息的格式。同步和异步是影响实现连接的复杂机制。

连接件表示构件之间的交互并实现构件之间的连接，如管道（pipe）、过程调用（procedure call）、事件广播（event broadcast）、客户机 – 服务器（client-server）、数据库连接（SQL）等都是连接件。构件是软件功能设计和实现的承载体，而连接件是负责完成构件之间信息交换和行为联系的专用构件。

好的开始是成功的一半。初期的总体设计是决定软件产品成败的重要因素，错误的设计决策往往会带来灾难性的后果。因此，软件体系结构的设计目标有：可重用性、可扩展性/可改变性、简单性和有效性。可重用性是指复用已经实现证明的体系结构或提供可重用资产。在软件设计的过程中，可以对经过实践证明的体系结构实现复用，从而提高设计效率和可靠性，降低设计复杂度。另外，也可以将公共部分抽象、提取出来，形成公共类、工具类，为大规模开发提供基础和规范。体系结构的设计要具备灵活性，方便增加功能，以便更好地适应用户的需求，因而要具备可扩展性（易于增加新的功能）和可改变性（易于适应需求变更）。体系结构构建了一个相对小的、简单的模型，这样就将复杂问题简单化，使系统更加易于理解和实现，是简单性的体现。软件体系结构还突出体现了早期设计决策，展现了系统满足需求的能力，是有效性的体现。

软件体系结构是逐步发展起来的：1968 年，软件体系结构的概念开始出现，由 NATO 首次提出；经历了由 20 世纪 60 年代的高级语言到 20 世纪 70 ～ 80 年代的面向过程开发（系统被划分成不同的子程序，相互之间的调用关系就构成了系统的结构）、20 世纪 90 年代的面向对象开发（系统被划分成不同的对象，采用统一建模语言 UML 来描述系统的结构）、基于构件的软件开发（体系结构成为软件工程领域研究的热点，出现了体系结构风格、框架、设计模式等概念）以及 21 世纪初的面向服务开发（具备分布式、跨平台、互操作、松散耦合等特点，致力于解决企业信息化过程中不断变化的需求和异构环境集成等难题）、21 世纪 10 年代的云与服务开发，直至现在的智能化软件开发。其中，1999 年 IEEE 1471—2000 标准的发布为软件架构的普及应用制定了标准化规范。这是一个从无体系结构到概念与理论体系的形成，再到理论完善及普及应用的过程。

图 2.6 展现了软件体系结构的发展历程，从上到下是一个由细粒度到粗粒度的转变，从左到右则体现了从 IT 技术向商务过程发展以及从封闭到开放的过程。

对于图中的风格、模式和框架，这里稍做说明和比较。体系结构风格用于描述某一特定应用领域中系统组织的惯用模式，反映了领域中众多系统所共有的结构和语义特性，比如MVC（Model View Control）；设计模式描述了软件系统设计过程中常见问题的一些解决方案，通常是从大量的成功实践中总结出来的且被广泛公认的实践和知识，比如观察者模式；软件框架是由开发人员定制的应用系统的骨架，是整个或部分系统的可重用设计，通常由一组抽象构件和构件实例间的交互方式组成，比如 Python Django 框架是一个开放源代码的 Web 应用框架。因此，框架和体系结构的关系是：体系结构的呈现形式是一个设计规约，而框架是半成品软件；体系结构的目的是指导软件系统的开放，而框架的目的是设计复用。

比如 MVC 体系结构在 Web 应用中有不同的对应框架，前端有 AngularJS 和 BackBoneJS，而后端有 Django。框架和设计模式的关系是：框架给出的是整个应用的体系结构；而设计模式则给出了单一设计问题的解决方案，且可以在不同的应用程序或框架中进行应用。又如一个网络游戏可以基于网易的 Pomelo 框架开发，这是一个基于 Node.js 的高性能、分布式游戏服务器框架；而在实现某个动画功能时，可能会使用观察者模式实现自动化的通知更新。因此，设计模式的目标是改善代码结构，提高程序的结构质量；而框架强调的是设计的重用性和系统的可扩展性，目的是缩短开发周期、提高开发质量。

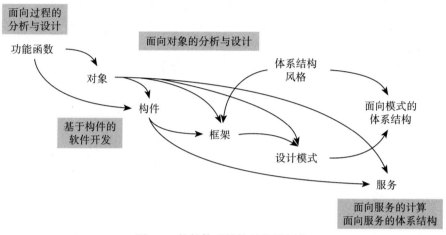

图 2.6　软件体系结构的发展历程

目前常见的体系结构风格有以下几种。一是独立构件，包括进程通信和事件系统，事件系统又分为隐式调用和显式调用；二是数量流，包括批处理和管道－过滤器；三是以数据为中心，包括仓库和黑板；四是虚拟机，包括解释器和基于规则的系统；五是调用／返回，包括主程序－子程序、面向对象和层次结构。

主程序－子程序风格是结构化程序设计的一种典型风格，从功能的观点设计系统，通过逐步分解和细化，形成整个系统的体系结构。其构件是主程序和子程序，连接器是调用－返回机制，拓扑结构是层次化结构。

面向对象风格是建立在数据抽象和面向对象的基础上的，系统被看作对象的集合，每个对象都有自己的功能集合。这种风格的构件是类和对象，对象之间通过函数调用和消息传递实现交互。其特点是具有信息隐藏性：数据及作用在数据上的操作被封装成抽象数据类型；只通过接口与外界交互，内部的设计决策被封装起来。

作业

1. 在如下团队中，如何衡量个人在各自团队中的效率和绩效？假设团队有若干浮动分数，如何分配更合适？
   （1）一群人把一堆砖头从 A 地搬到 B 地。
   （2）一个剧组排演话剧。
   （3）爵士乐小组的演奏／交响乐团成员的演奏。
   （4）一群队员在职业球队踢球。
   （5）医生、护士、麻醉师做手术。

（6）一群画家合作"万里长城"画卷。

（7）计算机系的一群老师教课。

（8）一群学生做软件工程项目（考虑项目经理、开发、测试不同的角色）。

2. 对比和分析迭代模型、增量模型、敏捷方法三者之间的差异性。

3. 学习 UML 图，熟练掌握 UML 图的图符及其正确使用方法，为后续章节的学习做好准备。

4. 试简述硬件的发展是如何影响软件工程发展的。

5. 查询资料，猜测一下软件工程未来几年的发展会有哪些特点。

6. 实践表明使用公共白板能让所有团队成员实时了解项目状态，例行的每日站会能让团队成员及时了解重要技术决策，它们一起增强了团队的凝聚力。你认为原因是什么。

7. 描述一种常见的软件体系结构模型的定义及其组成部分。

第 3 章

软件需求分析

本章从软件需求入手介绍需求工程，重点介绍需求获取以及需求分析与建模。需求分析是软件定义时期的最后一个阶段，是通往软件设计和构建的桥梁，它的基本任务是准确回答"系统必须做什么"。另外还介绍软件需求规格说明书的撰写以及需求验证。

3.1 软件需求

所谓软件需求，就是用户对软件系统提出的要求。这种要求可能是原始的、笼统的，也可能是抽象的、细节化的。一个软件系统的开发必须以一组需求为出发点，软件需求工作是在软件计划阶段完成后开始的。

需求即对外可见的系统特征。需求管理有三项任务：学习，即需求获取；剪枝，即需求优选；文档化，即撰写需求规格说明书。软件需求的主要目的是：在综合分析用户对系统提出的一组需求（基于功能、性能、数据等方面）的基础上，构造一个从抽象到具体的逻辑模型来表达软件将要实现的需求；以软件需求规格说明书的形式作为本阶段工作的结果，为下一阶段的软件设计提供设计基础。

IEEE 对需求的定义是：人们要解决的某个问题或达到某种目的的需要；系统或其组成部分为满足某种书面规定（合同、标准、规范等）所要具备的能力。需求将作为系统开发、测试、验收、提交的正式文档依据，属于合同相关的定义。

需求的另一个经典的定义来自 Herbert Simon 教授（诺贝尔经济学奖和图灵奖获得者），他认为每一个"人造物"都是一个内部环境与外部环境的"接口"，这里内部环境指人造物本身的设计组成，外部环境指人造物的周遭及其作用环境，对这个接口的描述即是需求。

需求描述的难点和挑战在于它是连接应用领域和机器领域的桥梁，应用领域是外部环境，对应各种复杂的领域性质，而机器领域是内部环境，包括软件程序、计算机硬件等。需要从应用领域的固有性质出发，将用户待解决的需求描述转化为可以用计算机软件实现的系统行为的描述。

需求是系统为满足客户期望的目标而完成的行为，需求要体现出对问题领域的清晰理解，要给出系统的使用场景和上下文。需求的定义涵盖如下内容：为什么要设计该系统，系统由谁使用，系统要做什么，系统涉及哪些信息，对待解决方案有何额外限制，如何使用该系统，质量需达到何种程度。

软件需求的确定包含以下 3 个里程碑。

- 需要确定项目的大背景，包括了解项目的领域、客户对项目的期望值。对于企业项目，在确定项目目标后，还要进一步了解客户的企业框架、当前项目在企业框架中位置、第三方接口定义等。

- 核心需求的定义和确定，需要确定项目的核心功能、关键质量和相关约束。其中，软件功能分为关键功能、次要功能等。根据项目的规划，找出当前需要实现的关键功能，并对技术风险大的功能或者关键功能中相互冲突的功能进行前期取舍。确定关键功能是一个不停递归的过程。一般质量分类包含性能、安全性、可靠性、易用性、可扩展、可维护、可移植等方面。在需求分析中，和关键功能一样，要根据项目的愿景进行关键质量的筛选。软件的约束也分为很多角度，比如业务级约束（项目的组织结构和人员信息来源于企业人事系统）、用户级约束（使用客户的一部分是残障人士或者非汉语用户等）、开发级约束（开发人员的技术水平等）。

- 项目的详细需求分析，对项目核心功能进行数据流需求调研分析、业务逻辑分析，并在此基础上编写用户用例、数据流转图、业务逻辑图等。

以下为某企业真实需求的示例。

1. 静态的、白盒的软件源代码安全扫描与分析工具，扫描结果不但能定位造成漏洞的代码所在行，而且能提供详细的安全漏洞信息、相关的安全知识说明以及修复方案。

2. 能支持大部分常见的编程语言，如 ASP.NET、C/C++、Java、JSP、XML、VB.NET、ASP、PHP、Python、Flex、ABAP、VB、VBScript 等语言。

3. 支持 Windows、Linux、HP UNIX、Solaris、AIX 的操作系统平台和其上面的代码。

4. 支持流行的桌面 /Web/ 移动端应用程序开发语言，包括：Java（Java SE、Java EE、JSP）；.NET（C#、ASP.NET、VB.NET）；网站平台上的 JavaScript、Python、Perl、PHP、RUBY on Rails、Cold Fusion; 移动平台上的 IOS（Objective-C 和 Swift）、Android（Java）、C/C++（Windows、RedHat Linux）、应用程序（COBOL、VB6）。

5. 支持自定义源代码扫描策略。

6. 支持 OWASP TOP 10 漏洞检测。

7. 漏报率以及误报率低。

8. 能支持快速的 DevOps 方法，与 SDLC 无缝集成，支持 API 接口自动化检测流程。

9. 丰富的报表功能，支持自定义报表功能。

10. 支持与 ITSM、SIEM（ELK）、OCC 监控平台集成。

11. 可支持加入机器学习功能。

对同一个事物，不同的视角会带来不同的侧重点。例如，软件工程师是做出尽可能简化问题复杂度的假设，解决具体领域的应用问题；计算机科学家要找出不失一般性的解决方法，适合处理编译器、操作系统、数据库等通用软件的设计问题；数学家则追求对问题描述的精确性。

因此，当代需求工程师需要具备分析问题和解决问题的能力、主动参与人际沟通及交流的能力、软件工程知识和技能、应用领域的有关知识、书面语言组织和表达能力等。一个优秀的需求工程师要追求以下目标：识别错误假设，确保一致性，提升标准和规范的依从性，减少彼此误解，提高支持速度和效率，提升客户满意度，撰写优质需求文档。与之相反，需求分析师的七宗罪是：干扰、沉默、过度规约、矛盾、含糊、向前引用、不切实际与一厢情愿。

好的需求是可以度量的，能给出项目成功的必要条件。其中，单个需求项的质量需要准确（Concise）、正确（Correct）、明确（Non-ambiguous）、可行（Feasible）及可证（Verifiable），整个需求集合的质量需要现实（Realistic）、准确（Concise）、全面（Complete）和一致（Consistent）。

需求分类有不同的标准，如果按照产品 / 过程划分，需求包括产品需求和过程需求；产品需求又包括功能性需求和非功能性需求（包括质量和约束两方面，质量方面有可用性、安全性、高性能等，约束有业务约束和技术约束），注意这两者的划分并不是绝对的，可能存在一定的重叠；按照抽象层次的详细程度来划分，包括业务需求、用户需求、系统需求和软件设计规格说明。

业务需求是指那些可以帮助企业达成组织目标（包括策略目标）的需求项。企业的业务需求是关于企业业务的陈述，与这个需求如何被实现无关，无论其是手动还是通过系统来完成。业务需求也被叫作业务目标，例如携程旅行的业务需求是销售飞机票，公司的目标是成为人们买飞机票的首选公司。

系统需求的满足可使系统实现预期的功能，是从用户的角度描述系统在做什么，与系统是由什么硬件和软件实现无关。企业选择实现系统的首要条件是系统需求满足组织的业务需求。例如，订票系统需要和用户数据库交互，新的软件会使汽车的启动速度加倍，新产品制造的低成本会让公司有更高的市场份额，并满足销售目标。

3.2 需求工程

需求工程是软件工程的一个分支，主要关注软件系统应该实现的现实世界目标、软件系统的功能和软件系统应当遵守的约束，同时也关注以上因素与准确的软件行为规格说明之间的联系，关注以上因素与其随时间或跨产品族而演化之后的相关因素之间的联系。如图 3.1 所示，需求工程活动包括需求获取（Elicitation）、需求分析（Analysis）、需求规格说明（Specification）、需求管理（Management）和需求验证（Validation）。

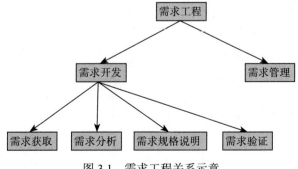

图 3.1　需求工程关系示意

如图 3.2 所示，需求工程分为需求开发和需求管理两大部分，这里我们着重关注需求开

发。需求开发需要经历需求获取、需求分析、需求规格说明和需求验证这几个阶段，分别产
出会议纪要（讨论纪要）、分析模型、需求规格说明书和审核通过的规格说明书。

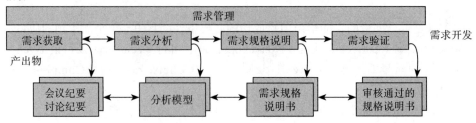

图 3.2　需求开发的流程和产出

需求管理贯穿从需求获取到软件系统下线的全过程。需求管理涉及软件配置管理、需
求跟踪、影响分析和版本控制等。其中，需求跟踪是指描述和追踪一条需求的来龙去脉的能
力，包括向前追踪到软件制品、向后追踪到需求来源；变更请求管理需要系统化的变更管理；
另外需求属性管理是对需求项的细化管理，包括需求优先级、需求状态等。

需求工程通常具有三个方面的特性。

- 必要性：软件开发是"利用通用的计算机结构构造一个有用的软件系统"的工程，需
  要处理新的问题，给出新的解决方案，其中定义问题就是需求工程的任务；
- 重要性：开发软件系统最为困难的是准确说明开发什么，如果问题广为人知或者小而
  简单，都容易被忽略；
- 复杂性：范围广泛、诸多参与方、内容多样、活动交织、结果要求苛刻（正确性、完
  整性、一致性）。

3.3　需求获取

需求获取也称需求捕获，是需求开发中的第一个活动。需求捕获的过程是人与人打交道
的过程，其成功与否与需求分析人员的沟通能力关系极大。需求获取的目标是主动与干系人
（Stakeholder，对项目有话语权和决策影响的人）协同工作，找出他们的需求，识别潜在的冲
突，磋商解决矛盾，定义系统范围与边界。其实质是了解待解决的问题及其所属领域，关键
是确保该问题的解决是有商业价值的。

如图 3.3 所示，需求的来源可以是
主题世界、应用世界、开发世界和系统
世界。其中，主题世界是系统关注的主
题内容；应用世界是系统未来的操作环
境，关注人和企业的流程；系统世界是
操作环境下的所有内部操作；开发世界
关注软件系统的开发过程、项目团队、
人员、进度、安全、性能等质量要求。
有了四世界模型，我们可以很好地对问
题的本质以及关注的对象进行分别处理。

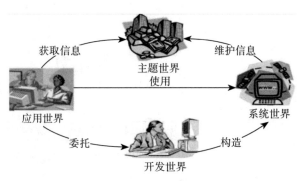

图 3.3　需求获取的四世界模型

3.3.1　需求获取的流程和方法

确定客户需要什么是一件非常困难的事情，因为客户可能没有意识到自己的公司在做什么以及真正需要的是什么。比如某公司要开发一个速度更快的软件产品，但没意识到自己当前的数据库设计很差，当务之急是重新组织和加强数据存储；又如另一个公司要开发一个商用管理信息系统，但其不赚钱的根本原因是盗窃和内盗，真正需要的是首先构建一个库存控制系统。Steve McConnell 说过："需求获取过程中，最困难的不是记录用户需求，而是与用户探讨磋商，发现真正要解决的问题，确定适用的方案。"

询问在需求获取时通常不太起作用。没有专业的软件开发小组的协助，客户很难了解需要开发什么的相关信息；除非需求获取人员与客户进行面对面的交流，否则很难弄清楚客户真正需要什么。

获取需求的一般流程是：首先需要理解应用域，即目标产品应用的特定环境，可以是银行、空间探索、汽车制造或遥感勘测，需要综合技术文档、现有应用、客户调研、专家意见、当前 / 未来需求等各方面信息；其次是构建业务模型，用来确定客户的初始需求，通过需求启发等方法来发现客户（潜在）的需求；再次是应用迭代法不断分析、推敲和扩充需求，直到开发小组对需求真正满意为止。

需求获取的策略多种多样，需求分析人员需要加以灵活运用，主要有以下几种：
- 主动：发挥主动性、把握主动权。
- 聚焦：针对问题步步深入，一次集中一个问题。
- 破解需求的冰上模型：尝试理解业务场景、善于利用技术为用户创造全新体验。
- 破解阻碍：客户可能有言过其实、非正事、抗拒、推卸责任等不同程度的阻碍。
- 不忽视变更可能：事实上，需求一直处于变动中。
- 需求协商：探讨解决方案后面的问题，共赢性谈判。

需求获取的方法也有很多，包括：用户访谈，涉及技术团队中的高层、中层、操作层等；用户调查，通常使用问卷方式，一般先访谈后调查，更加有的放矢；文档研究，针对对方提供的带有真实数据的样本；情节串联板，也称原型法，考虑具体的使用场景、用户交互情况等；现场观摩，实地考察，体会细节和难点；联合开发，能够突破盲点，通常采用直接头脑风暴等方式。下面列举几种常见做法。

1. 焦点小组

焦点小组（Focus Group）即找到一群目标用户的代表以及项目的利益相关者，讨论用户想要什么、用户对软件的评价等。

该方法可能会有以下缺点：因为一群人在一起，大家会出于讨好其他人的心理来发表意见，尽量避免不一致的意见或冲突，这反而不利于获取真实的需求；参与讨论的人在表达能力上也会有差异，有可能会出现一些善于表达的人控制讨论议程的倾向；讨论者对于他们不熟悉的事物（例如全新的市场、颠覆式的创新）不能表达有价值的想法；讨论者还容易受到主持人有意或无意的影响，主持人可能会从不同意见中挑选最符合自己利益的那些条目，然后对外号称是大家的共识。

这些特点要求会议的组织者要有很强的组织能力，能让不同角色都充分表达自己的意见，并如实地总结这些意见。这种形式也叫作推进会议（Facilitated Meeting）。

2. 用户问卷调查

用户问卷调查 (Survey) 是目前常用的用户需求获取方式，需要预先定义问题，面对广泛受众的时候使用，即具备大基数的被访者，并在需要得到关于良好定义的特定问题答案时、需要验证有限次面谈得出的结论时或需要一个特定的结果时使用，通过统计分析得到的结果看起来更加科学。

问卷调查的优点是可以快速获得大量反馈，可以远程在线执行，可以搜集关于态度、信念及特性的信息，但也有一些缺点，比如简单的分类会导致对上下文的考虑较少，留给用户自由表达其需求的空间较小等。问卷调查的注意事项有：选择样本时可能会存在偏见、自愿的问卷回答者可能存在偏见；样本规模太小；自由发挥的问题难于分析；对答案有诱导性的提问；问题的妥当性；含糊的问题等。另外要注意，问卷调查也需要原型化和测试。

因而用户问卷的设计至关重要，用户问卷中常见的毛病有：定义不明确，使用含糊的形容词，让人难以琢磨；让用户花费额外的努力来回答问题，这可能导致用户半途而废；带有引导性的问题，使结果有所偏颇；过于开放式的问题，用户常常无从下手；选择过于狭窄的问题，可能导致以偏概全的结果。

3. 人类学调查

人类学调查（Ethnographic Study）需要需求获取人员感同身受，通过"同吃同住同劳动"的方式，放下自己的观点，用心观察并如实记录。

4. 深入面谈

深入面谈（In-depth Interview）可以深入了解用户，开展用户体验研究，即实地参观用户使用新版本的软件，让用户完成一些任务。如果选择的面谈对象比较合适，那该方法的效果应该还可以，但实际上面谈对象可能没有讲实话。

另外，还有卡片分类（Card Sorting，收集自由表达的、不同角度的需求和抱怨，通过讨论来明晰定义，再归类并排优先级）、快速原型调研（Quick Prototype Studies）、日志调研（Diary Studies，对记录的日志信息进行分析、处理和挖掘）、A/B 测试（在真实的环境中实验新的功能，同时跟踪数据，考察不同设计的效果）等其他需求获取方法。其中原型、仿真是用户偏爱的方式之一，其目标是明确含糊、不确定的需求，简化需求文档并确认需求，尽早获得最终用户和客户的反馈，其指导方针是用于需求确认、提供需求评估的数据基础，尤其适合评估不同的用户界面方案，帮助用户可视化关键的功能，是直观、有效的沟通工具。

3.3.2 需求获取的注意事项

需求的获取是否都按照用户的要求来？答案是既要听其言，又要观其行。

很多时候，用户并不知道自己确切的需求或者不愿意表达完整的需求，需要软件团队设身处地替用户着想，引导出用户的需求，此即需求捕捉。

有些需求在实现之前，用户并没有明确表达过（例如没有用户说"我希望有一个偷菜的软件，我可以偷别人家的菜"），但是成功的团队还是可以从"用户需要和朋友之间玩游戏，用户有证明自己能力的需求"这些角度出发，挖掘出需求。另外，软件团队也需要分析技术的发展趋势及产业的变化、社会发展的大趋势，以此推测用户会产生哪些新的需求。例如，看到全球定位系统（GPS）技术的成熟、地理信息系统的发展、私家车的普及和智能手机性能的不断提高，可以推测出"利用手机给汽车导航"将是一个普遍的需求。

还可以进一步获取和引导需求，需求既可以来自管理机构，又可以来自企业内部。比如有些需求来自监管部门，一些互联网服务需要对不同年龄用户的内容加以管理——屏蔽敏感词、快速删除网上内容等。又如，软件企业＝软件＋商业模式，即企业所采用的商业模式会对软件提出需求，一个免费的互联网服务到达一定规模后，企业就会考虑如何让这个服务带来收入。例如，一个免费的互联网电子邮件服务会考虑对用户收费，支持几种不同等级的用户、在邮件中附带广告或者在页面显示广告等。这些需求并非来自用户，因为事实上绝大部分用户都反感这样的需求，但是企业需要一个能维持生存和发展的商业模式，尽管这种模式下的种种需求未必都是对用户有利的。

需求还可以来自技术团队本身，包括代码的迁移、架构的演化、平台的变化或者引入新的技术、编程语言等。例如，为了提高开发效率，一个手机软件团队决定引入跨平台的语言和框架；或者需要支持新的 HTTPS 协议；原来后台的数据服务使用了专用的数据库和专门的小型机，现在改为基于开源技术的软件和硬件；软件前端代码需要支持某种自动测试工具，以便更有效地进行自动测试等。除此以外，还需要更好地了解用户的行为和需求。例如，我们要在软件的各个功能点加上收集信息的代码，并在后台实现数据收集、整理、报告和数据挖掘（Data Mining）工作，此类技术在一些公司叫作遥测技术。

我们还可以进一步对需求进行分类，如对产品功能的需求、对产品开发过程的需求、服务质量需求和综合需求，具体说明如下。

- 对产品功能的需求：要求产品必须实现某些功能。例如，学校的选课软件只允许有学生身份的用户浏览并选择课程，同时要求学生选择某一门课时必须满足"选修课"的要求等。
- 对产品开发过程的需求：要求软件的开发流程必须满足某些约束条件。例如，开发过程必须产生某种类型的文档，必须在某个时间点达到某个状态，必须对源代码施以某种约束（安全性核查、代码版权核查、代码规范和支持文档的核查）。
- 非功能性需求：也叫服务质量需求（Quality of Service Requirement）。例如，股票交易系统必须在一定时间内返回用户查询结果（对时间的要求比科技文献检索网站要高），火车票购票系统、大学选课软件必须能支持一定数量的用户同时访问等。
- 综合需求：有些需求并不是单单一个软件模块就能满足的。例如，"购物网站必须在 24 小时内把货物发送到用户手中"，这个需求涉及软件系统、货物派送系统、送货部门、监控系统等不同部门的功能和执行能力。

所有利益相关者（干系人）都有需求，请体会他们不同的需求：最终用户、顾客（决定购买的客户）、市场分析者、监管机构、软件工程师。

其中，用户也会有多种。很多人假设评价软件的人就是购买软件的人或使用软件的人，但实际上未必如此。比如你要开发一个中学生学习英语的软件，你找谁去做用户调研？是作为最终用户的中学生还是家长（家长是要掏钱的人，他们不会每天都使用该软件，有些人也不太会英语）？还是学校老师（他们是有巨大影响力的人，可能已经规定使用某款软件）？再如，要开发一个企业管理软件，你要找谁去做用户调研？

以上各种需求获取方法有不同的适用场景，比如在设计界面时，原型、情景与建模的需求获取方法比较合适；而在考虑业务逻辑时，参与观察、亲身实践、面谈和情景法比较有效；在获取信息时，面谈法和现有系统分析更为适用。

总之，在需求获取中，建立完整精确的模型很难，建立完整的原型也不现实，以上需求获取方法，要根据需要和客观条件灵活加以运用。

3.3.3 NABCD 模型

在了解需求获取的若干方法后，我们介绍一个 NABCD 模型，该模型也称为竞争性需求分析框架，说明应该按照什么步骤做出真正有用的软件产品。

N 是指需求（Need），即现在市场上未被满足但又急需满足的用户需求是什么、你的创意解决了用户的哪些需求，用户对已有软件或服务有不满意的地方，但是用户往往也不知道如何进行颠覆性的创新。

A 是指方法（Approach），即要满足这种需求，你的独特做法是什么、有什么招数特别是独特的招数可以用来解决用户的痛点。例如在技术上，不能只是说"我会 C++，所以我一定可以写好这个软件"，要有独特的办法，例如具有人脸识别技术、会做超大规模的数据处理等，另外，方法也可以是在商业模式上的（第一个做众包的服务）、地域的（对本市的公交线路很熟）、人脉的（认识很多大学生）、行业的（有地图测绘行业的资质）或者是成本上的（能找到更便宜的资源来维护网站）独特优势。

B 是指好处（Benefit），即该方法给顾客提供的便利是什么，要考虑产品 / 功能给最终用户、客户、公司带来什么好处，要花费多少时间、金钱才能得到这些好处。

C 是指竞争（Competitors），即要调研目前行业中有多少竞争者，他们的优势 / 劣势是什么，我们有什么先发优势 / 后发优势，对于竞争对手和其他可选择的方案，这种单位成本收益的优势在哪里。知己知彼，才能百战百胜。

D 是指交付（Delivery），即产品研究完成后的交付与推广方案，考虑如何把产品交到用户手中。假如你有一个比现有产品更好的产品，怎么交到千百个用户手中？例如你开发了一个手机的应用，如何把产品交到千万个用户手中？可以把它提交到应用商店。但在中国有多少个手机应用商店？应用提交之后，在相应的产品类别中会名列第几？有多少人会看到？因此，为了让新用户知道我们的产品，可以做广告、做公关活动、鼓励有影响力的用户或市场认识这个产品、做出高质量的功能让用户口口相传。我们也可以设计产品功能，让更多的非用户自然地成为用户。一种方式是让产品把用户拉进来，把用户生活中的好友拉到产品中（例如把用户拉到微信群中讨论）；另一种方式是在交流中自然地宣传产品（例如免费邮件产品在邮件正文后面加上一句宣传的话）。了解产品怎样能有效地在用户中推广，能让我们把相关的功能设计做好。

下面给出分别针对新产品和改进产品的电梯演说模板，大家可以体会 NABCD 模型的实际作用。

● 电梯演说模板——新产品

我们的 <新产品> 是为了解决 <目标用户> 的痛苦，他们需要 <Need>，但是现有的方案并没有很好地解决这些需求，我们有独特的办法 <Approach>，它能给用户带来好处 <Benefit>，远远超过竞争对手 <Competitor>。同时，我们有高效率的 <Delivery> 方法，能很快地让大部分用户知道我们的产品，并进一步传播。

● 电梯演说模板——改进产品

我们的 <功能改进> 是为了解决 <目标用户> 的痛苦，他们需要 <Need>，但是现有的方案并没有很好地解决这些需求，我们有独特的办法 <Approach>，它能给用户带来好处 <Benefit>，远远超过竞争对手 <Competitor>，包括我们以前的版本。我们有数据 <Data>（用户调查）支持这个结论。我们相信新的改进能给我们带来 <Data> 的业绩改善（用户量、使用时间、评价、收入）。

另外，竞争环境中有三个不同的选择策略：差异化、同质化、优化。在核心价值、关键点和挑战这三个方面的具体比较情况如表 3.1 所示。如果你有新的产品想法，请选择合适的策略。特别是在资源有限的情况下，你要考虑减少 / 停止哪些项目才能支持新的项目。

表 3.1 竞争环境中的三种选择策略

方面	三种选择策略		
	差异化	同质化	优化
核心价值	产生差别	和别人兼容	提高效率
关键点	别人比不上	足够好	在同类中最好
挑战	能比别人好多少	多久能做到足够好	优化到什么地步

影响项目成功与否的因素有很多，下面大致列举几个。大家可以边实践边思考。

一是产品的因素，包括：希望产品达到什么样的可靠性标准，能接受平均每天重启一次还是需要一年 99% 的时间内都能运行；产品的数据量有多大，比如图书馆管理系统中有多少本书，每天有多少事务发生；产品的复杂程度，是做一个单页面展现信息的网站，还是一个需要实时处理交易的网站；对模块重用的要求，是所有模块都可以重新写还是必须要重用原来系统的某些老的模块；文档的需求，是需要完备的文档还是“有什么事就问我”；如果是涉及硬件、供应链、软件、社区、运营的复杂产品，应该如何管理各种依赖关系。

二是平台的因素，包括：执行时间的约束，所开发的是否是一个实时系统；存储的约束，数据如何保存；恢复的策略是怎样的；平台变动的约束，编程语言和工具每半年是否会发生大的变化。

三是人员的因素，包括：分析师和程序员的能力；做此类应用的经验，即其使用开发平台、编程语言和工具的经验；人员流动性，如项目做到一半有人突然离职。

3.4 需求分析与建模

需求分析的本质是对收集到的需求进行提炼、分析和审查，为最终用户所看到的系统建立概念化的分析模型，即把客户现实需求进行抽象、映射和转换，以形成软件需求模型，如图 3.4 所示。

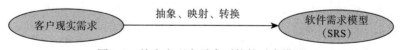

图 3.4 从客户现实需求到软件需求模型

需求分析的目标是对产品及其环境的交互进行更深入的了解，识别系统需求，设计软件体系结构，建立需求与体系结构组件间的关联，在体系结构设计实现过程中进一步识别矛盾冲突，并通过干系人之间的协调磋商解决问题。其实质是概念建模，即选择常用的建模语言，进行功能建模和信息建模。关键问题是实现体系结构设计与需求分配。可以通过评估需求的满足度来评价体系结构设计的质量。

需求分析建模的一般步骤是：首先分析需求可行性，再细化需求，最后建立需求分析模型，包括明确功能活动、分析问题类和类之间的关系、确定系统和类行为、数据流等方面的内容。

3.4.1　需求分析

通过需求分析，能描述客户需要什么（软件的信息、功能和行为），为软件设计奠定基础（结构、接口、构件设计），定义在软件完成后可以被确认的一组需求。需求分析是一项重要的工作，也是最困难的工作。该阶段的工作有以下特点。

- 用户与开发人员很难进行交流。在软件生命周期中，其他阶段都是面向软件技术问题的，只有本阶段是面向用户的。需求分析是对用户的业务活动进行分析，明确在用户的业务环境中软件系统应该做什么。但是在开始时，开发人员和用户双方都不能准确提出系统要做什么，因为软件开发人员不是用户问题领域的专家，不熟悉用户的业务活动和业务环境，而用户也不熟悉计算机应用的有关问题。由于双方互相不了解对方的工作，又缺乏共同语言，因此在交流时存在隔阂。
- 用户的需求是动态变化的。对于一个大型而复杂的软件系统，用户很难精确、完整地提出针对这个软件系统的功能和性能要求。开始只能提出一个大概、模糊的功能，只有经过长时间的反复认识才能逐步明确。有时进入设计、编程阶段才能明确，甚至到开发后期还在提新的要求。这无疑给软件开发带来很多困难。
- 系统变更的代价呈非线性增长。需求分析是软件开发的基础。假定在该阶段发现一个错误，解决它需要用一小时的时间，而到设计、编程、测试和维护阶段解决该错误可能要花 2.5 倍、5 倍、25 倍甚至 100 倍的时间。因而做好需求分析是更为经济的选择。

因此，对于大型复杂系统而言，开发人员需要对用户的需求及现实环境进行充分的调查和了解，从技术、经济和社会因素三个方面进行研究并论证该软件项目的可行性，根据可行性研究的结果，决定项目的取舍。

需求分析的经验原则是：模型抽象级别应该高一些，不要陷入细节；模型的每个元素应该能增加对需求的整体理解；有关基础结构和非功能的模型应推延到设计阶段；最小化系统内关联；确认模型对客户、设计人员、测试人员都有价值；尽可能保持模型简洁。

需求分析的基本思想有四点：①抽象，即透过现象看本质，抓住事物的本质，捕获问题空间的"一般 / 特殊"关系，这是认识、构造问题的一般途径；②划分，即分而治之，分离问题，捕获问题空间的"整体 / 部分"关系是降低问题复杂性的基本途径；③投影，即从不同的视角看问题，捕获并建立问题空间的多维视图是描述问题的基本手段；④建模，即采用规范的描述方法，将模糊的、不确定的用户需求表达为清晰的、严格的模型，作为后续设计与实现的基础。

需求分析的任务有以下四点。

- 确定对系统的综合需求。通常对软件系统有几方面的综合需求：功能需求、性能需求、可靠性和可用性需求、出错处理需求、接口需求、约束需求、逆向需求、将来可能提出的需求。
- 分析系统的数据要求。任何一个软件本质上都是信息处理系统，系统必须处理的信息和系统应该产生的信息在很大程度上决定了系统的面貌，对软件设计有深远的影响。因此必须分析系统的数据要求，这是需求分析的一项重要任务。分析系统的数据要求通常采用建立数据模型的方法。复杂的数据由许多基本的数据元素组成，数据结构表示数据元素之间的逻辑关系。利用数据字典可以全面定义数据，但是数据字典的缺点是不够直观。为了提高可理解性，通常利用图形化工具（如方框图）辅助描述数据结构。

- 导出系统的逻辑模型。综合上述两项分析的结果可以导出系统的详细逻辑模型，通常用数据流图、E-R 图、状态转换图、数据字典和主要的处理算法描述这个逻辑模型。该模型有助于增强对需求的理解，通过模型能够检测到需求中的不一致性、模糊性、错误和遗漏，并使项目的参与者之间能够开展高效的交流。目前有两种模型形态，即形式化的数学模型和非形式化的图形模型。

- 修正系统开发计划。根据在分析过程中获得的对系统更深入的了解，可以比较准确地估计系统的成本和进度，修正以前定制的开发计划。

现有的需求分析方法主要有两种，即结构化分析方法、面向对象分析方法，具体内容将在 3.4.2 节和 3.4.3 节中介绍。

3.4.2　结构化需求分析

作为一种"思想"工具，结构化分析方法可以用于：定义需求，建立待建系统的功能模型；定义满足需求的结构，给出一种特定的软件解决方案。

在软件工程中，一般认为数据是客观事物的一种表示，而信息是具有特定语义的数据，同时可以将数据看作信息的载体。所谓数据流是指数据的流动，通常用一组线和箭头代表数据流动的起始、指向等。数据加工是对数据进行变换的单元，它代表了一组对数据的操作；数据存储则是一种数据的静态结构，比如文件、数据库的元素等。另外，数据源和数据潭是系统外的实体，不属于本系统，数据源通俗来讲是系统的输入，而数据潭即系统的输出。

数据流图（Data Flow Diagram,DFD）用于描绘数据在系统中各个逻辑功能模块之间的流动和处理过程，是功能模型，主要刻画功能的输入和输出数据、数据的源头和目的地。

对于 DFD 中出现的所有被命名的图形元素（数据流、数据项、数据存储、加工）在数据字典（Data Dictionary,DD）中作为一个词条加以定义，并具有顺序、选择或重复结构，规定了子界，使每一个图形元素的名字都有一个确切的解释，并且所有的定义都是严密的、精确的，不可有含混、二义性。

例如，用户输入 a、b、c、d 四个值，系统计算 $(a+b)*(c+a*d)$，并将结果输出到一个文件中存储，这个过程可以表示为如图 3.5 所示的 DFD。

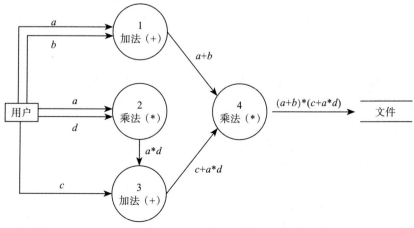

图 3.5　DFD 示意图

　　另外还有常用的数据建模－实体联系图（E-R 图）把用户的数据要求清楚、准确地描述出来，建立一个概念性的数据模型，包含数据实体、主要属性和关联关系。图 3.6 所示为一个教师、学生、课程的 E-R 图。其中，实体的抽取是需求分析的重难点，可以考虑使用分析工具来自动抽取。关系的表达可以是一对一或一对多，也分必选项或可选项，需要根据实际情况灵活加以判断。

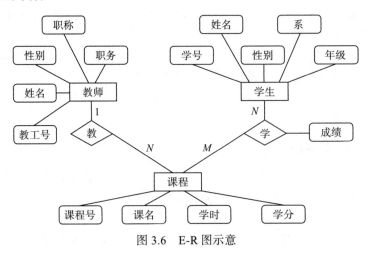

图 3.6　E-R 图示意

3.4.3　面向对象需求分析

　　面向对象需求分析是使用面向对象模型分析软件需求的一种方法。面向对象模型包含静态结构（对象模型）、交互次序（动态模型）和系统功能（功能模型）。面向对象需求分析通常有以下内容：寻找类与对象、识别结构、识别主题、定义属性、建立动态模型、建立功能模型、定义服务。

　　先介绍一些基本概念。对象就是一个包含数据以及与这些数据有关的操作的集合，每个实体都是一个对象。类是一组具有相同数据结构和相同操作的对象集合，类的定义包括一组数据属性和在数据上的一组合法操作。类定义可视为一个具有类似特性与共同行为的对象模板，可用来产生对象。类是对象的抽象，而对象是类的具体实例。对象之间有消息传递。继承是在一个已存在的类的基础上建立一个新的类，将已存在的类称为基类或父类，将新建立的类称为派生类或子类。

　　有些对象具有相同的结构和特性，如计算机专业编号 0022、9922 是两个不同的对象，但属于同一类型，具有完全相同的结构和特性。简而言之，面向对象＝对象＋类＋继承＋消息。

　　每个对象都属于一个类型。大家知道，在 C++ 中对象的类型就称为类（class），类代表某一批对象的共性和特征。大家在学习 C++ 时，先声明一个类（类型），然后用它去定义若干个同类型的对象，那么对象就是一个类（类型）的变量。例如，先声明了"首都"这样一个类，那么北京、东京、莫斯科则都属于"首都"类的对象。所以说，类是用来定义对象的一种抽象数据类型，或者说，类是产生对象的模板。

　　面向对象技术强调软件的可重用性（复用）。在 C++ 中，可重用性是通过"继承"这一机制来实现的。继承是面向对象技术中的一个重要组成部分。继承使软件的重用成为可能。过去软件开发人员开发新的软件时，从已有的软件中直接选用完全符合要求的部件的情况并不多，一般都要进行许多修改才能使用，因此工作量很大。继承机制很好地解决了这个问题。另外，以已有的类为基础生成一些派生类（子类），在子类中保存父类中有用的数据和操作，去掉不需要的部分。新生成的子类还可以再生成孙类，而且一个子类可以从多个父类中获得继承，这就是多继承机制。

为了理解面向对象的概念，我们看一个现实世界中对象的例子。比如椅子是家具（furniture）类中的一个成员（也称为"实例"）。一组类属性与类中的每个对象关联。家具有很多属性，比如价格、尺寸等。无论是椅子还是桌子、沙发或衣橱等这些现实世界中的对象，都具有这些属性。一旦类被定义，当新的类的实例被创建时，属性就可以被复用。例如，我们定义一个新的称为 chable（即在椅子和桌子之间的东西）的对象，它也是类 furniture 的成员，这就意味着 chable 继承 furniture 的所有属性。

虽然通过描述类的属性给出了对象的定义，但是在类 furniture 中的每个对象可以被一系列不同的方式操纵，如：被定义买和卖、物理地被修改；在桌子涂上新的油漆；椅子从一个地方移动到另一个地方；等等。这些操作被称为"服务"或"方法"，它将修改对象的一个属性或多个属性。例如，位置（location）属性是一个数据项，定义如下：位置＝大厦＋楼层＋房号。被命名为 move（移动）的操作将修改构成属性位置的一个或多个数据项（大厦、楼层或房号）。为了完成操作，"移动"必须"知道"这些数据项。操作"移动"可用于桌子或椅子，只要二者是类 furniture 的实例，所有对类 furniture 的合法操作（如买、卖、重量）将被"联结"到对象定义中，并且被类的所有实例继承。

面向对象分析（OOA）的核心思想是利用面向对象（OO）的概念和方法对软件需求建造模型，以使用户需求逐步精确化、一致化、完全化。为此，OOA 的方法步骤为：首先识别对象（找出分析过程中的所有名词或名词短语，合并同义词，需要除去有动作含义的名词，因为它们将被描述为对象的操作），包括其属性及外部服务；进而识别类及其结构，包括定义对象之间的消息传递。

标识潜在对象有以下几种可能：与目标系统交换信息的外部实体，如物理设备、操作人员或用户、其他有关的子系统；事物，如报告、文字、信号、报表、显示信息，它们是问题信息域的一部分；位置，如制造场所或装载码头，是建立问题的系统整体功能的环境；组织机构，如单位、小组；事件，目标系统运行过程中可能出现并需要系统记忆的事件，如核电站运转时的意外事故；角色，与目标系统发生交互作用的人员所扮演的各种角色，如管理人员、工程师、销售人员等；聚焦对象，用于表示一组成分的对象，如物理设备。

筛选对象的规则如下：对象应具有记忆自身状态的能力，即潜在对象的信息必须被记住才可能使系统工作；对象应具有有意义的操作，以便可以通过某种方式来修改对象的属性值；对象应具有多种意义的属性，因为在分析阶段，分析的关注点应该是较大的信息，即具有多个属性值的对象；公共属性，可以为潜在对象定义一组属性，这些属性适用于对象每一次发生的事件；公共操作，可以为潜在对象定义一组操作，这些操作适用于对象每一次发生的事件；必须的需求，对象应是软件需求模型的必要成分，与设计和实现无关。

面向对象需求分析与建模通常分为三类模型：领域模型、交互模型和状态模型。首先需要领域建模，寻找概念类，进而通过顺序图和协作图等动态模型来刻画使用场景，再通过一系列的状态模型来表达需求。

第一阶段：建立静态模型（领域建模），从用例模型入手，寻找概念类，进而细化概念类，识别边界类、控制类和实体类，添加关联和属性。其中，寻找概念类可以重用或修改现有的模型，包括参考已有系统或书籍资料等，或者使用分类列表，如业务交易、交易项目、角色、地点、记录、物理对象等，或者通过分析用例文本确定名词短语。

第二阶段：建立动态模型，从用例和活动图入手，建立系统顺序图和协作图，建立分析对象的顺序图，以确定分析类的操作。建立动态模型的过程示意图如图 3.7 所示。

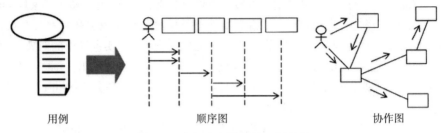

用例   顺序图   协作图

图 3.7 建立动态模型的过程示意

3.5 软件需求规格说明书

软件需求规格说明书（software requirements specification）是具有一定法律效力的合同文档，并依据供需双方达成的共识，清楚地描述软件在什么情况下需要做什么以及不能做什么，通过定义系统的输入 / 输出、输入到输出之间的转换方式来描述系统的功能性需求，也描述经过干系人磋商达成共识的非功能性需求，一般参考需求定义模板完成，覆盖标准模板中定义的所有条目，并将需求作为后续的软件评估依据和变更的基准。

软件需求规格说明书需要遵守逻辑组织结构，比如参照 IEEE 的模板。典型的组织形式包括：按系统能够响应的各种外部环境情况来组织，比如飞机着陆管理系统中的环境条件（风速、燃料余量、跑道长度等）；按系统的功能特征来组织，比如电话系统的来电屏蔽、呼叫转移、电话会议等；按系统的响应方式来组织，比如工资管理系统中的请求 / 响应（工资条生成请求、成本计算、打印税单等）；按所管理的外部数据对象来组织，比如图书管理系统中按书籍类型来组织需求的撰写；按用户类型来组织，比如一个项目管理系统，按照经理人、管理人员来组织系统的需求；按软件的工作模式来组织，比如一个文档编辑器可以按照文档编辑时的页面布局分成分页模式、普通文档编辑模式、大纲模式等；按子系统的划分来组织，比如一个飞行器管理系统会包括命令管理子系统、数据处理子系统、通信子系统、设备管理子系统等。

软件需求规格说明书有以下几种风格：一是描述性的自然语言文本，其中最常见的是敏捷方式下的用户故事；二是从用例模型产生，因为可将用例模型与需求转化看成是可逆的过程，如果需求模型以用例的形式表示，可以逆向生成需求的完整集合，也可以在工具的支持下完成；三是从需求数据库中生成，商业需求数据库有内置的功能来生成经过筛选的需求规格说明，或者从产品线需求规格数据库中生成特定产品的需求规格说明；此外，还可以从混合模型中生成，比如特征模型和用例模型的混合，需要内嵌模板和工具。表 3.2 是生成不同风格软件需求规格说明书的方法总览。

表 3.2 生成不同风格软件需求规格说明书的方法总览

方法	使用时机	适合	效果	需要的资源
描述性文本	小项目	小产品的非正式说明	中	有良好写作能力的分析师

（续）

方法	使用时机	适合	效果	需要的资源
从用例模型产生	大中型项目	产品线的正式规格描述	中	有建模能力、好的过程标准、建模工具的分析师
从需求数据库产生	大中型项目	产品线的正式规格描述	小	需求数据库、有数据库管理能力的分析师
从混合模型产生	中小型项目	单个产品的定义	中小	有良好协作技巧、需求工程、数据库管理、建模能力的分析师

还可以把用户手册作为软件需求规格说明书。撰写用户手册作为软件需求规格说明书是一种高性价比的方法，能够一箭双雕，对于和用户交互的系统是比较有效的，这样系统由交互驱动。好的用户手册描述了所有用例的所有场景，例如《人月神话》一书中就描述了将用户手册作为软件需求规格说明书的做法，另外据说苹果公司第一台计算机的编码工作开始之前就写好了用户手册。但是，用户手册并没有描述非功能性需求，也没有描述那些不和用户交互的功能性需求，比如函数计算、过滤器或翻译工具等。

常见的用户手册大纲包括介绍、开始、操作模式、高级特性、命令语法和系统选项几个部分，其中，介绍包括产品总览和基本原理、术语和基本特征、展示格式与报表格式的总结、手册的大纲；开始部分包括开始指令、帮助模式和样例运行；操作模式有命令行、对话框、报告几种模式。

软件需求规格说明书的用户有客户和终端用户、市场人员和销售、产品开发人员、测试人员、项目管理人员等。其中，客户和终端用户是需求的提供者，要保证其满足用户的需要；市场人员和销售根据客户要求定义有竞争力的产品特征，管理产品的发布；产品开发人员通过需求来了解系统要做什么并且开发、实现系统；测试人员参照需求进行系统验证，通过测试和用户征询的方式对系统质量进行评估；项目管理人员需要参照软件需求规格说明书来控制和度量项目的进展，对项目在不同国家和地区实施的要求，需要基于产品的核心部分补充本地运行所需的特性。

一个高质量的软件需求规格说明书是所有需求的集合，它描述了产品要提供的所有功能，也是软件系统解决方案商业合同的基础，并且是测试计划的参考基础，它是定义产品需求的度量标准，也是产品需求跟踪的先决条件，影响开发产品的项目计划。

高质量软件需求规格说明书的评价标准有正确性、无歧义、完整性、可测试性、可修改、可跟踪、易理解、一致性和有序性等，还包括项目或产品特定的其他特征。另外还需要保证需求规格说明的简洁性。一个需求描述是简洁的是指描述系统的一个独立特征，除了必需的信息外，没有包含其他信息，使用清晰、简单、可理解的词语表述，避免"应该""可以""可能"之类的用词。

3.6 需求验证

需求验证是对其他需求工程活动的质量保证，一般通过偏数学的形式化工具或工程化的测试过程来确保系统满足干系人的要求。验证方法通常包括评审（review）、原型化（prototyping）、模型验证（model validation）和确认测试（acceptance tests）。

需求评审的目的是与用户确认需求，保证需求的一致性，并去除需求缺陷。评审点需保证完整性、一致性、可理解性和可实现性等。参与人员需要包括需求分析人员、软件设计人员、领域专家、用户以及软件测试人员等。

　　需求评审就是技术评审，根据评审的方法划分为以下两类：非正式评审，由开发人员描述产品并征求意见，不需要记录；正式评审，应该包含一组由不同背景的审查人员组成的小组。相应流程如图3.8所示。首先是评审会议的筹备工作，输入是被审查的需求规格说明文档，召集会议的各方参与人员；然后是评审会议，如果发现问题，要及时修改并进行重审，直至得到确认后的基准需求规格说明文档。

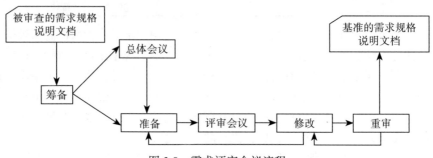

图 3.8　需求评审会议流程

　　如图 3.9 所示，我们对几种验证方法在错误识别、时间开销和工作成本三方面进行了比较，可以看到：原型验证和基于测试的验证对错误的识别率较高，同时时间开销和工作成本较低，因此这两种方法是首选。

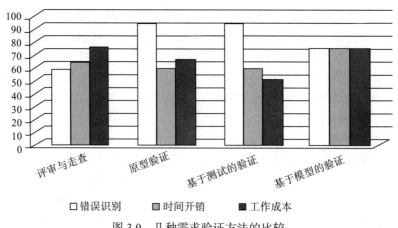

图 3.9　几种需求验证方法的比较

作业

1. 查阅相关资料，形成并完善个人项目的立项需求文档。个人项目可以是个人主页或记账本。
2. 自己构思并提出一个具体的软件需求，如量化交易、智能投顾、智能信贷、网络通信、图像识别、语音分析、机器人控制、无人机编程、数据库访问操作等，到 GitHub、码云等开源软件托管网站上去检索，看能否找到相应的开源软件，并分析如何利用这些开源软件来实现自己所构思的功能。
3. 结构化需求分析方法的思路以及面向对象需求分析方法的思路分别是什么？
4. 概念类图有哪些基本元素？如何为一个用例建立概念类图？

5. 系统顺序图的作用是什么？如何为一个用例建立系统顺序图？

6. 简要描述 ATM 可能有哪些用户、他们分别使用 ATM 的哪些功能，以此为依据建立 ATM 的系统用例图。

7. 根据下列需求描述，建立 ATM 系统的概念类图。

A 银行计划在 B 大学开设银行分部，计划使用 ATM 提供全部服务。ATM 系统将通过显示屏幕、输入键盘、银行卡读卡器、存款插槽、收据打印机等设备与客户交互。客户可以使用 ATM 进行存款、取款、余额查询等操作，这些操作对账户的更新将交由账户系统的一个接口来处理。安全系统将为每个客户分配一个 PIN 码和安全级别。每次事务执行之前都需要验证该 PIN 码。将来，银行还计划使用 ATM 完成一些常规操作，如修改地址和电话号码。

8. 如果一组软件开发新手要完成一项需求不确定的软件项目开发，采用何种软件开发过程模型或方法较为合适？请解释原因。

第 4 章

软件设计基础

软件设计是软件工程的重要阶段。本章将介绍有关软件设计的基本概念、设计技术和设计方法（包括图形建模、控制流、UML 等），并介绍软件设计的过程、任务和步骤。

4.1 软件设计过程

在一些人眼里，今天的软件开发似乎是一件简单的事情，已有不少很好的开发工具和软件库，软件开发人员训练有素，都强烈渴望去编写很酷的软件，可以在几天的时间里编写出一个相当复杂的软件。但为什么有些软件能够得到用户的喜欢，而另一些则不能？为什么有些软件能够在市场上成功，而有些则受到冷落？由此可见，开发软件并不一定困难，而难在如何开发有用的软件。

一个有用的软件应该能帮助用户解决实际问题，应该能体现对用户的价值。因此，在设计一个软件时，首先要想的是用户是谁（Who）、要解决哪些问题（What）、为什么要解决这些问题（Why）。这就是微软 3W 软件设计的出发点。如果没有弄清楚这些问题，即使能很快地开发出自己的软件，也不可能获得成功。

例如，微软公司曾在 1996 年前后将其掌上电脑操作系统 Win CE 1.0 投放市场。当时，一些人预测凭借微软公司强大的市场运作能力一定能获得成功，但也有些人批评说它的用户界面并不适合掌上电脑用户，用在台式机上比较合适。事实证明 Win CE 在市场上并不成功，用户觉得它不好用。后来，该产品渐渐从市场上销声匿迹了。这对微软公司是一次深刻的教训。由此可见，3W 这一设计的出发点是非常重要的，但也非常困难。像微软这样的软件公司，有时也不能很好地回答这 3 个问题。

那么，到底应该怎样做呢？这就需要从软件设计的基础说起。通过需求分析阶段的工作，大家已经清楚了软件的各种需求，较好地解决了要让开发的软件"做什么"的问题，并在软件规格需求说明书中详细和充分地阐明了这些需求。所以，下一步将着手实现软件的需求，即解决"怎么做"的软件相关问题。

从设计步骤来看，设计加工点是将需求分析阶段得到的软件规格需求说明书中所包括的信息描述、功能描述、行为描述等信息，通过设计阶段来产生系统的总体结构设计、系统的过程设计以及系统的数据设计；然后进入编码阶段，将设计转换为现实，即计算机能够执行的代码；再将所有的程序编码通过测试人员的测试，最后形成符合要求的软件产品。

软件系统是连接需求分析、硬件系统以及使系统实现的桥梁，对软件的设计应首先了解软件设计原则，要求软件具备可靠性、健壮性、可修改性、可理解性、可扩展性等。其中，软件的可理解性是可靠性和可修改性的前提。它并不仅仅是文档清晰可读的问题，更要求软件本身具有简单明了的结构。这在很大程度上取决于设计者的洞察力和创造性，以及对设计对象掌握的透彻程度，当然它还依赖于设计工具和方法的适当运用。

软件设计是软件开发阶段的重要步骤，其主要任务是在需求分析的基础上形成软件系统的设计方案。如图 4.1 所示，软件设计的元素包括系统总体设计、软件交互设计和模块设计与实现。

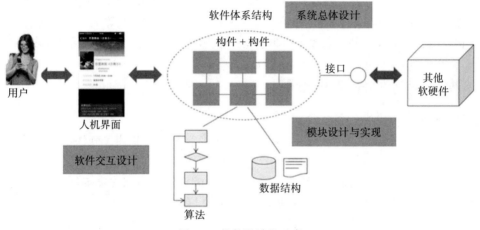

图 4.1　软件设计的元素

系统总体设计是整个软件设计的关键环节，是在需求分析的基础上定义系统的设计目标，将整个系统划分成若干子系统或模块，建立整个系统的体系结构，并选择合适的系统设计策略。

系统总体设计首先需要明确系统应关注的质量属性，定义系统要满足的设计目标；然后按照高内聚、低耦合的原则把整个系统进行模块化分解，确定子系统或模块；接着选择系统部署方案，把分解的模块映射到相应的硬件上；接下来进一步定义数据存储、访问控制、全局控制等一系列的设计策略；最后通过评审活动来进一步改进设计质量，确保设计方案的正确性、完备性、一致性和可实现性。

模块设计与实现则应用良好的设计原则，进一步细化和实现所分解的模块单元，可能涉及数据结构设计、算法设计和数据库设计等。一个软件系统是由各个子系统构成的，子系统是由各个模块组成的。模块设计的原则是模块独立，即每个模块完成一个相对的特定子功能并且与其他模块之间的联系尽量简单。衡量模块独立程度的标准有两个：耦合性、内聚性。耦合性是指模块之间联系的紧密程度，模块间耦合的高低取决于模块间接口的复杂性、调用的方式及传递的信息。内聚性是指模块内部各元素之间联系的紧密程度，内聚度越低，模块独立性越差。

软件交互设计通过分析和理解用户的任务需求，对软件的人机交互、操作逻辑和用户界面进行设计。一般说来，优秀的软件交互设计具有简洁、清晰、容错、熟悉、响应、美观、一致、高效等特点。要设计一款好的软件界面，就必须遵守两个基本原则：快捷便利的实用原则和极简主义的审美原则。

系统设计的目标定义了系统应该重点考虑的质量要求，其中，性能、可靠性和最终用户准则（效用和易用性，即系统对用户工作的支持程度以及用户使用系统的难易程度）通常是从非功能需求或应用领域中推断出来的，维护和成本原则需要由用户和开发人员识别。其中，成本包括开发、部署、升级、维护和管理成本，分别是开发初始系统、安装系统和培训用户、从原有系统导出数据、修复错误和增强系统、对系统进行管理的成本。注意这些目标可能是互相牵制的，比如空间与速度、交付时间与功能、质量和人员之间都可能产生矛盾和冲突，必须进行权衡。

好的系统设计一般具有以下特征：用户友好、易于理解、可靠、可扩展、可移植、可伸缩、可重用。简而言之，在实现、使用、理解、维护上都尽可能简单。一般软件在经过多次需求变更后，可能会出现软件老化的情况，主要特征是修改难、很脆弱、移植难、重用难、对设计和环境的黏性强，各方面效率都非常低。良构的系统会让软件老化尽量晚出现。

4.2　软件设计的任务和步骤

软件设计的流程一般分为三步。

1）前提，在软件需求分析阶段弄清楚要解决什么问题，并输出《软件需求说明书》，这时一切都是理想。

2）概要设计阶段，重点说清楚总体实现方案，确定软件系统的总体布局、各个子模块的功能和模块之间的关系、与外部系统的关系，并包含一些研究与论证性的内容，并输出《软件概要设计说明书》，这时一切都是概念。

3）详细设计阶段，重点说清楚每个模块怎么做，是程序的蓝图，确定每个模块采用的算法、数据结构、接口的实现、属性、参数，并输出《软件详细设计说明书》，这时一切都是实现。

软件设计的任务和步骤分为以下 5 点。

1. 制定规范

在进入软件开发阶段之前，首先为软件开发组制定在设计时应该遵守的标准，以便协调组内各个成员的工作，具体任务包括：阅读和理解软件需求规格说明书，在给定预算范围内和技术现状下，确认用户的要求能否实现；根据目标确定合适的设计方法。

此步骤要确认需求并确定合适的设计方法。例如，对于一个简单的基金软件（如图 4.2 所示），只需要基金名称和代码名称、基金涨跌幅，搜索、净值、排序都不需要（基础类型）。进一步，为了解决用户选择的自选股过多导致无法直接看到自己最关注的那个基金，需要增加置顶、删除（单个与多个）、拖动、搜索功能（标准类型）。更进一步，专业的炒股者和基金交易者为了使效率最大化和收益最大化，想通过便捷的工具来帮助自己（进阶类型），考虑以下几个方面。

- 自选分类：自选的股票和基金能否不要混在一起？
- 持仓股：持仓股票的情况目前是涨还是跌？
- 组合：某个投资顾问买的几只基金不错，朋友推荐的基金也不错，怎么区分出来？
- 同步：在计算机上添加的自选股，在手机上怎么没有？
- 大盘行情：自选股票跌了，大盘是什么情况？频繁切换很麻烦。

图 4.2　基金软件示意图

2. 软件系统结构的总体设计

在需求分析阶段，已经从系统开发的角度出发，把系统功能逐次分割成层次结构，使每一部分完成简单的功能且各部分之间保持一定的联系。在设计阶段，基于这个功能的层次结构，把各个部分组合成系统。具体任务包括：采用某种设计方法，将一个复杂的系统按功能划分成模块的层次结构；确定每个模块的功能，建立与已确定的软件需求的对应关系；确定模块间的调用关系；确定模块间的接口，即模块间传递的信息，设计接口的信息结构。

如图 4.3 所示，银行软件系统的总体设计包括行内系统和支付系统两大子系统，通过专线与人民银行联系。行内系统包括柜面系统、贷记卡系统、核心业务系统以及其他行内系统等；支付系统包括 HVPS、BEPS、客户化部分、系统监控、平台管理等。

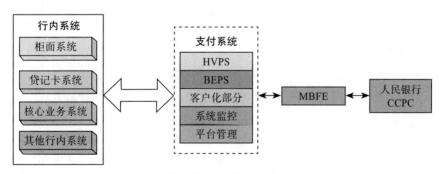

图 4.3　银行软件系统的总体设计示意图

图 4.4 展示了银行软件系统的体系架构，整体上从上到下分为四层：接入层、平台层、业务层和管理层。其中，接入层主要对接人民银行以及其他银行的软件系统；平台层包括过渡层和辅助层，并通过通信适配器与接入层相连；业务层是核心层，包括各种行内系统的接口、业务管理、流程控制以及大额支付和小额支付的业务管理及出错处理；管理层是支撑，包括安全控制、消息管理、通信管理、系统监控、流程管理、日志和权限管理等功能。

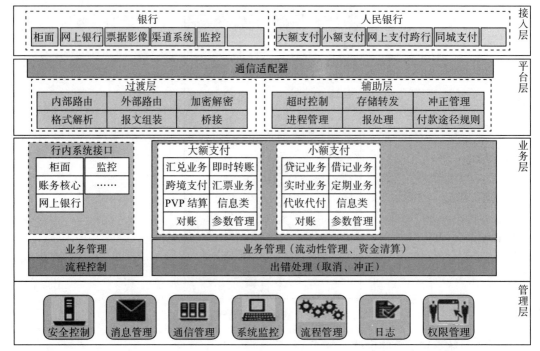

图 4.4　银行软件系统体系架构示意图

3. 处理方式设计

这一步确定为实现软件系统的功能需求所必需的算法；评估算法的性能；确定满足软件系统的性能需求所必需的算法和模块间的控制方式，如响应时间、吞吐量（即单位时间内能够处理的数据量）、精度（在进行科学计算或工程计算时的运算精度的要求）等。

4. 数据结构设计

这一步确定软件涉及的文件系统的结构以及数据库的模式，进行数据完整性和安全性的设计，包括：确定输入、输出文件的详细数据结构；结合算法设计，确定算法所必需的逻辑数据结构及其操作等。

5. 可靠性设计

可靠性设计也叫质量设计。在使用计算机的过程中，可靠性非常重要，可靠性不高的软件会导致运行结果不能使用，甚至造成严重损失。因此需要着重考虑异常处理、冗余备份等方面的设计工作。

这里结合图 4.2 中的基金软件说明要进行哪些可靠性设计。一是要考虑临界情况，如基金名称过长如何展示、没有任何自选产品怎么展示、自选产品最多添加多少如何展示；二是考虑特殊标识，如基金和股票是同一支代码、某只股票停牌、股票涨跌幅为 0、沪港通标的股票、处于封闭期的基金等；三是考虑账户关系，如自选产品保存在本地还是依托账户、是手动还是自动同步、在同一个手机上切换账户时自选股如何同步。

4.3　软件设计的方法

要进行软件设计，首先需要采用抽象方法，即分析建模。模块化设计是软件设计最古老的原则，即若干小模块构成大系统。还有两类分析方法：一是结构化设计方法，包括数据图、实体关系图和数据流图；二是面向对象设计方法，包括类图（Class Diagram）、顺序图（Sequence Diagram）等。

4.3.1　模块化设计

工程上许多大的系统都由一些较小的单元（模块，module）组成。例如，建筑工程中的砖瓦和构件、机器中的各种零部件等。这样做的优点是便于加工、制造、维修，而且可以对有些零部件或构件进行标准化，为多个系统共用，以节省部件。同样，对于一个大而复杂的软件系统，也可以根据功能，将其划分为许多较小的单元或较小的程序，我们把这些较小的单元称为模块。模块有三个基本属性：一是功能，指该模块实现什么样的功能；二是逻辑，描述模块内部怎么做；三是状态，指该模块使用时的环境和条件。

模块化是最古老的一条软件设计原则。汇编语言中的子程序、FORTRAN 语言中的辅程序等都是较早的模块化例子。模块化的中心思想是：对较大的程序应分而治之，使其每一部分都变得便于管理。目前模块化方法已为所有工程领域所接受。模块化设计带来了许多好处：一方面降低了系统的复杂性，使系统容易修改；另一方面也推动了系统各个部分的并行开发，从而提高了软件的生产效率。

模块化设计就是按照适当的原则把软件划分为一个个较小的、相关而又相对独立的模块。这些原则的核心就是分解、信息隐藏和模块的独立性。

1. 分解

分解是人们处理复杂问题常用的方法，也是模块化设计的重要指导思想。在需求分析阶段中，我们是靠分解来划分数据流图的；在设计阶段，我们又要用它来实现模块化设计。

早在 1956 年，Miller 就著文指出"奇妙的数字 7±2——人类信息处理能力限度"，意思是：人类处理信息的能力是有限的，分辨或记忆同类信息的数量一般不能超过 5～9 项（即 7±2）。这说明把一个复杂的问题分解为若干个较易管理的小块，总比对问题做"一揽子解决"更容易。关于这个问题，我们可以从下面的分析中得到验证。

令 $C(x)$ 是确定 x 复杂程度的函数，$E(x)$ 是决定解决问题 x 所需要工作量（时间）的函数。工作量通常用人 - 年或人 - 月来表示。

对于两个问题 P1 和 P2，如果 $C(P1)>C(P2)$，显然有 $E(P1)>E(P2)$，因为解决一个困难的问题确实需要更多的时间。

根据人类求解问题的经验，另一个有趣的规律是 $C(P1+P2)>C(P1)+C(P2)$，即如果一个问题是由 P1 和 P2 组合而成的，那么它的复杂程度将大于分别考虑每个问题时的复杂程度之和。

这样将得到不等式 $E(P1+P2)>E(P1)+E(P2)$，这个不等式告诉我们"把一个复杂问题划分成许多可易解小问题"的道理，即：将问题化大为小，其复杂度和求解的工作量都会随之减小。有些文献把这两个不等式称为"软件工程基本定理"。

以上结论说明：对一个复杂的问题，若将其分割成若干个可管理的小问题，则更容易求解。模块化设计正是借助于这个思想。但这是否意味着我们可以把软件无限细分下去，问题的总复杂度和总工作量继续减小，使总工作量越来越小，最终变成可以忽略呢？

这种极端情况是不会出现的，因为在一个软件系统的内部，各组成模块之间是相互关联的。划分的模块越多，各个模块之间的联系也就越多。模块本身的复杂度和工作量虽然随着模块的变小而减小，但模块的接口工作量却随着模块数的增加而增大。从图 4.5 中可以看到，随着模块数的增加，模块成本不断下降，但接口成本不断上升，每个软件都存在一个最小的成本区，把模块数控制在这一范围，使总的开发工作量保持最小。

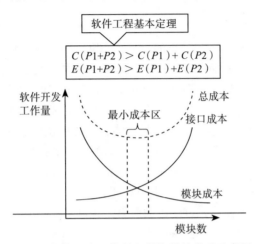

图 4.5　软件开发工作量和模块数的关系示意图

2. 信息隐藏

有些开发人员会问：如何去分解一个软件才能得到最佳的模块组合？为了明确怎样去做，首先需要了解什么是信息隐藏。Parnas 提倡的信息隐藏是指：每个模块的实现细节对于其他模块来说是隐藏的，即模块中所包含的信息不允许其他不需要这些信息的模块使用。这样当测试阶段和维护阶段需要修改软件时，不会把因为疏忽而引入的错误传播到软件的其他部分。

例如，对于栈来说，可以定义其操作有 make null（置空栈）、push（进栈）等。这些操作所依赖的数据结构是什么？它们是如何实现的？这些内容被封装在实现的模块中，软件的其他部分可以直接使用这些操作，而不必关心它的实现细节。一旦实现栈的模块内部的部分数据结构发生改变，只要相关操作的调用形式不变，则软件中其他所有使用这个栈的部分都可以不修改。这样的模块结构具有很强的可移植性，在移植过程中，修改的工作量很小，发生错误的可能性也很小。

3. 模块的独立性

为了比较合理地划分系统的模块，我们可借用一种衡量标准，即模块的独立性。例如：若一个模块只具有单一的功能且与其他模块没有太多的联系，那么称此模块具有模块的独立性。一般采用两个标准来衡量模块的独立性，即模块间的耦合和模块的内聚。

内聚性是一个模块或子系统内部的依赖程度，如果一个模块或子系统含有许多彼此相关的元素并且执行类似任务，那称其内聚性较高，反之内聚性较低。

耦合性反映两个模块或子系统之间依赖关系的强度，如果两个模块或子系统是松散耦合的，二者相互独立，则当其中一个模块发生变化时，对另一个模块产生的影响就很小，反之则影响较大。

模块之间的连接越紧密、联系越多，耦合性就越高，而其模块独立性就越弱。一个模块内部各个元素之间的联系越紧密，则它的内聚性就越高，相对地，它与其他模块之间的耦合性就越低，而模块的独立性就越强。因此，模块独立性较强的模块应是高内聚、低耦合的模块。

一般模块的内聚性分为 7 种类型,其关系如图 4.6 所示。位于高端的几种内聚类型内聚性最高,位于中端的几种内聚类型内聚性是可以接受的,但位于低端的内聚类型内聚性很不好,一般不能使用。因此人们通常希望一个模块的内聚类型向高的方向靠拢。

图 4.6　模块内聚性的类型和关系

模块的内聚在系统模块设计中是一个关键因素。下面详细讨论内聚与耦合的类型。一般模块内部的连接方式有 7 种,从而构成了内聚性的 7 种类型。下面选取 4 种内聚类型加以介绍。

- 偶然性内聚:如果模块内各部分之间没有联系,即使有联系也是松散的,则称这种模块为偶然性内聚,它是内聚程度最低的模块。例如,一些没有任何联系的语句可能会在许多模块中重复使用,程序员为了节省存储空间,把它们抽出来组成一个新的模块,比如工具箱这个模块就是偶然性内聚模块。
- 逻辑性内聚:这种模块把几种功能组合在一起,每次调用时,由传递给模块的判定参数来确定该模块应实现哪种功能。具有逻辑性内聚的模块通常是由若干个逻辑功能相似的成分组成的。例如,一个用于计算全班学生平均分和最高分的模块无论在计算哪种分数时,都要经过读入全班学生分数、进行计算、输出计算结果的步骤,实际上除了中间的一步需按不同的方法计算外,前后两步都是相同的,将这两种逻辑上相似的功能放在一个模块中可省去程序中的重复部分。逻辑性内聚模块比偶然性内聚模块的内聚程度要高,因为它表明了各个部分之间在功能上的相关关系,但它所执行的不是一种功能,而是若干功能中的一种,因此它不易修改。另外当调用该模块时,需要控制参数的传递,这就增强了模块之间的耦合程度。
- 信息性内聚:这种模块能完成多个功能,各个功能都在同一数据结构上操作,每一个功能有一个唯一的入口点,比如数据库维护模块。
- 功能性内聚:如果一个模块内所有成分都完成一个功能,则称这样的模块为功能模块。功能性内聚是最高程度的内聚,它的优点是功能明确、模块间耦合简单。

相应地,一般模块之间可能的连接方式有 7 种,这构成了耦合性的 7 种类型,其关系如图 4.7 所示。

- 非直接耦合:两个模块之间没有直接关系,它们之间的联系是通过主模块的控制和调用实现的。
- 数据耦合:两个模块彼此之间通过参数交换信息,而交换信息仅仅是数据。
- 特征耦合:一组模块通过参数表传递记录信息。
- 控制耦合:模块通过传递开关、标志、名字等控制信息,明显地控制、选择另一个模块的功能。这种耦合实质上是在单一接口上选择多功能模块中的某项功能,因此对控制模块的任何修改都会影响所控制模块。另外,控制耦合也意味着控制模块必须知道被控制模块内部的一些逻辑关系,这会降低模块的独立性。
- 外部耦合:允许一组模块都访问同一个全局简单变量。
- 公共耦合:允许一组模块访问同一个全局性的数据结构。公共耦合是模块耦合中一种很强的模块连接方式,模块之间的联系是十分密切的。

- 内容耦合：一个模块可以直接调用另一个模块中的数据或者允许一个模块直接转移到另一模块中。

图 4.7　模块耦合性的类型和关系

4.3.2　结构化设计

结构化设计（Structured Design,SD）是采用最佳的可能方法设计系统的各个组成部分以及各成分之间相互联系的技术。结构化设计是这样一个过程：决定用哪些方法把哪些部分联系起来，才能解决好某个具有清楚定义的问题。结构化设计方法是基于模块化、自顶向下细化、结构化程序设计等技术发展起来的，属于面向数据流的设计方法。

在软件的需求分析阶段，数据流图（DFD）是软件开发人员考虑问题的出发点和基础；在此基础上，将 DFD 映射（mapping）为软件系统的结构图（Structured Chart,SC），用来设计描述软件的总体结构。

在数据流图中，两个模块之间用单向箭头联结，箭头从调用模块指向被调用模块，表示调用模块与被调用模块之间的关系。但其中隐含一层意思，即被调用模块执行完成之后，控制又返回到调用模块。SC 是描绘软件结构的图形工具（是软件结构设计中一个非常得力的工具），图中一个方框代表一个模块，框内注明模块的名字或主要功能；方框之间的箭头（或直线）则表示模块的调用关系。按照惯例，总是图中位于上方的方框代表的模块调用下方的模块，即使不用箭头也不会产生二义性。

结构化设计可以很方便地将用数据流表示的信息转换成程序结构的设计描述。在讨论如何转换之前，我们首先讨论一下典型的系统结构类型。在系统结构图中，我们把不能再分割的底层模块称为原子模块。如果一个软件系统的全部实际加工都由原子模块来完成，而其他所有非原子模块仅仅执行控制或协调功能，这样的系统就是完全因子分解的系统，这就是最好的系统。但实际上，这只是期望达到的目标，大多数系统做不到完全因子分解。一般地，在系统结构图中有 4 种类型的模块，即传入模块、传出模块、变换模块和协调模块，具体说明如下。

- 传入模块，从下属模块获取数据，对其进行某些处理，再将结果传给上级模块。将它传送的数据流称为逻辑输入数据流。
- 传出模块，从上级模块获取数据，对其进行某些处理，再将结果传给下属模块。将它传送的数据流称为逻辑输出数据流。
- 变换模块，也叫加工模块。从上级模块获取数据，进行特定的处理，将其转换为其他形式，再传回上级模块。加工的数据流叫作变换数据流。
- 协调模块，对所有下属模块进行协调和管理的模块。在一个好的系统结构图中，协调模块应在较高层出现。

典型的软件系统结构形式有两种，即变换型和事务型，具体介绍如下。

- 变换型。如图 4.8 所示，变换型数据处理的工作过程大致分为三步，即输入数据、变换数据和输出数据。这三步反映了变换型问题数据流的基本思想。其中，变换数据是数据处理过程的核心，而输入数据是在做准备，输出数据则是对变换后的数据进行后续处理工作。变换型分析是系统结构设计的一种策略。运用变换型分析方法建立初始的变换型系统结构图，然后对它做进一步的改进，进而得到系统最终的结构图。

- 事务型。如图 4.9 所示，事务是指引起、触发或启动某一动作或一串动作的任何数据、控制信号、事件或状态的变化。当外部信息沿着接受路径进入系统后，经过事务中心的识别和分析获得某一特定值，可以根据这个特定的值来启动与该特定值相应的动作路径。事务中心是系统的中心加工部分。从输入设备获得的物理输入一般要经过编辑、数制转换、格式变换以及合法性检查等一系列的预处理操作，最后才变成逻辑输入传送给事务中心。同样，从事务中心又产生逻辑输出，要经过格式转换、组成物理块等一系列处理，才成为物理输出。这类结构的特征是具有能在多种事务中选择执行某一事务的能力。软件中常见的选择菜单就是事务型结构的一个典型实例。在事务型系统结构图中，事务中心模块按所接受的事务的类型，选择某一个事务处理模块执行。

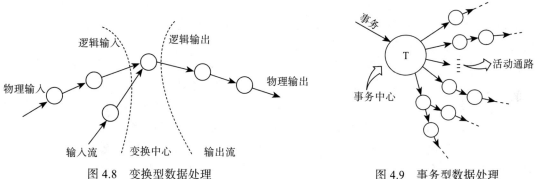

图 4.8　变换型数据处理　　　　　　　　图 4.9　事务型数据处理

各个事务处理模块是并列的，依赖于一定的选择条件分别完成不同的事务处理工作。每个事务处理模块可能要调用若干个操作模块，而操作模块又可能调用若干个细节模块。由于不同的事务处理模块可能有共同的操作，因此某些事务处理模块可能共享一些操作模块。同样，不同的操作模块可以有相同的细节，所以某些操作模块又可以共享一些细节模块。事务型系统的结构图可以有多种不同的形式，例如有多个操作层或没有操作层。简化的事务型系统结构图把分析作业和调度都归入事务中心模块。

为了将需求阶段所得的 DFD 转换为设计阶段的 SC，需要经历以下步骤：首先需要细化规格说明书中的 DFD；然后判断 DFD 的结构类型，若为变换型，则进行变换分析，否则进行事务分析；进而完善 SC，并对最终的 SC 进行评审。

其中，变换分析是将具有变换型结构的 DFD 导出为 SC。首先需要从物理输入、物理输出及变换中心进行由上向下的分解，得出各个分支的所有组成模块；然后在数据流图上区分系统的逻辑输入、逻辑输出和变换中心部分，并标出它们的分界；接着进行一级分解，设计系统模块结构的顶层和第一层；最后是二级分解，设计中下层模块。具体示例如图 4.10 和图 4.11 所示。

在设计当前模块时，先把该模块的所有下层模块定义成黑盒，并在系统设计中利用它们，暂时不考虑它们的内部结构和实现方法。使用黑盒技术的好处是设计人员可以只关心当前的

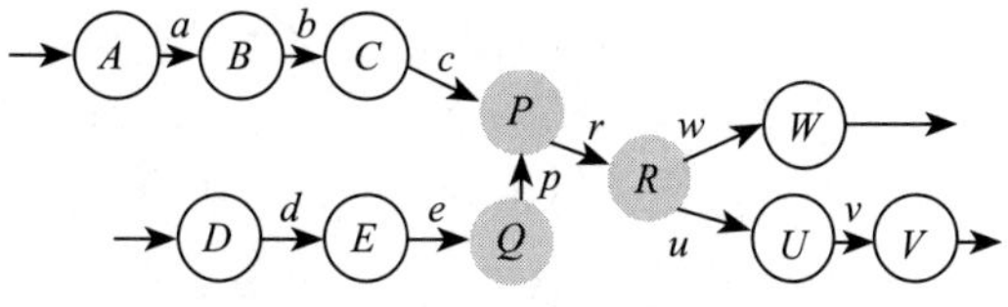

图 4.10　一个变换型数据流图

有关问题，暂时不必考虑琐碎的次要的细节，待进一步分解时才去关心它们的内部细节与结构。

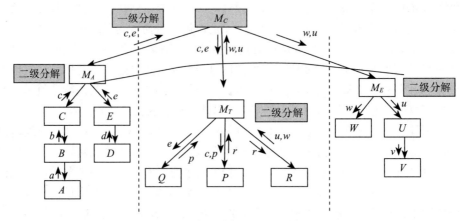

图 4.11 从变换分析导出的初始 SC 图

在选择模块的顺序时，不一定要沿一条分支路径向下，直到该分支的最底层模块设计完成后，才开始对另一条分支路径的下层模块进行设计。

从原则上讲，我们进行模块化设计的最终目的是希望尽可能建立模块间松散的耦合的系统。在这样的系统中，我们设计、编码、测试和维护其中任何一个模块时不需要对系统中其他模块有很多的了解。此外，由于模块间联系简单，发生在某一处的错误传播到整个系统的可能性就会很小，因此模块间的耦合情况在很大程度上影响着系统可维护性。

变换分析是建立初始 SC 的主要方法，在大多数实际系统中要用到这种设计方法。但是，在实际应用中还有许多数据处理系统具有事务型的结构，需要用事务分析方法进行设计。与变换分析一样，事务分析也是从分析数据流图开始自顶向下、逐步分解，来建立系统的结构图。不同的是，事务中心后继的几个节点是并列的，在选择控制下分别完成不同功能的处理。通常一个大型的软件系统是变换型结构和事务型结构的混合结构。

对于初始 SC，要经过仔细改进。以下是改进 SC 的指导原则。

- 模块功能的完善：一个完整的功能模块不仅能够完成指定的功能，而且应当能够告诉使用者完成任务的状态以及不能完成的原因，即一个完整的模块应当包含执行指定功能的部分和出错处理的部分。当模块不能完成规定的功能时，必须回送出错标志，并向它的调用者报告出现这种例外情况的原因。

- 软件结构的改善：审查分析系统的初始结构图，如果发现几个模块的功能有相似之处，就要加以改进。如果两个模块在结构上完全相似，可能只是在数据类型上不一致，可以采取完全合并的方法，只需在数据类型的描述和变量定义上加以改进；当两个模块具有部分相同的功能时，把这部分相同的功能分离为一个单独的模块，可以免除对这部分内容的重复编码和测试，节约软件的开发费用。

- 作用范围≤控制范围：理想情况下，应该使判定的作用范围和判定所在模块的控制范围尽可能吻合。模块的控制范围包括模块本身及其所有的从属模块。在一个设计良好的系统模块结构图中，所有受某个判定影响的模块应该都从属于该判定所在的模块，最好局限于做出判定的模块本身及其直接从属模块。

- 减少高扇出（fan out）：较好的软件模块结构，其平均扇出是 3 ～ 4。一个模块的扇入（fan in）越大，则共享该模块的上级模块数目就越多；但如果一个模块的扇入太大，例如超过 8，而它不是公用模块，则说明该模块可能具有多个功能。在这种情况下，应当对它进行进一步分析并将其功能分解。经验证明，一个设计良好的软件模块结构通常顶层扇出较高，中层扇出较低，底层扇入较高。

- 模块大小要适中：模块的大小可以用模块中所含语句的数量来衡量。经验表明：通常一个模块中语句的行数应为 50 ～ 100，最多不得超过 500。实际上，体积大的模块往往是由于分解不充分，可以对功能进一步分解，生成一些下级模块或同级模块。反之，对于体积过小的模块，也可以考虑是否把它与调用它的上级模块合并。

- 其他：功能应该可预测的模块；避免过分受限制的模块，例如，对于数组长度的使用限制；在成绩处理模块中，由于各个班级的学生人数不等，因此数组长度的定义应该随着学生人数的不同而确定。

4.3.3　面向对象设计

面向对象设计具有诸多优点，它更便于我们在软件中构建更真实的虚拟世界。具体说明如下。

1）对象的引入方便了在软件虚拟世界中模拟现实世界。现实世界是由很多独立的抽象或具体物体组成的，比如房子、汽车、空调、书等。为了构建更真实的虚拟世界，在软件中需要存在用于表达类似现实物体的编程元素，这正是引入对象概念的意义所在。

以对象为设计中心，迫使设计者在关注程序所需实现功能的同时不至于忘记通过抽象去塑造概念，以便用对象表达。由于抽象获得的对象有助于隐藏复杂度，这在一定程度上简化了通过对象表达和理解软件虚拟世界的难度，也由于对象的存在，设计更加生动并具有更强的自我解释能力。

从软件设计者的角度来看，如果希望塑造的对象在现实生活中存在，这有助于他借助现实引导自己的设计，他也应尽量将虚拟世界中对象的行为塑造得与现实世界相近；如果希望塑造的对象在现实生活中并不存在，他只能借助对象的行为和状态去塑造对象（的概念），此时应注意行为、状态与概念之间关系的合理性，否则所塑造的对象将令人费解。

从软件维护者的角度来看，如果对象在现实生活中存在，这有助于他借助生活经验快速掌握设计；如果在现实中找不到对象的影子，他仍可以通过对象的行为掌握对象的概念，这同样有助于他更方便地维护软件。

2）面向对象设计由于强调以对象为中心，因此具备更强的封装能力。在大多支持面向对象设计的编程语言中，更强的封装能力除了意味着更具信息隐藏的能力外，还使封装的边界既明显又更不易被突破，这有助于在软件的维护过程中维持"形"。某种程度上，面向对象设计强化了软件行业推崇的模块化设计。

3）除了进一步提高通过软件模拟现实世界的能力外，面向对象设计中的继承和多态技术还能让设计更灵活、易变更和方便复用。

面向对象用于描述系统是许多对象（object）的相互关系，每个对象包含数据和对数据的操作。其中，类（class）和类图（class diagram）展现了一个类的静态结构，主要包括属性（数据）和方法（对数据的操作）。类被实例化后即成为对象。类之间的关系有继承、包含和关联。面向对象设计的主体是类和数据，可以通过类图（如图 4.12 所示）

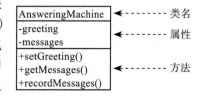

图 4.12　类图示意图

和包来对数据进行处理，并通过顺序图等实现类之间的交流。类图是面向对象中最为重要的组成部分。对象是类的实例，两个不同的对象可以有相同的属性值。

在软件开发的不同阶段，使用的类图具有不同的抽象层次。类图一般可分为三个层次，即概念类、设计说明类和实现类，如图 4.13 所示。

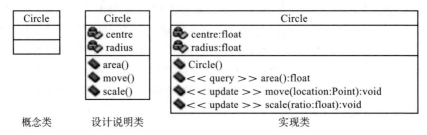

图 4.13 类图抽象层次示意图

如何从现实世界中得到类？可以用文字描述使用场景，然后从语法角度加以处理：如果是名词，则考虑是否构成类（系统外的实体、事件、结构、物体等）或类的属性（描述一个实体的性质、规格等）；如果是动词，则考虑是否对数据进行操作或者改变数据（增加、删除、修改、变化）以及进行计算或查询事件是否发生。

若要构建 OO 模型，可以多次重复下面的流程，逐步细化：首先从对系统的描述中抽取出各种类和属性；然后定义类的目的，考虑它主要用于做什么；接着考虑各个类之间的关系，类之间是如何交流数据及控制的；最后考察各个类之间有哪些共同点或差异点。

在分析过程中要注意：把注意力放在要解决的问题上，找到和问题相关的名词（what），而不要把 how 归入类；关注核心的类，控制流程的类尽量不要，全部是数据的类也尽量不要，如果一个类只有一个属性，则把它合并到其他类中；根据继承关系，把共同点移到基类，把差异点移到派生类，并避免过多层次的继承；避免把所有的操作都放到一个庞大的类中；一个类表明需要把一类事情做好；避免把无关的成员放到一个类中；把数据和对该数据的操作放到一个类中；把相关的类放到一个分类（category）中。

目前面向对象设计的通用方法是用例、用例图和活动图。用例（use case）通常包括名字、描述（用一句话把场景说清楚）、角色（谁）、前置条件（在场景开始之前，需要发生什么事情，什么条件必须存在）、主要场景（主要的事件）和例外（会出现什么问题）。可以用图的形式表现用例，此即用例图（Use Case Diagram，UCD）。对于复杂的用例，即用户和系统的交互比较复杂，可以用类似流程图的方式来展现，此即活动图（Activity Diagram，AD）。

用例能够简明地描述产品系统之外的角色（actor）和系统要做的事情，系统内部的细节被忽略了，角色代表系统之外的人、设备或者其他系统，场景（scenario）描述为实现某个功能需求而发生的一连串系统和角色的交互。可以这样来设计一个用例：角色要做什么事情？角色要从系统中获取、产生或改变什么信息？角色要告诉系统外界的变化吗？什么变化？如果出现意外情况，角色是否希望听到报告？

这里介绍 CRC（Class，Responsibility，Collaboration）卡片分拣法，可使用 CRC 分析法寻找类。我们可以根据用例描述中的名词确定类的候选，也可以根据边界类、控制类和实体类的划分等信息来发现系统中的类，进而对领域进行分析，或利用已有的领域分析结果得到类，并参考分析、设计模式来确定类。

类对象通常对应一个命名实体，用名词表示，因而我们先从名词开始寻找，切记：不要想一步到位，应该先把所有可能的候选类提取出来，再逐一筛选。在现实世界中，对象几乎无处不在，可以是外部实体、事物、事件、角色、组织单元、位置地点或结构体。其中，外部实体是与建模中的系统存在交互的人、设备和其他系统；事物存在于建模的应用领域，可以是报表、信号、文字输出等；事件在系统上下文中发生，通过资源传递、控制命令发出；角色由与系统交互的人来扮演；组织单元是与应用领域相关的部分，包括分支机构、群组、团队等；位置地点是建模中问题的物理上下文，一般是厂房、车间、货架等；结构体是定义类或对象的组合，可以是传感器、车辆、计算机等。这些都可以用对象来封装，关注其属性和行为。注意：不能定义为对象的事物有过程和属性，它们是对象的组成部分。

类的筛选是指在候选类中排除一些类，比如超出问题关注范围的类、指代整个系统的类、功能重复的类、过于含糊或过于具体的类。对于筛选后的类，要考虑是否保存对象信息、提供所需服务，考查其是否具有多个属性、是否具有公共属性和操作，并判断有无外部实体。

识别出类后，需要确定其功能职责，这关乎行为动作，是问题描述中的动词。注意：并非所有动词都将成为类职责，要和候选类相关；有时将多个动作合并为一个职责；随着分析过程的深入会发现新的职责；需要不断修正和提升类定义和职责定义；当两个类分享职责时，为二者同时添加该职责。

识别出类的功能职责后，还需要判断哪些功能职责存在交互协作关系，共同完成某些过程或功能，即识别类的交互协作关系。这可以用 UML 用例图来完成，以识别对象及其消息交互。注意：这一步的目的并非写出所有场景，而是对类和职责定义进行精化。

综上所述，面向对象的设计过程是：首先进行适当的领域分析；然后撰写问题描述，确定系统的开发任务；接着基于问题描述抽取需求，同时开发用户界面原型；识别对象类是最主要的，需要定义每个类的职责并确定类之间的关系；最后建立系统的设计模型。

4.4　UML 的发展历程

在介绍统一建模语言（Unified Modeling Language，UML）之前，先解释一下为什么要进行软件建模：建模是为了便于管理复杂系统，比如 Hello World 这样的程序就不需要建模；建模是为了精确记录和表达用户需求，例如银行账户和信用卡账户的对应关系是一对一、一对多还是多对一；建模能够帮助理解设计和设计的决定，比如各个模块的关系是怎样的、为何这样设计；建模有利于组织管理各类设计的元素，便于探索更多的解决方案。

UML 的演化分为几个阶段：第一阶段是 3 位面向对象方法学家 Grady Booch、James Rumbaugh 和 Ivar Jacobson 共同努力，形成了 UML 0.9；第二阶段是公司的联合行动，由十几家公司（DEC、HP、I-Logix、IBM、Microsoft、Oracle、TI、Rational Software 等）组成了 UML 成员协会，将各自的意见加入 UML，以完善和促进 UML 的定义工作，形成了 UML 1.0 和 UML 1.1，并向对象管理组织（Object Management Group，OMG）申请成为建模语言规范的提案；第三阶段是在 OMG 控制下对版本的不断修订和改进，其中 UML1.3 是较为重要的修订版。UML 的具体发展历程如图 4.14 所示，从初始的分散状态逐渐统一化和标准化，走上了工业化的发展道路。

UML 模型包含语义（semantics）、表现（presentation）、场景（context）三部分，分别用于体现：模型讲述什么内容；用什么方式表达元素、标记、图素；这个模型是在什么上下文中出现的。

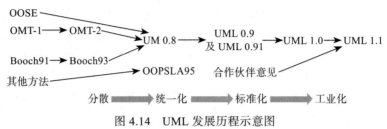

图 4.14　UML 发展历程示意图

UML 由 3 个要素构成：构造块、公共机制和构架。其中构造块是基本的 UML 建模元素、关系和图；公共机制是指达到特定目标的公共 UML 方法，用于整个语言；构架是指系统架构的 UML 视图，是支配这些构造块如何放置在一起的规则。下面具体介绍 UML 的 3 种基本构造块：事物、关系和图。

事物是建模元素本身，是对模型中最具有代表性的成分的抽象，包括：结构事物（UML 模型中的名词），如类（class）、接口（interface）、协作（collaboration）、用例（use case）、主动类（active class）、组件（component）和节点（node）；行为事物（UML 模型中的动词），如交互（interaction）、状态机（state machine）；分组事物（包，package），用于把语义上相关的建模元素分组为内聚的单元；注释事物（注释，note），是附加到模型以捕获特殊信息的。其中，类是具有相同性质、行为、对象关系和语义特征的对象集合。

关系用来把事物联系、结合在一起，包括依赖（dependency，事物的改变引起依赖物件的语义改变）、关联（association，描述对象之间的一组链接）、泛化（generalization，一个元素是另一个元素的特化，而且可以取代更一般的元素）和实现（realization，类元之间的关系，一个类元说明一份契约，另一个类元保证实现该契约）关系，说明两个或多个事物是如何语义相关的。按照关联所连接的类的数量，对象类之间的关联可分为自返关联、二元关联和 N 元关联，分别表示同一个类的两个对象之间、两个类之间以及 3 个或 3 个以上类之间的关联。继承 / 泛化关系建模的意义在于系统环境发生变化时便于添加新的子类，其过程可以自顶向下或自底向上，前者是将某个类分割为属性和操作不同的子类，或发现关联关系定义的是分类关系（kind of），后者是为现有的多个具有公共属性及方法的类定义一个父类。

图是指 UML 模型的视图，用于展现事物的集合，讲述关于软件系统的故事，是可视化系统将做什么（分析级图）或系统如何做（设计视图）的方法，包括刻画系统结构的静态模型和刻画系统行为的动态模型，其中静态模型分为类图、对象图、构件图和部署图，动态模型则包括顺序图、协作图、状态图、活动图、用例图。

UML 模型有不同的层次，以不同的细节描述模块及其之间的关系，具体分类如表 4.1 所示，其中描述结构的模型有类图、对象图、组件图、配置图和包图，描述行为的模型有用例图、状态机图和活动图，描述行为交互的模型有顺序图、交互图、通信图和时序图。

表 4.1　UML 模型分类

描述结构的模型	描述行为的模型	描述行为交互的模型
类图	用例图	顺序图
对象图	状态机图	交互图
组件图	活动图	通信图
配置图	—	时序图
包图	—	—

　　下面以顺序图为例介绍 UML 中的交互行为建模。顺序图是用来刻画系统实现某个功能的必要步骤，按时间次序表示对象之间的消息，能够指出有哪些对象参与交互以及它们之间消息传递的序列。顺序图的建模元素包括对象、生命线、控制焦点和消息。

　　图 4.15 给出了一个银行系统交易验证过程的顺序图。顺序图中的对象以某种角色参与交互，可以是人、物、其他系统或者子系统，用方框来表示；生命线表示对象存在的时间，是方框下的虚线；控制焦点 / 激活期表示对象进行操作的时间片段；消息用于描述对象间的交互操作和值传递过程，消息的类型有同步、异步、返回、自关联、超时等待、阻塞等，最常用的是同步 / 异步消息，在图中用箭头来表示。顺序图中的常见问题有：消息的循环发送，可以在消息的名字前加循环条件或添加循环控制框；带条件消息的发送，可以在消息的名字前加条件子句、使用文字说明、添加条件控制框或者分成多个顺序图子图并关联。

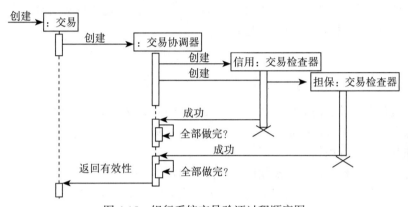

图 4.15　银行系统交易验证过程顺序图

　　下面介绍绘制顺序图的过程。首先在顺序图顶端绘制矩形框，定义参与交互的类实例（对象）名；接着在每个对象下面绘制竖直虚线，表示该对象的生命线；然后在对象之间添加箭头，表示各类消息，跟踪对象间的控制流；生命线上可以加竖直矩形定义对象的激活期，表明对象正在执行某个操作；根据需要添加框的组合与关联，表示更加复杂的控制结构，如选择结构、循环结构、并发结构等，框中左上角注明结构类型，"[]"中注明条件。

　　顺序图可以帮助分析人员对用例图进行扩展、细化和查缺补漏，可用于开发周期的不同阶段，服务于不同目的、描述不同粒度的行为。注意，分析阶段的顺序图不要包含设计对象和关注消息参数。

　　顺序图的建模有很重要的意义，通过顺序图可以更好地描述算法的逻辑、更好地形成代码的抽象，并且顺序图是与编程语言无关的表示方式，可以通过绘制顺序图来描述高于编码算法层次的业务逻辑，并由团队协作完成，还可以在同一页浏览多个对象和类的行为，加宽建模的视野。

　　顺序图可以帮助分析人员对照检查用例中的描述需求是否已经落实给具体对象去实现，提醒分析人员补充遗漏的对象类或操作，帮助分析人员识别哪些是主动对象、哪些是被动对象，另外，通过对一个特定的对象群体的动态方面建模，可以深入理解对象之间的交互。

4.5　其他设计方法

　　另外，还有其他的设计方法，如形式化方法（formal method）和文学化编程（literate

programming），这里略加说明。

因为很多软件的某些核心功能需要严密验证，以确保没有问题，一些科学家一直在努力，希望用无歧义的、形式化的语言描述我们要解决的问题，将很多软件需求（例如计算机语言的编译器）抽象为对符号的运算和变换，然后用严密的数学推理和变换一步一步地实现软件，或者证明实现确实完整和正确地解决了问题。在这个领域，一个比较成熟和经过实践考验的方法是 Vienna Development Method（VDM）。

程序员在编写程序的时候，要理解文档中的需求，同时还要在程序里写下相关的注释，这些不同目的的"写作"各有价值，但是一旦需求或程序发生变化，这些不同的文档很难保持同步，更不用说程序员最常说的就是"我以后会加上注释的"。因此，Donald Knuth 在 20世纪 70 年代末开始尝试和提倡 literate programming 的思想，并在自己的软件项目中身体力行。这一方法和常见的"写程序时加上一些注释"相反，它是"写文档时加上一些代码"，它使用宏（macro）来进行抽象和信息隐藏。

作业

1. 选择以结构化方法或面向对象方法完成个人项目的概要设计并形成文档。
2. 结合个人兴趣到开源社区搜索特定的开源软件，将其下载、编译、安装、部署到目标平台上，操作和使用该开源软件，理解其功能。
3. 请描述什么是软件概要设计以及软件概要设计的作用。
4. 有人说代码就是设计，所以我们可以直接编写代码而不用设计，这种说法对吗？
5. 软件概要设计的常见方法有哪些？
6. 复杂软件系统的设计为什么需要文档化？
7. 设计文档的书写有哪些要点？
8. 设计文档有哪些读者？他们对文档分别有哪些要求？

第 5 章

软件详细设计

第 4 章主要阐述系统的目标、建设原则、系统的功能模块及概要设计，确定了软件系统的总体结构并给出了各个组成模块的功能和模块间的联系（接口）。概要设计面向设计人员和用户，用户能看懂，但不要求细节，是对用户需求的技术响应，也是二者沟通的桥梁。

详细设计是软件开发时期的第三个阶段，也是软件设计的第二步。这一步将在概要设计结果的基础上，着重考虑怎样实现"软件系统"，即对系统中的各个模块进一步细化，分析其子模块，甚至给出各个子模块的算法。详细设计通常面向开发人员，开发人员看过详细设计后，就可以直接编写代码。本阶段的另一项任务是要为每一个模块设计出一组测试用例，以便在编码阶段对模块代码（即程序）进行预定的测试。详细设计结束时，应该把上述结果写入详细设计说明书，并且通过复审形成正式文档。本章还介绍了各种过程设计工具以及数据库选择策略，并以 ATM 系统的详细设计为例，展示了基于 UML 的分析与设计过程。

5.1 详细设计阶段的目的与任务

详细设计的目的是为软件结构图（SC）中的每一个模块确定采用的算法和数据结构，用某种选定的表达工具给出清晰的描述。为了清晰、准确地描述模块的逻辑，在详细设计阶段应遵循以下三大原则。

- 将保证程序的清晰度放在首位。由于结构清晰的程序易于理解和修改，并且会大大降低错误发生的概率，因此除了对执行效率有严格要求的实时系统外，通常在详细设计过程中应优先考虑程序的清晰度，而将程序效率放在第二位。
- 设计过程中应采用逐步细化的实现方法。从体系结构设计到详细设计本身就是一个细化模块描述的过程，由粗到细、分步进行的细化有助于保证所生成程序的可靠性，因此在详细设计中特别适合采用逐步细化的方法。在对程序进行细化的过程中，还应同时对数据描述进行细化。
- 选择适当的表达工具。在确定模块算法之后，如何将其精确明了地表达出来对详细设计的实现同样十分重要。常用的表达工具各有特色,如图形工具便于设计人员与用户交流,而伪代码(pseudo code)便于将详细设计的结果转换为源程序,设计人员应根据具体情况选择适当的表达工具。

详细设计阶段的任务主要有如下 5 点。

- 确定每个模块的具体算法。根据体系结构设计所建立的系统软件结构,为划分的每个模块确定具体的算法,并选择某种表达工具将算法的详细处理过程描述出来。
- 确定每个模块的内部数据结构及数据库的物理结构。为系统中的所有模块确定并构造实现算法所需的内部数据结构;根据前一阶段确定的数据库的逻辑结构,对数据库的存储结构、存取方法等物理结构进行设计。
- 确定模块接口的具体细节。按照模块的功能要求,确定模块接口的详细信息,包括模块之间的接口信息、模块与系统外部的接口信息及用户界面等。
- 为每个模块设计一组测试用例。由于负责详细设计的软件开发人员对模块的实现细节十分清楚,因此由他们在完成详细设计后提出模块的测试要求是非常恰当和有效的。
- 编写文档,参加复审。详细设计阶段的成果主要以详细设计说明书的形式保留下来,在通过复审对其进行改进和完善后作为编码阶段进行程序设计的主要依据。

5.2 结构化详细设计的描述工具

要精确、清楚地描述每个模块的算法,在结构化详细设计阶段可依赖于描述工具来完成。描述程序处理过程的工具称为过程设计工具,可以分为图形工具(如程序流程图、N-S 图、PAD、HIPO)和语言工具(PDL 伪代码)。

无论是哪类工具,对它们的基本要求都是能提供对设计的无歧义描述,即应该能指明控制流程、处理功能、数据组织以及其他方面的实现细节,从而在编码阶段能把对设计的描述直接翻译成程序代码。

5.2.1 程序流程图

程序流程图也称为程序框图,是软件开发人员经常使用的一种表达算法的描述工具。它独立于任何一种程序设计语言,比较直观、清晰。当人们需要了解别人开发的软件的具体实现方法时,也常常借助于流程图来帮助其理解软件的设计思路和处理方法。

如图 5.1 所示,程序流程图有 5 种基本控制结构:顺序型、选择型、先判定型循环(DO-WHILE)、后判定型循环(DO-UNTIL)、多情况选择型(CASE 型)。

如图 5.2 所示,程序流程图中使用的符号包括选择(分支)、注释、预先定义的处理、多分支、开始或停止、准备、循环上界限、循环下界限、虚线、省略符、并行方式、处理、输入 / 输出、连接、换页连接、控制流。

从 20 世纪 40 年代末到 70 年代中期,程序流程图一直是软件设计中使用的主要工具。它的优点是对控制流程的描绘很直观,便于初学者掌握。由于程序流程图历史悠久,为最多的人所熟悉,因此尽管它有种种缺点,许多人建议停止使用,但出于习惯至今仍被广泛使用。

不过,现在的趋势是越来越多的人不再使用程序流程图,因为程序流程图有以下缺点:程序流程图本质上不是逐步求精的好工具,它诱使程序员过早地考虑程序的控制流程,而不去考虑程序的全局结构；程序流程图中用箭头代表控制流，因此程序员不受任何约束，可以完全不顾结构程序设计精神，随意转移控制，这就很容易引入错误；程序流程图不适合表示数据结构。

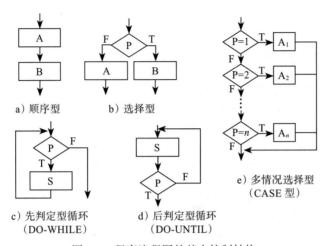

图 5.1　程序流程图的基本控制结构

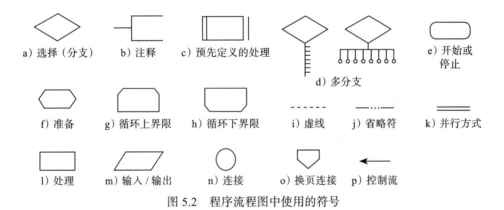

图 5.2　程序流程图中使用的符号

5.2.2　N-S 图

1972 年，美国学者 I.Nassi 和 B.Shneiderman 提出了一种新的流程图形式，即在流程图中完全去掉流程线，将全部算法写在一个矩形框内，框内还可以包含其他框的流程图，即由一些基本的框组成一个大的框，这种流程图又称为 N-S 结构流程图（以两个人名字的首字母组成）。N-S 图包括顺序、选择和循环三种基本结构，类似于流程图，但不同的是 N-S 图可以表示程序的结构。

根据从上到下的设计，待处理的问题会被分解成一些较小的副程序，最后被分解为简单的叙述及控制流程结构，N-S 图对应上述思维，利用嵌套的方块来表示副程序。N-S 图中没有对应 goto 指令的表示，与结构化编程中不使用 goto 指令的理念一致。N-S 图几乎是流程图的同构，只有 goto 指令或 C 语言中循环的 break 及 continue 指令无法用 N-S 图表示。N-S 图的抽象层次接近结构化的代码，若程序重写，就需重新绘制 N-S 图，不过 N-S 图在简述程序及高级设计时相当方便。

N-S 图不能违背结构程序设计精神，有以下特点：功能域（一个特定控制结构的作用域）明确；复杂度接近代码本身，修改需要重画整个图，不可能任意转移控制；很容易确定局部和全程数据的作用域；很容易表现嵌套关系，也可以表示模块的层次结构，但控制关系和循环次数不明显。

如图 5.3 所示，N-S 图有 5 种基本控制结构，由 5 种图形构件表示：顺序、选择、CASE 多分支、循环、调用子程序 A。

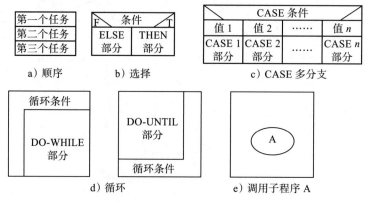

图 5.3　N-S 图的基本控制结构

5.2.3　PAD

PAD（Problem Analysis Diagram）是日本日立公司在 1973 年发明的，现在已得到一定程度的推广。它用二维树形结构的图来表示程序的控制流，将这种图翻译成程序代码比较容易。PAD 既克服了传统流程图不能清晰表现程序结构的缺点，又不像 N-S 图那样受到把全部程序约束在一个方框内的限制。

如图 5.4 所示，PAD 的几种控制结构包括顺序结构、选择结构、CASE 多分支结构、WHILE 型循环结构、UNTIL 型循环结构、语句标号、定义。

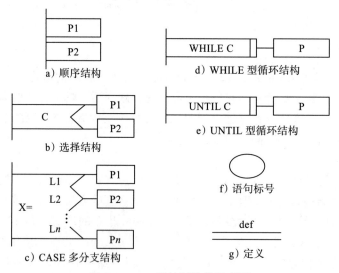

图 5.4　PAD 的控制结构示意图

PAD 虽然不如流程图易于执行，但具有如下优点：

- 使用 PAD 符号设计的程序必然是结构化程序。
- PAD 所描绘的程序结构十分清晰。例如，图 5.4 中最左面的竖线是程序的主线，即第一层结构。随着程序层次的增加，PAD 逐渐向右延伸，每增加一个层次，图形向右扩展一条竖线。PAD 中竖线的总条数就是程序的层次数。
- 用 PAD 表现程序逻辑可使程序易读、易懂、易记。PAD 是二维树形结构的图形，程序从图中最左竖线上端的节点开始执行，按照自上而下、从左向右的顺序执行，遍历所有节点。
- 易于将 PAD 转换成高级语言源程序，这种转换可用软件工具自动完成，从而可省去人工编码的工作，有利于提高软件可靠性和软件效率。
- PAD 既可用于表示程序逻辑，也可用于描绘数据结构。
- PAD 的符号支持自顶向下、逐步求精方法的使用。开始时，设计者可以定义一个抽象的程序，随着设计工作的深入使用 def 符号逐步增加细节，直至完成详细设计。

5.2.4 伪代码

PDL（Program Design Language）是一种用于描述功能模块的算法设计和加工细节的语言，称为过程设计语言，是一种伪代码。伪代码的语法规则分为外语法和内语法：外语法具有严格的关键字，用于定义控制结构和数据结构，包括简单陈述句、判定和重复结构三种；内语法表示实际操作和条件，可使用自然语言中的词汇，使用数据词典中定义的名字和有限的自定义词，还可使用一些简单的算术运算和逻辑运算符号。

伪代码属于文字形式的表达工具，它并非真正的代码，不能在计算机上执行，但形式上与代码相似。用伪代码来描述程序的结构，工作量比画图小，也较容易转换成真正的代码。

在 PDL 中，数据说明的功能是定义数据的类型和作用域。

格式：TYPE <变量名> AS <限定词 1> <限定词 2>

说明：变量名是一个模块内部使用的变量或模块间共用的全局变量名；"限定词 1"是标明数据类型；"限定词 2"标明该变量的作用域，例如：

```
TYPE number AS STRING LENGTH（12）
```

PDL 的过程成分由块结构构成，而块将作为单个的实体来执行，如：

```
BEGIN <块名>
      <一组伪代码语句>
END
```

PDL 中的过程称为子程序，具体示例如下。

```
PROCEDURE <子程序名> <一组属性>
    INTERFACE  <参数表>
             < 程序块或一组伪代码语句>
END
```

PDL 基本控制结构有输入 / 输出结构（READ/WRITE TO）、选择型结构（IF THEN ELSE）、重复型结构（DO WHILE，DO LOOP，REPEAT UNTIL，DO FOR）、多路选择结构（CASE）。

由此可见，PDL 具有下述特点：关键字的固定语法，具有结构化控制结构、数据说明和模块化的特点，为了使结构清晰和可读性好，通常在所有可能嵌套使用的控制结构的头部和尾部都有关键字，例如 IF…（或 ENDIF）等；自然语言的语法自由，便于描述处理；数据说明的手段应该既包括简单的数据结构（例如数组），又包括复杂的数据结构（例如链表或层次的数据结构）；模块定义和调用的技术应该提供各种接口描述模式。

PDL 作为一种设计工具有如下优点：

- 可以作为注释直接插在源程序中，这样能促使维护人员在修改程序代码的同时也相应地修改 PDL 注释，有助于保持文档和程序的一致性，从而提高文档的质量；
- 可以使用普通的正文编辑程序或文字处理系统很方便地完成 PDL 的书写和编辑工作；
- 已经有自动处理程序，而且可以自动由 PDL 生成程序代码（如 PDL/Pascal、PDL/C）等。

PDL 的缺点是不如图形工具形象、直观，描述复杂的条件组合与动作间的对应关系时，不够清晰、简单。

5.3　基于 UML 的分析与设计过程

在面向对象详细设计中，通常采用基于 UML 的分析，具体流程如下。首先是用例分析与设计，常用的有用例图、交互图和活动图；接着进行概念模型与顶层架构设计，使用类图、包图和构件图；然后进行用户界面设计，也是使用类图、包图和构件图；后续是数据模型设计，并进行设计精化，包括类图、包图和交互图；接着是类设计，包括类图、状态图和活动图；再是部署模型设计，使用构件图和部署图；最后得到 UML 设计模型。

以下是一个 ATM 的使用案例，可以思考 ATM 涉及哪些业务。ATM 与哪些系统或对象进行交互。以及不同的对象、系统是如何和 ATM 进行交互的。

如图 5.5 所示，有 7 个参与者，分别是顾客（Customer）、操作管理员（Operator）、自动取款机（CashDispenser）、银行服务系统（Bank System）、读卡器（CardReader）、存款器（CashAcceptor）和打印机（Printer）。ATM 系统有 6 个用例，即取款（Withdrawal）、存款（Deposit）、转账（Transfer）、查询余额（Inquiry）、开机（System Startup）、关机（System Shutdown），其中取款用例的优先级最高。

用例图的主要元素包括参与者（Actor）、用例（Use Case）和关联（Association），其中，参与者是与系统交互的人或外部系统，关注的重点是所承担的"角色"；用例是系统为参与者提供的有价值的服务功能，一个用例定义了系统的一系列行为，通过用例可以为参与者提供有价值且可观测的结果，包含一系列原子操作，可以作为黑盒测试的参考；而关联是指用例图、用例与参与者之间的交互关系，通常用一条直线（可能有箭头）来表示。场景

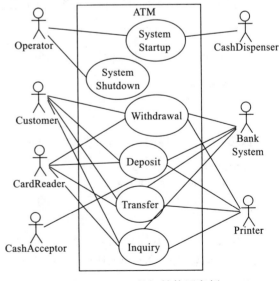

图 5.5　ATM 的初始使用案例

（Scenario）是用例的实例。

用例建模的步骤包括：

1）识别出参与者和用例，并做简单的描述和介绍，即描述交互过程的动作序列并模拟系统工作的交互过程；

2）编写用例，给用例事件流程划分重要等级，按照重要程度的排序来详细描述事件流程，确认动作，检查使用案例，引入并描述动作，要求覆盖所有可能发生的动作；

3）跟踪执行过程，即为每个使用案例制作序列图，并描述对象之间的消息传送过程；

4）构造状态转移图，即为每个对象构造状态转移图，用于反映对象接收和发送的消息，并考虑所有使用案例中的所有消息。

我们以用例 Withdrawal 为例，说明用例的设计描述。首先寻找参与者，可以考虑谁使用系统、谁从系统中获取信息、谁向系统提供信息、什么部门或系统会使用该系统，以及谁负责系统的维护，进而识别参与者，考查谁与系统进行交互。对参与者的描述要体现其身份及其与用例之间的关系。因而，Withdrawal 用例的参与者包括 Customer、Bank System、CardReader、CashDispenser 和 Printer。

接着是寻找用例，基本策略是把自己当作参与者，与设想中的系统进行交互，考虑自己通过这个系统要达到什么目的，要点是用穷举的方式考虑每个参与者与系统的交互情况。注意寻找参与者和寻找用例是不能完全分开的。后续还需要识别用例，从参与者的目标出发，考虑参与者为什么要使用这个系统，参与者是否需要对系统中的数据进行创建、存储、更改、删除或者读取的操作，参与者是否需要将外部事件或发生的改变告知系统，参与者是否需要知道系统内部发生的事件或改变，以及考虑系统是否能够应对业务中所有的正确行为与操作。用例的全生命周期包括用例识别、用例简述、用例提纲、用例详细规约，这通常是配合开发过程迭代进行的。

详细的用例规约包括用户名称、前置条件、事件流、异常情况、后置条件等。在 ATM 的例子中，前置条件是：顾客已插入银行卡，密码验证正确，顾客按下"取款"按钮。

主事件流为：

1）顾客输入取款金额，并确认；

2）系统认可取款金额，并发送指令给取款器；

3）取款器把相应金额的现金送出；

4）打印机打印回执。

辅事件流为：

1）如果取款金额不是 100 的整数倍，则显示信息"输入金额必须是 100 的整数倍，请重新输入"，并返回主事件流中的步骤 1；

2）如果取款金额超过 2000 元，则显示信息"输入金额不能超 2000 元，请重新输入"，并返回主事件流中的步骤 1；

3）如果账户余额小于取款金额，则显示信息"账户余额不足，请重新输入"，并返回主事件流中的步骤 1；

4）顾客在确认取款金额前可以选择取消交易。

后置条件是：如果取款成功，则系统从账户余额中减去相应数额，并返回等待状态；如果顾客取消交易，则返回等待状态。这样进行设计描述，将明确该用例的参与者、主事件流和辅事件流、前置条件和后置条件。

　　再考虑 Startup 用例的顺序图描述。不同于用例 Withdrawal 的文字描述，顺序图更加直观。如图 5.6 所示，参与者包括操作面板（Operator Panel）、ATM、自动取款机和网络（Network to Bank），具体顺序是用户在操作面板上启动，使 ATM 运行起来，进而启动自动取款机并通过网络连接到银行。

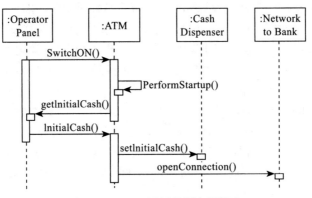

图 5.6　Startup 用例的顺序图描述

　　如图 5.7 所示，参与者包括读卡器、ATM、Session、用户控制台（Customer Console）和网络，具体顺序是读卡器接受用户的卡片并启动 Session，连接好用户控制台并通过网络连到银行，进入事务（Transaction）循环。具体细节如图 5.8 所示，Transaction 用例的顺序图描述了取款、存款、转账和查询这 4 项核心功能。其中，以取款 Withdrawal 为例，说明如何从文字描述对应到顺序图描述（如图 5.9 所示）：除了取款的主事件流外，辅事件流是图中表达的重点，包括取款金额不是 100 的整数倍、取款金额超过 2000 元、账户余额小于取款金额、顾客在确认取款金额前可以选择取消交易这 4 类异常情况的处理。

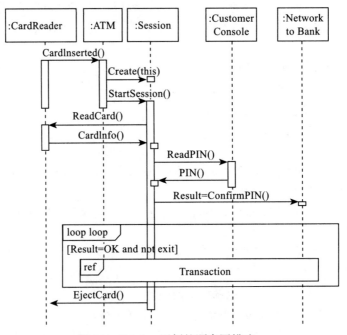

图 5.7　Session 用例的顺序图描述

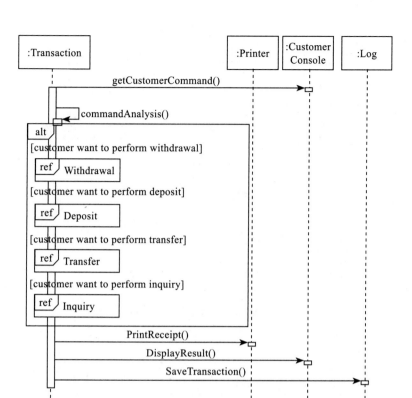

图 5.8　Transaction 用例的顺序图描述

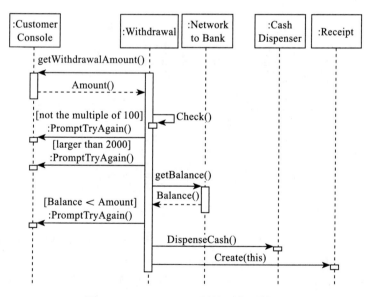

图 5.9　Withdrawal 用例的顺序图描述

如图 5.10 所示，ATM 系统的概念模型（分析模型图）从顶层 ATM 模块展开，内含 Session 模块，且含有多个 Transaction 模块，并与多个实体、用例相连接。如图 5.11 所示，ATM 系统的顶层架构图包含 3 个层次：顶层是用户交互层，中间层是业务逻辑层，底层是网络服务层。

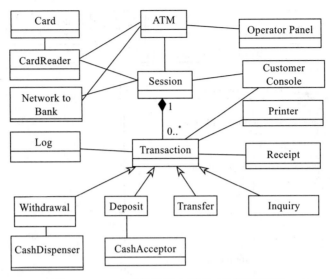

图 5.10　ATM 系统的概念模型（分析模型图）

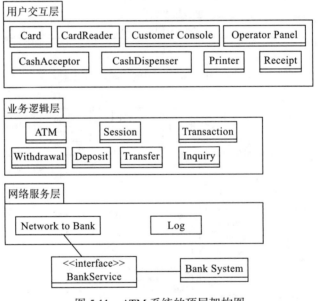

图 5.11　ATM 系统的顶层架构图

用户在使用软件的过程中需要操作各种元素，比如屏幕和窗口（屏幕的组成部分）；界面应该具备良好的外观和布局；用户界面结构可以用 UML 类图表示，屏幕和窗口用类进行表示，并给出它们之间的关系，可根据用例来分别设计相应的屏幕切换状态图和结构图。关于用户界面设计的细节，将在第 6 章介绍。

例如，用户通过控制台（Customer Console）使用 ATM 的过程可分为 5 个相对独立的过程：

1）插入银行卡到输入正确密码并进入选择交易类型的屏幕；

2）选择"取款"事务，完成后退出或返回选择事务类型的屏幕；

3）选择"存款"事务，完成后退出或返回选择事务类型的屏幕；

4）选择"转账"事务，完成后退出或返回选择事务类型的屏幕；

5）选择"查询"事务，完成后退出或返回选择事务类型的屏幕。

相应的屏幕结构类图如图 5.12 所示，屏幕变化的状态图如图 5.13 所示。

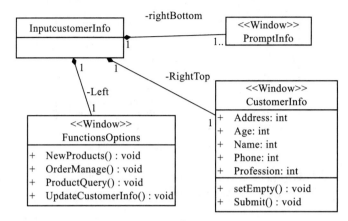

图 5.12 屏幕结构类图

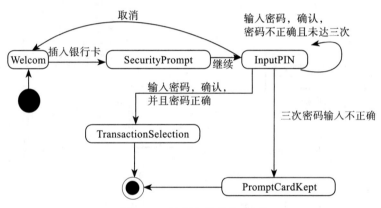

图 5.13 屏幕变化的状态图

如图 5.14 所示，CustomerConsoleUserInterface 包的结构图包含插卡、取款、转账、存款、查询这 5 大用户界面。如图 5.15 所示，单看 CardInserted 用户界面，其中又包含欢迎页、输入密码、事务选择、安全弹出、退卡等功能。由此可见其内容和层次关系。

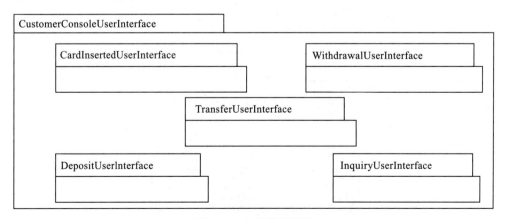

图 5.14 包结构图示例

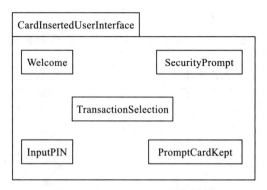

图 5.15　CardInserted 用户界面

图 5.16 所示是用类图进行关系数据库表格的设计，左图表示用户和指令间的关系，右图表示收据和取款收据、存款收据、转账收据这三类收据间的继承关系。

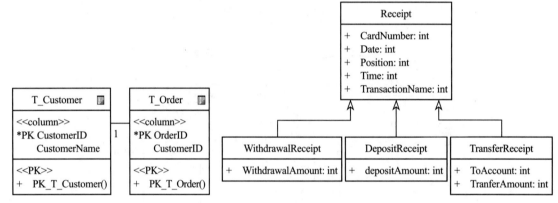

图 5.16　用类图设计关系数据库表格

使用 UML 建模的过程也是不断精化的，图 5.17 是用户交互层包精化后的模型，包含设备、用户控制台、实体三部分，进一步精化得到如图 5.18 所示的用户交互层中子包精化后的模型，又分别对设备、用户控制台、实体进行了精化，如此可以明确各部分需要包含的元素及其相互之间的关系。

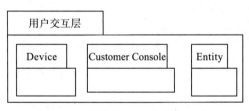

图 5.17　用户交互层包精化后的模型

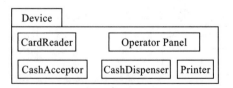

图 5.18　用户交互层中子包精化后的模型

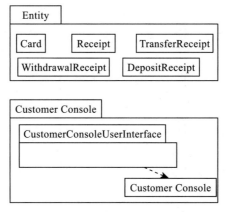

图 5.18　用户交互层中子包精化后的模型（续）

精化中，根据需要新增了一个类，用于访问银行数据库，如图 5.19 所示。

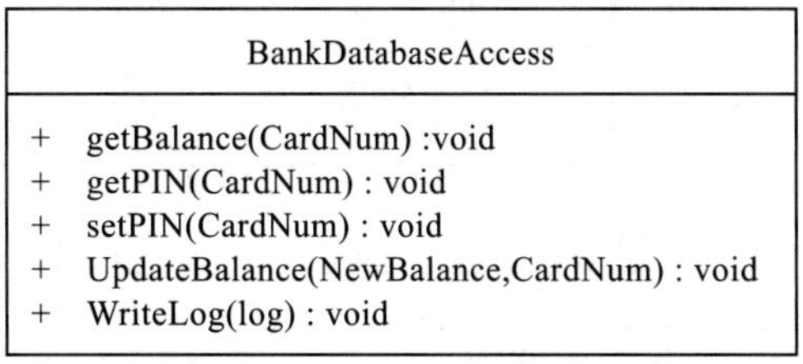

图 5.19　精化过程中新增的类

精化后的 Withdrawal 顺序图如图 5.20 所示，涉及的元素更丰富、过程更详尽。精化后的 ATM 系统结构图如图 5.21 所示，由此可以准确刻画 ATM 系统的结构和关系。

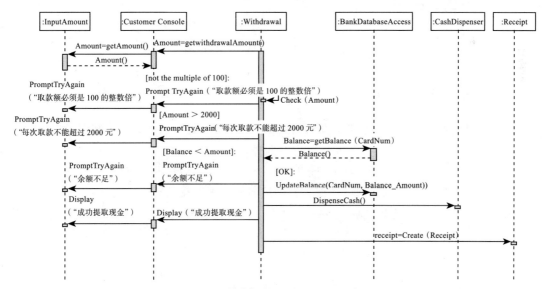

图 5.20　精化后的 Withdrawal 顺序图

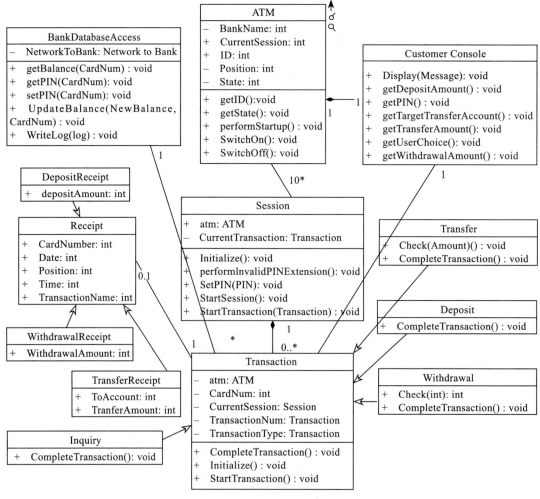

图 5.21　精化后的 ATM 系统结构图

5.4　数据库选择策略

数据库是对数据的管理，其业务包含对数据的增、删、改、查等操作。数据管理中包括用户访问权限、持久化、分布式等不同的方案选择。

假设有一个用户管理系统，其用户信息如表 5.1 所示。其数据库应至少包含以下几个功能：保存该用户信息表；能够通过用户 id、用户名或昵称查找到对应的信息；支持对密码、昵称的修改；支持添加和删除用户。这些功能分别对应怎么存储、怎么查找、怎么修改、怎么添加和删除数据这几个问题。另外，还需要尽量少的响应时间和存储空间，希望用一台服务器就可以管理这个数据库系统。

表 5.1　用户信息表示例

用户 id	用户名	密码	昵称
1	Danna	123456	Helloworld
2	Wang	888888	WangBin
3	Jack	abcyui	Leonardo

如果存在一个超级数据库，可以存储任意大小的数据以及数据之间的关系，同时提供最快的增 / 删 / 改 / 查操作，那么就可以解决一切数据问题。但实际上没有无穷的存储空间，也没有光速的响应速度，只是一台拥有 500GB 磁盘、4GB 内存、I3 处理器的计算机，需要选择合适的数据库并最优化输出结果。

对"怎么存数据"问题的解决策略有持久化存储或内存数据库，数据库可以是单机版，也可以是分布式的。

对"怎么增 / 删 / 改 / 查数据"问题的解决策略有：对于查找，可以通过关系或者根据 key-value 查找，比如表 5.1 中通过关系查找时只使用"用户 id"对用户名、密码或昵称进行查找即可；而通过 key-value 查找有所不同，一个用户 id 可能对应一个可以随时改变的文档类型，比如对应用户名、密码，或者用户名、密码、昵称，或者用户名、密码、邮箱。另外，需要注意数据库的可用性，特别是遇到故障时如何恢复，大部分现有数据库都具有简单的故障恢复功能。

在选择数据库时，操作是否安全也是需要考虑的问题，其中涉及事务、一致性和最终一致性。事务通常应用在金融业务中，比如银行转账，考虑 A 账户转账到 B 账户：A 查询当前余额，然后输入转账数额；接着银行从 A 账户删除金额，并给 B 账户增加金额；最后 B 确认金额增加。这个过程中，如果银行没有成功从 A 账户删除金额，而是直接给 B 账户增加了金额，那银行是否会产生损失？如果两个人使用 A 账户同时进行转账，是否会出现银行对 A 账户只进行了一次删除金额的行为？事务保证操作序列的完整执行，即要么同时执行，要么都不执行，这在金融业务中尤为重要。

一致性分为实时一致性和最终一致性。如果用户 A 在微信上发布了一张照片，若同时他的所有好友都能看到，这就是实时一致性；若他的好友总会在未来某个时刻看到，这就是最终一致性。实时一致性往往会消耗计算资源，实际场景中会采用最终一致性进行一定程度的折中。

常用的数据库有 MySQL、MongoDB、Redis 等，简要介绍如下。

MySQL 是至今最流行的开源关系型数据库，简单易用，拥有大量的第三方插件，社区活跃、文档丰富，支持快速的复杂查询操作、完整的事务操作并具有较高的安全性。

MongoDB 是目前非常流行的非关系型数据库，模式自由，可根据需要随时修改文档格式；支持海量数据的查询和插入，支持完全索引；自动支持分片等分布式操作，支持故障恢复与备份，学习成本低。需要注意的是，与 MySQL 相比，MongoDB 需要占用很大的空间来建立索引；不支持事务操作，只具有最终一致性；社区尚不成熟，在较高安全级别的应用中得不到保证。

Redis 是近年来兴起的内存数据库，数据在内存中保证了访问的高效；在保证访问速度的同时，也能够进行持久化存储；本身是 key-value 的存储形式，但支持很多的数据结构，如列表、字典等；访问速度非常快。相比 MySQL 和 MongoDB，Redis 有以下缺点：数据在内存中是十分不可靠的，任何重要数据都不应该存储在内存数据库中，一旦宕机，数据是不可恢复的；而且 Redis 是不完整的事务实现，也不适合作为对安全性要求高的场景。

因此，在选择数据库时，要先考察现有的数据库是否能满足要求，分析具体是什么问题构成了阻碍，比如是访问量大、安全性要求高还是要求实时一致性。然后拆分需求复杂的业务，不同场景采用不同的数据库：如果涉及财务金融信息，则推荐选择事务型数据库，比如 MySQL；如果涉及大量用户数据，有大量查询，则推荐选择 MongoDB；如果需要超快反应速度，比如网站首页，则使用 Redis 缓存。

作业

1. 采用结构化方法或者面向对象方法完成个人项目的详细设计，并形成文档报告。
2. 在第4章所得开源软件的基础上，分析其源代码，对其进行标注和修改；针对发现的问题和缺陷，对相应的程序代码进行纠错，以修复缺陷并确保修复后代码的质量。
3. 软件详细设计文档一般包含哪些部分？
4. 结构化详细设计的重点是什么？
5. 面向对象详细设计的步骤和重点是什么？
6. 考虑一个抢票服务，功能为在某个时刻为大量用户进行抢票服务。要求能够在10s内为5000个用户返回正确的抢票结果。

   （1）需要持久化存储用户数据，考虑使用MySQL和MongoDB。

   （2）具有事务性质，不能出现一张票被两个人同时抢到的情况，可以考虑使用MySQL。

   （3）要求快速响应，需要在短时间内返回结果，可以考虑使用内存数据库。

   　　考虑到业务场景的复杂性，我们尝试分离应用场景，即数据持久化存储使用MySQL，抢票时使用内存数据库进行响应。但在进行业务响应时，如果采用内存数据库将不能保证事务性质，那应如何解决？

第 6 章

用户界面设计

本章介绍用户界面设计,即首先明确界面设计的概念,然后进行用户界面设计分析,接着说明界面设计的基本类型和界面设计风格,最后分别介绍数据输入界面的设计和数据输出界面的设计。

6.1 界面设计的概念

6.1.1 界面与界面设计

界面即用户界面(User Interface,UI)的简称。广义上来讲,用户界面是人与机器进行交互的操作平台,即用户与机器相互传递信息的媒介。

界面体现在我们生活的每一个环节中,例如:开车时的方向盘和仪表盘;看电视时的遥控器(如图 6.1 所示)和屏幕;ATM 存取款机界面(如图 6.2 所示);计算机的键盘、显示器、工具界面(如图 6.3 所示)等。界面表现的是用户第一眼看到的效果,比如配色、页面结构、按钮形状、字体字号等。

图 6.1　遥控器界面

图 6.2　ATM 存取款机界面

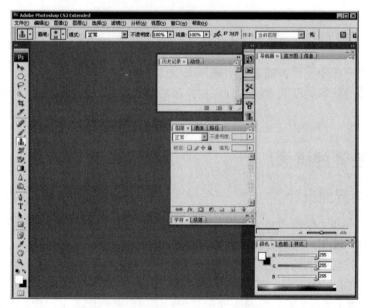

图 6.3　图处理工具——PhotoShop 界面

　　界面设计即用户界面设计（User Interface Design，UID）的简称，是指对软件的人机交互、操作逻辑、界面外观的整体设计。其中，人机交互的流程如图 6.4 所示，人主要通过感觉系统（如视觉、听觉、触觉、嗅觉、味觉）和动作系统与机器交互，机器接收人的请求作为输入，经过信息处理后输出到人的感觉系统。人机交互的发展也经历了多个阶段，从最初没有 UI 到 CLI，再到 GUI 以及目前的 NUI，如表 6.1 所示。

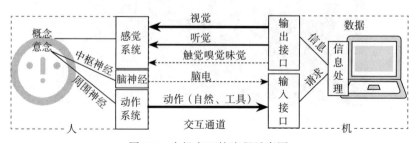

图 6.4　人机交互的流程示意图

表 6.1　人机交互的发展历程

年代－计算模式	计算机数	接口	用户界面
20 世纪 60 年代－主机计算	不足千台	键盘	CLI（Command Language Interface）
20 世纪 90 年代－个人计算	数千万台	键盘、鼠标	GUI（Graphical User Interface）
21 世纪 10 年代－移动计算	数十亿台	触摸屏	GUI（Graphical User Interface）
21 世纪 10 年代－普适计算	数百亿台	多模态	NUI（Natural User Interface）

可以把 UI 分成两大类：硬件界面和软件界面。我们关注的 UI 设计特指软件界面，也可以称为特殊的或狭义的 UI 设计。UI 设计主要研究界面、人与界面的关系。

软件设计既包括编码设计也包括 UI 设计，UI 设计不只是美工或平面设计，而是基于人机交互（HCI，人机之间的信息交换过程）的界面设计。

在 IT 公司里，产品经理（擅长使用 PowerPoint）、用户体验师（又称界面设计师，擅长使用 Dreamweaver）、视觉设计师（也简称美工，擅长使用 PhotoShop）这几个角色缺一不可。一般来说，从产品经理到用户体验师再到视觉设计师的顺序就是一个产品从规划到最终成型的任务流方向，是一个从抽象到具体、从商业到技术的过程。另外，IT 公司里还包括研发人员、前端研发人员、测试人员、运维人员等其他重要角色。

6.1.2　用户界面设计的要点和原则

在进行设计前，要先准备好 5W1H 的答案，即：

- Who：谁是你的目标用户？
- When：他们会在什么时间使用你的产品？比如对于一个邮件应用，用户在起床时可能更偏向于快速查看，而在工作时间会发生更多的输入操作。
- Where：目标用户会在哪里和你的产品进行交互？是在晃动的公交车上、阳光耀眼的室外，还是在沙发上？
- What：你的产品是什么？而用户的期待是什么？
- Why：用户为什么要使用你的产品？他们的动机是什么？在众多竞争产品中，用户为什么会选择你的产品？
- How：用户是如何与你的产品发生交互的？他们怎么使用你的产品？在使用过程中出现了什么问题？

其中，良好的可用性（Usability）是界面设计追求的目标，需要考虑学习成本、记忆成本、交互效率和满意程度，希望产品能做到易于学习、乐于使用、过程愉悦。

另外，产品设计可分为三个层次，即本能（Visceral）、行为（Behavior）、反思（Reflective）层次的设计，分别对应外形与使用的乐趣和效率、自我形象、个人满足感或回忆的产品特性。例如，假设你家里挂有《蒙娜丽莎》油画，分别是：在平板显示器上 100% 完美的电子版；在画布上 100% 完美的复制品；原作。这三个选项会给你家的访客带来截然不同的感受。

设计的步骤分为三步：首先是概要设计（Conceptual Design），然后是行为（交互）设计（Behavioral Design），接着是界面设计（Interface Design）。界面设计是一个见仁见智的过程，很难做到客观评价，有一些公认的好的做法以及要尽量避免的做法如下。

- 做减法。大家平时都说要向某个大师或某个产品学习，把最重要的功能做好交给用户，把那些无关紧要的功能藏起来，即做减法，但程序员还是会想把高级功能"秀"出来。例如电视机或 DVD 播放器的遥控器功能很强、按钮很多，但实际上老人使用遥控器时会有些困难。

- 替用户着想但不低估用户水平。比如微软必应搜索有"实时显示英语解释"的功能，该功能会解释鼠标触及的所有英语单词，包括"a""of""at""on""and""the""he""she"等简单的单词。当用户鼠标无意中停留在这些单词上时，英语翻译功能会显示它们的意思，顺便把页面上的其他文字遮住，那么项目经理、开发人员、测试人员在设计、实现、测试这个功能的时候，考虑过目标用户的英文水平吗？如果用户连"a"都不认识，他们能来到这个网页搜索含有英文内容的结果吗？
- 替用户着想以便越用越好用。当用户已经是第 N 次使用你的产品时，你的 UI 能否为这些用户提供方便？你的产品是下面的哪一种：软件用得越多，一样难用；软件用得越多，越来越难用；软件用得越多，越来越好用。例如，Microsoft Office Word 中有一个好的设计，即把字体划分为三个档次由上而下地显示出来：当前 Word 模板的主题字体，最近使用的字体，所有字体。这使用户能够快速找到多次使用过的字体。
- 准备好不同的短期/长期方案。比如你要在计算机前工作两分钟，你希望用什么控制计算机？是用鼠标或键盘，还是用手指在屏幕上操作或戴上专用手套，启动摄像头，用手势操作，还是用语音？如果你要在计算机前工作 30 分钟或 8 小时，设计方案是什么样的？时间长短不同，设计方案也要相应改变，不同的短期/长期方案非常有必要。
- 不让用户犯错误。比如飞机上乘客遥控器的设计，按钮上的字很小，在昏暗的照明下乘客很难分辨，可以用不同的颜色来表示或者用不同的声音反馈，以及提供多国文字的说明，也可以在按钮里面装灯，或者让用户再确认一次。这些设计方案分别有哪些优点和缺点，大家可以思考一下。

GUI 设计规则包括可视化（visibility）、一致性（consistency）、直接映射（mapping）和有效反馈（feedback）。由于人类的信息 80% 以上是通过视觉获取的，因此可视化是 GUI 设计最主要的部分，体现在屏幕元素的选择、布局、呈现和装饰上。要掌握繁多、分散的设计规则，需要先理解视觉认知原理，即 Gestalt 理论，包括闭合律、连续律、相似律、接近律、对称律、前背景，该理论发现和解释了人类视觉认知活动中的整体性，说明人是如何理解视场内各个元素之间关系的。该理论是选择、布局、呈现和装饰屏幕元素的依据，具体表现在分组、排序、对齐、装饰和留白等方式上。

Theo Mandel 提出界面设计的三条"黄金原则"，即：

- 置用户于控制之下——用户界面能够对用户的操作做出恰当的反应，并帮助用户完成需要的工作，易用性是界面设计的核心，不要给用户犯错的机会；
- 要尽量减少用户的记忆负担——系统应该"记住"有关的信息，通过缺省项、快捷方式或界面视觉帮助用户减轻记忆负担，界面要尽量为用户提供帮助；
- 要保持界面的一致——用户应该以一致的方式展示和获取信息，系统界面风格尽量保持统一，最忌讳每换一个屏幕，用户就要换一套操作命令与操作方法。

在进行用户界面设计前，首先需要保证用户界面的功能性，因为界面最基本的要求是具有功能性与使用性。通过界面设计，让用户明白功能操作，并将产品本身的信息更加顺畅地传递给使用者，是功能界面存在的基础与价值。用户界面一定要有基本的功能，设计者不能片面追求界面外观漂亮而导致华而不实，界面设计还要便于用户理解。大多数用户都有丰富的生活经验，如果能够在界面设计中把积累的生活经验和界面视觉元素对应或连接起来，就会让用户更容易理解。如电子书界面模拟翻书的设计可以很快让用户理解如何操作，并且给读者提供熟悉的阅读体验。以下是界面设计推荐的六大诀窍。

- 尽快提供可感触的反馈，即系统状态要有反馈且等待时间要合适。程序发生了什么，应该在某个统一的地方清晰地标示出来。一个目标用户只靠软件的主要反馈就能完成基本的操作，而不用事先学习使用手册。系统的反馈可以是视觉上的、听觉上的、触觉上的（例如手机振动）。

- 系统界面符合用户的现实惯例（Familiarity，Avoid surprise），即软件系统要用用户语言而非开发者语言来和用户沟通，所用的概念要贴近实际生活，而不是用学术概念或开发者的概念，最好是目标用户的实际生活体验。例如，给病人使用的网络挂号系统不宜使用只有医务工作者才熟悉的术语和界面，最坏的结果是使用软件工程师才熟悉的术语和界面，而医护人员和病人对此都很不熟悉。另外，软件要避免带给用户惊奇，比如在用户没有期待对话框的时候，软件从奇怪的角度弹出对话框或者提示用户"找不到对象"。界面设计中最有效的方法是让数据说话，如询问用户、用户投票等，这样会让用户使用系统时的错误降到最低。

- 用户有自由控制权。比如操作失误可回退，要让用户可以退出软件（很多软件都没有退出菜单，这是导致用户反感的重要因素）。在界面使用设计上要方便退出，提供不同可能性。手机的退出，是按一个键就可退出，还是一层一层退出。再比如用户可以定制显示信息的多少，还可以定制常用的设置。

- 一致性和标准化。软件中对同一事物和同类操作的表示用语，各处要保持一致。例如，某词典软件有"帮助用户收集生词并且背诵生词"的功能，要有明确一致的称呼，如"单词本""生词本""Word List""Word Book""单词文件"不能混用等。又如，在一个系列软件中，风格须一致，表现为统一的字体字号、统一的色调、统一的提示用词、窗口在统一的位置、按钮在窗口的相同位置等，其目的是减少记忆量、降低出错概率而且能迅速积累操作经验。

- 适合各种类型的用户。我们的软件要为新手和专家提供可定制化的设计，系统可以帮助用户更快捷、更好地学习如何使用界面，告诉用户在遇到某些使用问题时该如何处理，减少用户在使用中的挫折感。把常用的功能以图标按钮的形式放在工具条上或使用快捷键，并且一些操作方式、快捷操作可调整。我们还应该为某些有障碍的用户（色弱、色盲、盲人、听力有缺陷的用户、不方便操作键盘和鼠标的用户等）提供一定程度的便利。对于长期使用一个软件的用户，该软件应该能适应用户的使用习惯，让用户越用越顺手。

- 帮助用户识别、诊断并修复错误。软件中的关键操作需要有确认提示，以便帮助用户尽早消除误操作。要注意使用朴素的语言来表述错误信息。错误信息需要给出下一步操作提示，必要时提供详细的帮助信息，并协助用户方便地从错误中恢复工作。让所有的用户都可以通过电子邮件或者表单来提交反馈意见。有些程序用一对简单的笑脸 / 哭脸符号来鼓励用户提交反馈，也是很好的办法。

关于界面上是否需要文档，这里给出一个建议，最好有提示和帮助文档：无须文档就能轻松应用软件当然更好，如果必要的话，可提供一个在线帮助；如果软件和用户的工作相关（而不是简单的游戏），那么基本的提示和帮助文档还是很有必要的，而且也要提供便利的检索功能；文档要从用户的角度出发来描述具体步骤，并且不要太长。

菲茨定律可以改进设计心理学。交互设计过程包括设计的发现（discovery）、发展（exploration）、评测（evaluation）和生成（production），是不断迭代的过程。

6.1.3 用户界面设计相关人员和工具

UI 设计主要研究人、界面、人与界面的关系。相应地，界面设计的相关人员包括以下三类。

- 图形设计师（研究界面），国内目前大部分 UI 工作者都从事这个行业。也有人称之为美工，但实际上不是单纯意义上的美工，而是软件产品的外形设计师。这些设计师大多是美术院校毕业的，其中大部分有美术设计教育背景，例如工业外形设计、装潢设计、信息多媒体设计等。
- 交互设计师（研究人与界面的关系）。在图形界面产生之前，UI 设计师就是指交互设计师。交互设计师的工作内容就是设计软件的操作流程、树状结构、软件的结构与操作规范等。一个软件产品在编码之前需要做的就是交互设计，并且确立交互模型、交互规范。交互设计师一般都有软件工程师背景。
- 用户测试 / 研究工程师（研究人）。为了保证质量，任何产品都需要测试。软件的编码需要测试，UI 设计也需要测试。这个测试和编码没有任何关系，主要是测试交互设计的合理性以及图形设计的美观性。测试方法一般都是用目标用户问卷的形式来衡量 UI 设计的合理性。用户测试 / 研究工程师很重要，如果没有这个职位，UI 设计的好坏只能凭借设计师的经验或领导的审美来评判，这样就会给企业带来很大的风险。用户研究工程师一般有心理学、人文学背景。

因此，界面设计涉及的范围包括人机产品界面设计、移动设备界面设计、网页界面设计、软件界面设计等，是一种结合了美学、计算机科学、心理学、行为学、人机工程学、信息学以及市场学等的综合性学科，强调人 – 机 – 环境三者作为一个系统进行总体设计。

界面设计的工作流程如下：首先是产品制作人写产品计划书；然后是用户体验研究员进行调查分析；接着是信息建构师设计产品架构；跟着是交互设计师做出互动流程；再由视觉设计师做出页面视觉设计；前台工程师进行前台开发，后台工程师进行后台开发；最后由用户体验研究员进行用户测试以确保质量。

目前界面设计的常用工具有 Photoshop、Illustrator、Flash、3ds Max 等，还有绘制图标工具 Xara Xtreme，这是英国矢量图形软件公司 Xara 开发的老牌图像设计软件，被誉为"世界上速度最快的绘图软件"，用来绘图、处理图像、制作 Web 图形等。还有功能强大、专门制作图标的编辑软件 Axialis IconWorkshop。

6.2 用户界面设计分析

用户界面设计分析应与软件系统的需求分析同步进行，包括 2 个步骤：用户特性分析，需弄清什么类型的用户将要使用这个界面；用户工作分析，记录用户有关系统的概念和术语。

用户特性分析的目的是了解所有用户的技能和经验，以便预测他们对不同的界面设计会做出什么反应，并针对用户的能力来设计或更改界面。用户界面是根据人的需要而建立的，因此，首先要弄清什么类型的用户将要使用这个界面，通常有以下四种类型的用户。

- 外行型用户：从未用过计算机的用户。他们不熟悉计算机操作，对系统认识很少或毫无认识。

- 初学型用户：对计算机操作有一些经验，但对新系统不熟悉的用户。他们需要相当多的支持。
- 熟练型用户：对一个系统的操作有相当多的经验，能够熟练操作的用户。他们需要比初学型用户较少的支持，可直接迅速进入运行的界面。但是，熟练型用户不了解系统内部结构，因此他们不能纠正意外错误，不具备扩充系统的能力，但他们擅长操作一个或多个任务。
- 专家型用户：与熟练型用户相比，这一类用户了解系统内部的构造，具有关于系统工作机制的专业知识，以及维护和修改基本系统的能力。需要为他们提供能够修改和扩充系统能力的复杂界面。

以上用户分类可为用户界面设计分析提供依据。但用户类型不是一成不变的，在一个用户群体中，可能存在熟练型用户和初学型用户共存的情况；个人情况也会随时间发生变化，初学型用户可以成为熟练型用户，而专家型用户也可能会因长时间不使用系统而退化成初学型用户。因此要度量用户特性，以帮助设计者选择适合大多数用户使用的界面和支持级别。可以从使用频度、自由选用界面、熟悉度、知识结构、思维能力、生理能力和技能这几个方面来度量用户特性。

用户工作分析也称为任务分析，它是系统内部活动的分解。用户工作分析与需求分析中结构化分析的方法类似，采用自顶向下的方法逐步进行功能分解。

系统功能的分解可以用数据流图和数据词典来描述。其中，每一个加工相当于一个功能，也就是一个任务。任务可以由一组动作构成，规定了为实现该任务所必需的一系列活动。任务的细节可以使用结构化语言来表达，它描述了动作完成的序列以及在完成动作时的所有例外情况。

6.3　界面设计的基本类型

从用户与计算机交互的角度来看，用户界面设计的类型主要有菜单、图像、对话以及窗口等。每种类型都有不同的特点和性能，交互性是用户界面最重要的特性，表 6.2 展示了几种交互类型的优缺点和应用实例。

表 6.2　用户界面交互类型的比较

交互类型	主要优点	主要缺点	应用实例
直接操纵	快速直观 容易学习	实现较难 适于对象和任务有视觉隐喻	视频游戏 CAD 系统
菜单选择	避免用户错误 只需很少的键盘输入	无经验的用户操作较慢 菜单项多时操作复杂	一般用途的系统
表格填写	简单的数据入口 容易学习	占用较多的屏幕空间	库存控制 个人贷款处理
命令语言	强大灵活	较难学习 错误管理效果差	操作系统 图书馆信息检索系统
自然语言	适合偶然用户 容易控制	需要键入的内容太多 自然语言理解系统不可靠	时刻表系统 WWW 信息检索系统

在选用界面设计类型的时候，应当考虑每种类型的优点和限制，可以从以下几个方面来进行选择：使用的难易度，即对于没有经验的用户，该界面使用的难度有多大；学习的难易

程度，即学习该界面的命令和功能的难度有多大；操作速度，即在完成一个指定操作时，该界面在操作步骤、击键和反应时间等方面的效率有多高；复杂程度，即该界面提供了什么功能、能否用新的方式组合以增强界面的功能；控制，即人机交互时是由计算机还是由人发起和控制对话；开发的难易程度，即该界面设计是否有难度、开发的工作量有多大。

通常，一个界面的设计会使用一种以上的界面设计类型，每种类型与一个（组）任务相匹配。在每个任务中，要将动作分配给计算机、用户或者两者。通常，用户承担需要创造、判断和探索的任务，而计算机要承担数据处理的任务。数据录入、数据恢复和决策支持则都属于混合任务。这些混合的任务需要通过人和计算机交互来共同完成，因此要进一步细化这些任务。

6.3.1　菜单

菜单也称为选单，是由系统预先设置好的、显示在屏幕上的一组或几组可供用户选用的命令。用户只需通过鼠标或移位键等定位设备，就可以方便地选取所需要的菜单项，使对应的命令得以执行。菜单可以按照以下两种方式进行分类。

1. 按照显示的形象或样式

正文菜单，简称菜单，实际上是系统命令或者是其简写形式。一个菜单中包含许多菜单项，可按某种约定把它们成行成列地显示在屏幕上。简单的正文菜单的设置与选取方式常常为下面的三种约定形式之一：首字符匹配方式，每一个菜单项仅首字符有效，用户通过键入首字符选取某个菜单项；序号匹配方式，每一个菜单项前面有一个序号；亮条匹配方式，各个菜单项成行成列地在屏幕上排列，用户使用位移键或者鼠标在菜单项之间移动亮条，以实现某个菜单项上的功能选取。

图标菜单，简称图标或图符，是放置在一个小方框中的一幅图像。图标菜单在功能上与正文菜单没有差别，只不过图标更形象、更直观。

2. 按屏幕位置和操作风格

固定位置菜单每次总是在屏幕中相对固定的位置出现，例如屏幕的中央或一侧。通过固定位置菜单可以很方便地实现多层结构的菜单机制。用户根据当前屏幕上菜单项的内容，就可以知道自己当前在系统中的位置以及上下级关系。但是由于在水平和垂直方向均有菜单常驻屏幕，因此一部分屏幕空间将被占用，使得用户的工作区变小。

浮动位置菜单，也叫弹出式菜单，其特点是：仅当需要时，它才被瞬时显示出来供用户选用；当完成它的使命后，便会自动从屏幕上消失。

下拉式菜单糅合了固定菜单与浮动菜单，其结构分为两层：第一层是各个父菜单项，排成一行，常驻在屏幕上一个狭窄的带形区域；第二层是各个父菜单项的子菜单项，分别隶属于所对应的父菜单项。下拉式菜单的特点是：子菜单项平时隐藏在屏幕的后面，仅当选中父菜单项时，它才紧挨在父菜单项的下方立即显示出来，以供用户进一步选择，选完之后，子菜单项将立即消失。

嵌入式菜单，该菜单通常并不成行成列地出现在屏幕上，而是混在应用中。嵌入式菜单项是它所在应用的一部分内容，必要时可用粗体字或字母高亮等方式突出显示。

6.3.2　图像

在用户界面中加入丰富多彩的图像，能更形象地为用户提供有用的信息，以达到可视化的目的。其主要的处理任务有图像的隐蔽和再现、屏幕滚动等。

1. 图像的隐蔽和再现

下拉式菜单只能描述系统中两个层次的控制结构，当系统的控制结构不只有两层时，可采用弹出式菜单。在实际的应用系统中通常会频繁地要求把屏幕上某块矩形区域内的图像隐蔽起来，然后在适当的时间将它重新显示出来。例如，下拉式和弹出式菜单在显示时，需要预先把将要被遮盖区域中的屏幕内容隐藏起来，而当选取菜单项的工作完成之后，又需要把原来隐蔽的图形再现出来。为了实现这种操作，需要设置两个专门用来保存屏幕上用户工作区图像的内存缓冲区：一个用来保存旧的图像内容，称为旧缓冲区，另一个用来保存新的图像内容，称为新缓冲区。当用户对屏幕上的图像做了实质性的修改后，当前屏幕图像自动存储于新缓冲区。当用户需要原先的屏幕图像时，系统将交换新老缓冲区的指针，把原先的屏幕图像再现于屏幕上。

2. 屏幕滚动

屏幕滚动时可以使显示内容在屏幕上做平行移动，因此需要设置一个内存缓冲区，每当用户工作区的内容发生变化时，就将工作区的屏幕图像保存在这个缓冲区中，然后根据用户的滚动请求，移动光标的位置后，在屏幕上进行图像的重画或重写。

6.3.3　对话

对话也称为对话框，是在必要时显示于屏幕上一个矩形区域内的图形和正文信息。通过对话可以实现用户和系统之间的通信。

对话通常是用户在选取菜单项或图标时的一种辅助手段。对话在屏幕上的出现方式与弹出式菜单类似，即瞬时弹出，同时系统保存其外框矩形区域所覆盖的原屏幕图像内容，以便在对话框结束后能够立即恢复这些屏幕图像内容。

对话有三种形式：必须回答式，当此对话出现在屏幕上时，用户必须给予回答，如果用户不理睬这个对话或者用户不键入具体的内容而直接按回车键，则对话不会消失，系统也不执行其他工作；无须问答式；警告式。

对话的实现方式有：

- 设置一个或一批标准的对话，以函数过程调用的方式直接提供给用户使用。这类对话框有的是一问一答的，有的是多问多答的。它们的显示格式、问题段和回答段的安排以及用户回答的选择范围都是系统事先设置好的，使用者不能随意改动。这类对话称为标准对话。
- 系统为不同类型的对话设置一组数据结构和一批工具函数。用户可以根据他们的需要来自行设计对话，这类对话称为定做式对话，需要事先设置一些可以直接提供给用户使用的工具函数。

6.3.4　窗口

窗口是指屏幕上的一个矩形区域，在图形学中叫作视图区（Viewport）。用户可以通过窗口显示，观察其工作领域内的全部或一部分内容，并可以对显示的内容进行系统预先确定的各种正文和图形操作。

我们习惯把窗口视为虚拟屏幕。相对地，显示器就称为物理屏幕。采用滚动条技术，通过窗口能够看到的内容比物理屏幕显示的内容要多得多。另一方面，在同一物理屏幕上可以设置多个窗口，各个窗口可以由不同的系统或系统成分分别使用。如果在同一个屏幕上有若干个窗口，这些窗口可以重叠在一起，也可以在水平方向并列排列。

由于物理条件的限制，窗口面积的大小一般都不能满足用户要求，在窗口中显示的内容只占用户空间的一部分，正如在照相机的取景框中看到的只是整个风景区的局部一样。事实上，窗口并不属于用户空间，它仅仅是用于观察、组织用户空间的内容，并对其进行操作的用户界面工具。

6.4 用户界面设计风格

用户界面设计的风格是多种多样的。最为常见的是扁平化风格，其特点是风格简单、无特效、排版简洁、色彩绚丽、呈现二维效果，如图 6.5 所示。也有拟物化风格，具有 3D 特效，非常逼真，如图 6.6 所示。还有受年轻人欢迎的卡通化风格，采用夸张、变形的手法来展示，如图 6.7 所示。

图 6.5　扁平化风格　　　　图 6.6　拟物化风格　　　　图 6.7　卡通化风格

结合设计风格，我们介绍目前非常流行的图标设计。图标设计是视觉设计的重要组成部分，用于提示与强调。图标使产品功能具象化，更容易理解，并且使产品的人机界面更有吸引力，富含娱乐性。通过图标形成产品的统一特征，更能够给用户信赖感，便于用户对功能的记忆。图标还能够创造差异化、个性化的美，强化装饰性作用。图标是用户界面设计中除文字之外最不可或缺的视觉元素，在设计中看似只占一个很小的区域，但它却是考验设计师基本功的重要标准。了解图标相关的概念以及正确绘制的方法是入门用户界面设计的必备条件。因而图标创作也是艺术创作，有助于提高产品品质。图标的表现方式灵活自由，可传达不同的产品理念，并且图标是在屏幕上展示产品的最佳方式。

图标设计的流程分为：图标创意阶段，要求看懂界面需求，每个图标的定义要准确清楚；草图绘制阶段，需要统一图标风格，统一透视；草图渲染阶段，可以使用 PS 等软件。

6.5 数据输入界面的设计

数据输入界面的目标是尽量简化用户的工作，并尽可能地降低输入的出错率。为此，在设计时要考虑尽可能减轻用户的记忆负担，使界面具有预见性和一致性，防止用户在输入时出错，以及尽可能令数据自动输入。

数据输入界面设计应遵循以下几项原则。

- 确认输入：只有当用户按下输入的确认键时，才确认输入。
- 交互动作：要使用 TAB 键或回车键来控制光标表项间的移动。
- 确认删除：当键入删除命令后，必须进行特别的确认，然后才执行删除操作。
- 提供反馈：若一个屏幕上可容纳若干输入内容，可将用户先前输入的内容仍保留在屏幕上，以便用户能随时察看，明确下一步应做的操作。
- 提示输入范围：应当显示有效回答的集合及其范围。

现有的数据录入方式有以下几种。

- 表格形式。这种数据录入方式是针对较复杂的数据录入时使用最广泛的一种对话类型，其形式是在屏幕上显示一张表格，类似于用户熟悉的填表格式，供用户进行数据录入，如图 6.8 所示。
- 菜单形式。如果从一个确定的可供选择的清单中选取录入数据，则可使用菜单方式。其方法是把所有的选择项都显示在屏幕上，用户只需要输入代表各项的数字代码就可选择所需数据，如图 6.9 所示。

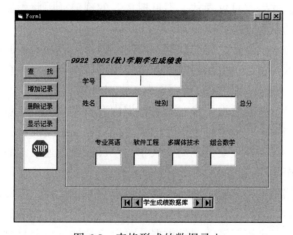

图 6.8　表格形式的数据录入

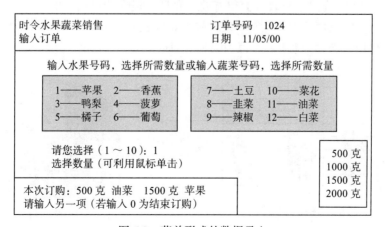

图 6.9　菜单形式的数据录入

其他数据录入的方法还有：关键词数据输入，比菜单数据录入方式更快速、更有效，例如在绘图系统中利用关键词 line、brok、rect 和 circ 作为直线、折线、矩形和圆的助记符进行识别和操作，其优点是可以利用特征直接进行选择，并能以不同的顺序输入；光学标记 / 识别（OMR）输入，主要在表格中使用，用户在表格的一个区域中打上标记（方框或涂黑的方框），然后让表格通过一个光敏读入设备，其中暗标记（涂黑的方框）表示"是"，亮标记（空方框）表示"否"，该输入方式适合于菜单输入方式的数据；条形码（Bar Code）输入，条形码是光学标记的一个特例，由许多粗细不等的竖线组成的标签在特定的位置上出现或不出现就表示某个特定的数据，由条形码读入器读入；声音数据输入，优点是输入速度很快，可用于不适宜用纸张和键盘的场合，不需要书写，只需用户发声即可，声音数据的输入包括语音和自然语言对话的所有问题。

6.6 数据输出界面的设计

数据输出界面包括屏幕查询、文件浏览、图形显示和报告等。要进行数据输出显示设计，首先应当了解数据输出显示的要求，解决应当输出哪些数据、屏幕上一次应显示多少信息的问题。如果画面显示信息过少，则用户需要不断切换屏幕才能找到所需的数据；如果画面显示信息过多，则会发生"只见森林，不见树木"的现象，因此，显示的信息对于用户任务来说应当是适当的，不要过于拥挤。

数据输出的规则为：只显示必需的数据，与用户需求无直接关系的数据一律省略；同一时刻使用的数据应显示在一起；显示的数据，应与用户所执行的任务有关；每一屏显示数据的面积（包括标题栏等）最好不要超过整个屏幕面积的 30%。

字符数据画面的显示主要是按屏幕布局和数据内容安排格式。显示的内容可以是单纯的文字，也可以是表格和目录，而更多是二者的综合。若输出的是英文，应避免连续使用大写字母，因为阅读大写字母的速度要低于阅读大小写字母混合的速度。而且大写字母应使用印刷体，且一般为强调而使用。

由于图形能从数据集合中概括某些特性并且具有直观的优点，因此图形对于识别和分析处理结果更为有效，为了做好图形显示，必须仔细地选择图形类型和进行布局设计。具体的图形类型有直方图（对于比较粗糙的测量数据，可以直观地给出差异例外和可能的趋势，如图 6.10 所示）、饼图（在显示比较方面很有效，并且有很强的视觉效果，可通过饼及各种扇形部分显示各部分测量值所占的比例关系，如图 6.11 所示）和折线图（表现数据群中的关联和差异，数据值用纵坐标 y 来表示，范围或尺度用横坐标 x 来表示，如图 6.12 所示）。

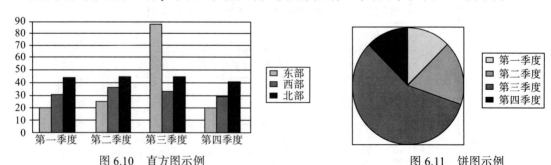

图 6.10　直方图示例　　　　　　　　　　　　　　图 6.11　饼图示例

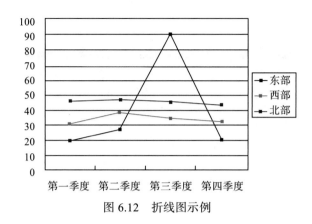

图 6.12 折线图示例

作业

1. 完成目标项目的界面设计，可以用笔在纸上画出原型图或者使用 Visio、PhotoShop、Axure 等。主要步骤包括：竞争产品对比分析，要求设计简洁、要点突出、不能过于绚丽、布局要明确清晰；项目界面特点需求分析；项目界面布局需求分析；功能用户需求分析。
2. 整合和评审目标软件系统的体系结构设计、用户界面设计、用例设计、子系统和构件设计、类设计等设计信息，形成一个完整的软件设计方案，并按照软件工程原则对其进行改进、优化和完善。
3. 人机交互设计的目标是什么？如何理解易用性？
4. 用户的差异性对人机交互设计有什么影响？
5. 常见的用户界面有哪些类型？各自有什么特点？
6. 导航的作用是什么？如何设计导航？

第 7 章

程序编码

编码阶段的任务是根据详细设计说明书编写程序，即使用选定的程序设计语言，把模块的过程性描述（不可执行）翻译为用该语言编写的源程序或源代码（可执行）。要求程序员熟悉所用语言的语法、功能和程序开发环境，弄清楚要编码模块的外部接口与内部过程。编码阶段的目标是保证软件的质量和可维护性，即程序员必须深刻理解、熟练掌握并正确运用程序设计语言的特性，还要求源程序具有良好的结构性和程序设计风格。

本章首先介绍程序设计语言的三要素、基本成分、特性、发展和分类、选择，然后说明什么是高质量代码，接着给出达到高质量的建议，包括代码复审和结对编程，另外还介绍了软件配置管理的概念、方法、技术和工具 Git。

7.1 程序设计语言概述

7.1.1 程序设计语言的三要素

程序设计语言是指用于书写计算机程序的语言，它是一种实现性的软件语言。语言的基础是一组记号和一组规则，根据规则由记号构成的记号串的总体就是语言。在程序设计语言中，这些记号串就是程序。类似于自然语言，程序设计语言的三要素为语法、语义和语用。

语法（syntax）用来表示构成语言的各个记号之间的组合规则，它是构成语言结构正确成分所需遵循的规则集合，如 C 语言中 for 语句的构成规则是：

for(表达式 1；表达式 2；表达式 3**)** 语句

语法中不涉及这些记号的含义，也不涉及使用者。语法必须先于语义给出，因为只能给正确形式的表达式指定含义。

语义（semantic）用来表示按照各种方式表达的各个记号的特定含义，但它不涉及使用者。如上述 for 语句中：表达式 1 表示循环初值，表达式 2 表示循环条件，表达式 3 表示循环的增量，语句为循环体。

整个语句的语义是：

1）计算表达式 1；

2）计算表达式 2，若计算结果为 0，则终止循环，否则转向 3）；

3）执行循环体；

4）计算表达式 3；

5）转向 2）。

明确语义后才考虑语用问题，因为使用者只有明白表达式的含义后才能使用语言进行交流。

语用（pragmatic）用来表示构成语言的各个记号和使用者的关系。语用问题指实现的简易性、应用的效率和编程方法论，如：语言是否允许递归？是否要规定递归层数的上界？如何确定这种上界？通常语用部分留给语言的设计者和实现者，一般是编译器开发人员。

7.1.2 程序设计语言的基本成分

程序设计语言的基本成分可归纳为四种：数据成分、运算成分、控制成分、传输成分。

数据成分指明该语言能接受的数据，用来描述程序中的数据，如各种类型的变量、数组、指针、记录等。作为程序操作的对象，数据成分具有名称、类型和作用域等特征，使用前要对数据的这些特征加以说明。其中，数据名称由用户通过标识符命名，类型说明数据需占用存储单元的多少和存放形式，作用域说明数据可以使用的范围。以 C 语言为例，其数据类型可分为基本类型和派生类型，如图 7.1 所示。

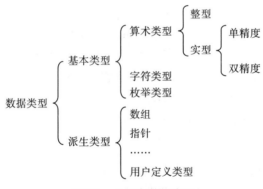

图 7.1　C 语言数据类型

运算成分指明该语言允许执行的运算，即描述程序中的运算，如 +、−、*、/ 等。

控制成分指明该语言允许的控制结构，可利用其来构造程序中的控制逻辑。基本的控制成分包括顺序结构、条件选择结构和重复结构，如图 7.2 所示。

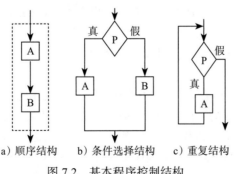

a）顺序结构　　b）条件选择结构　　c）重复结构

图 7.2　基本程序控制结构

　　传输成分指明该语言允许的数据传输方式，在程序中可用它进行数据传输。例如，Turbo C 语言标准库提供了两个控制台格式化输入和输出函数 scanf() 和 printf()，这两个函数可以在标准输入 / 输出设备上以各种不同的格式读写数据。printf() 函数用来向标准输出设备（屏幕）写数据，scanf() 函数用来从标准输入设备（键盘）上读数据。

7.1.3　程序设计语言的特性

　　程序设计语言的特性主要体现在心理、工程和应用这几个方面。

1. 心理特性

　　从设计到编码的转换基本上是人的活动，因此，语言的性能对程序员的心理影响将对转换产生重大作用。在维持现有机器的效率、容量和其他硬件限制条件的前提下，程序员总希望选择简单易学、使用方便的语言，以减少程序出错率，从而提高用户对软件质量的信任程度。影响程序员心理的语言特性有以下几点。

- 一致性：指语言采用的标记法（使用的符号）协调一致的程度，如一符多用的标记法容易导致错误。
- 二义性：对语句不同理解所产生的二义性将导致程序员对程序理解的混乱，如 if ** then ** if ** then ** else x := a ** b ** c 中，else 分支应该和哪个 then 分支相匹配具有二义性。
- 紧致性：指程序员必须记忆的与编码有关的信息总量，其指标有对结构化部件的支持程度、可用关键字和缩写的种类、算术及逻辑操作符的数目、预定义函数的个数等。
- 局部性：程序由模块组成，应遵循高内聚、低耦合、模块独立、局部化等原则。
- 线性：人们习惯按逻辑上线性的次序理解程序，程序中大量的分支和循环、随意的 GOTO 语句会破坏程序的线性，提倡结构化程序设计。
- 传统性：容易影响人们学习新语言的积极性。

2. 工程特性

　　程序设计语言的特性影响了人们思考程序的方式，从而限制了人们与计算机进行通信的方式。为满足软件工程的需要，程序设计语言还应考虑将设计翻译成代码的便利程度、编译器的效率、源代码的可移植性、配套的开发工具、软件的可复用性和可维护性。

- 将设计翻译成代码的便利程度。若语言直接支持结构化部件、复杂的数据结构、特殊 I/O 处理、按位操作和 OO 方法，则便于将设计转换成代码。
- 编译器的效率。编译器应生成效率高的代码。
- 源代码的可移植性。语言的标准化有助于提高程序代码的可移植性，源程序中应尽量不用标准文本以外的语句。
- 配套的开发工具。可减少编码时间，提高代码质量，尽可能使用工具和程序设计支撑环境。
- 可复用性指编程语言能否提供可复用的软件成分，复用时需要修改调整的内容有多少。
- 可维护性包括源程序的可扩展性（增加系统功能或新类的难易程度）、可理解性（通过阅读代码理解系统的难易程度）、可测试性（对系统进行测试的难易程度）、可修改性（更改系统功能的难易程度）、适应性（将系统应用到不同应用领域的难易程度）、可移植性（系统移植到不同平台的难易程度）、需求可追踪性（将代码映射到特定需求的难易程度）等。源程序的可读性和文档化特性是影响可维护性的重要因素。

3. 应用特性

不同的程序设计语言满足不同的技术特性，可以对应于不同的应用。例如 Prolog 语言适用于人工智能领域，SQL 语言适用于关系数据库。

语言的技术特性对软件工程各个阶段都有一定影响，特别是确定软件需求之后，程序设计语言的特性就变得很重要，要根据不同项目的特性选择相应特性的语言。例如支持结构化构造的语言有利于减少程序环路的复杂性，使程序易测试、易维护。

7.1.4 程序设计语言的发展和分类

自 20 世纪 60 年代以来，世界上公布的程序设计语言已有上千种，但是只有一小部分得到了广泛的应用。

从发展历程来看，程序设计语言可以分为 4 代：第一代语言是机器语言和汇编语言；第二代语言是早期的高级语言，如 BASIC、FORTRAN、COBOL 等；第三代语言具有强大的数据结构和过程描述能力、支持结构化编程的语言，如 Pascal、Modula、C、Ada 等；第四代语言出现于 20 世纪 70 年代，其目的是提高程序开发速度，以及让非专业用户能直接编写计算机程序。

1. 第一代语言

机器语言由二进制的 0、1 代码指令构成，机器能直接识别，不同的 CPU 具有不同的指令系统。计算机编码常用 ASCII 码（American Standard Code for Information Interchange，美国标准信息交换编码），两个表示数据的基本概念是位（Bit）和字节（Byte）。机器语言的优点是质量高、执行速度快、占用的存储空间小；缺点是编程难度大、指令难记、烦琐、直观性差、容易出错、检查调试困难、通用性差、不兼容。机器语言程序难编写、难修改、难维护，需要用户直接对存储空间进行分配，编程效率极低。这种语言已经被淘汰了。

汇编语言是机器指令的符号化，与机器指令存在着直接的对应关系。汇编语言不能直接在机器上运行，要转换成机器语言才能执行。汇编语言同样存在难学难用、容易出错、维护困难等缺点。但是汇编语言也有自己的优点：可直接访问系统接口、汇编程序翻译成的机器语言程序效率高，即质量高、执行速度快、占存储空间小、可读性有所提高。从软件工程的角度来看，只有在高级语言不能满足设计要求或不具备支持某种特定功能的技术性能（如特殊的输入/输出）时，汇编语言才被使用。汇编语言类似于机器语言，通用性、可移植性差，与人的自然语言相差悬殊。机器语言和汇编语言也称为低级语言。以下是用汇编语言编写的代码片段，每一行包括 1 个指令和 2 个操作数。

```
main proc pay
    mov ax,dseg
    mov dx,0b00h
    add ax,dx
    mov al,bl
    mul bl,ax
    mov bl,04h
```

2. 第二代和第三代语言

高级语言是面向用户、基本独立于计算机种类和结构的语言。其优点是：形式上接近于算术语言和自然语言，语义上接近于人们通常使用的概念。高级语言的一个命令可以代替几条、几十条甚至几百条汇编语言的指令。高级语言易学易用、通用性强、应用广泛、种类繁多，可从应用特点和对客观系统的描述两方面进行分类。

从应用角度的分类情况如下：

- 基础语言，也称通用语言，这类语言历史悠久，流传很广，有大量已开发的软件库，拥有众多用户，为人们所熟悉和接受，属于这类语言的有 FORTRAN、COBOL、BASIC、ALGOL 等；
- 结构化语言，20 世纪 70 年代以来，结构化程序设计和软件工程的思想日益为人们接受和欣赏，先后出现了一些很有影响的结构化语言，直接支持结构化的控制结构，具有强大的过程结构和数据结构能力，PASCAL、C、Ada 语言就是突出代表；
- 专用语言是为某种特殊应用而专门设计的语言，通常具有特殊的语法形式，应用范围狭窄，移植性和可维护性较弱，应用比较广泛的有 APL、Forth、LISP 语言。

从客观系统描述的分类情况如下：

- 面向过程语言，以"数据结构＋算法"程序设计范式构成的程序设计语言，接近人们习惯使用的自然语言和数学语言，通用性强，可移植性好，常见的有 BASIC、PASCAL、FORTRAN、C 等语言；
- 面向对象语言，围绕真实世界的概念来组织模型，以"对象＋消息"程序设计范式构成的程序设计语言，问题求解更容易，程序的编制、调试和维护更容易，比较流行的面向对象语言有 Delphi、Visual Basic、Java、C++ 等。

用高级语言编写的程序同样不能直接在计算机上执行，需要事先将其转换成机器指令代码。有两种转换方式：编译，即通过编译程序（编译、链接）将整个程序转换为机器语言；解释，即通过解释程序，逐行转换为机器语言，转换一行运行一行。

3. 第四代语言

第四代语言（4GL）的特点有：对用户友善，一般用类自然语言、图形或表格等描述方式，普通用户很容易掌握；多数与数据库系统相结合，可直接对数据库进行操作；对许多应用功能均有默认的假设，用户不必详细说明每一件事情的做法；程序代码的长度及获得结果的时间与 COBOL 语言相比约少一个数量级；支持结构化编程，易于理解和维护。目前，第四代语言种类繁多，尚无标准，在语法和能力上有很大差异，其中一些支持非过程式编程，大多数既含有非过程语句，又含有过程语句。典型的 4GL 有数据库查询语言、报表生成程序、应用生成程序、电子表格、图形语言等。多数 4GL 是面向领域的，很少是通用的。

脚本语言非常流行，最早的脚本语言是 UNIX 系统脚本语言，目前的脚本语言有 Perl、Python、Ruby、Lua 等。脚本语言通常是动态类型语言，即变量类型需要在运行时才确定。Web 服务器端常用的开发语言有 JSP、PHP、ASP 等，Web 页面端常用的开发语言是 JavaScript。

当然，最理想的情况是使用自然语言（如英语、法语或汉语）编程，计算机能理解并立即执行请求。但迄今为止，对自然语言的理解仍然是计算机科学研究中的一个难点，尽管在实验室的研究中取得了一定的成果，但现实中的应用仍然相当有限。目前在自动编程方面的研究刚刚起步。

在分类方面，程序设计语言按语言级别来分可分为低级语言和高级语言；按应用范围来分可分为通用语言和专用语言；按用户要求来分可分为过程式语言和非过程式语言；按语言所含的成分来分可分为顺序语言、并发语言和分布式语言。

7.1.5　程序设计语言的选择

为一个特定的开发项目选择编程语言时，通常要考虑如下因素：应用领域、算法和计算复杂性、软件运行环境、用户需求（特别是性能需求）、数据结构的复杂性、软件开发人员的知识水平、可用的编译器与交叉编译器等。

项目所属的应用领域常常是选择编程语言的首要标准。例如，COBOL 适用于商业领域，FORTRAN 适用于工程和科学计算领域，Prolog、Lisp 适用于人工智能领域，Smalltalk、C++ 适用于 OO 系统的开发。另外，有些语言适用于多个应用领域，如 C 语言。在有多种语言都适合某项目的开发时，也可考虑选择开发人员比较熟悉的语言。

应选择高级语言还是低级语言？一般来说应优先选择高级语言，因为开发和维护高级语言程序比开发和维护低级语言程序容易得多。在必要时也需要使用低级语言，因为高级语言程序经编译后产生的目标程序的功效要比完成相同功能的低级语言程序低得多，所以在有些情况下会部分或全部使用低级语言。使用低级语言的情况有：对运行时间和存储空间有过高要求的项目，如笔记本中的软件；在某些不能提供高级语言编译程序的计算机上开发程序，如单片机上的软件；大型系统中对系统执行时间起关键作用的模块。

7.2　程序设计风格和代码规范

软件开发的最终目标是产生能在计算机上执行的程序。分析阶段和设计阶段产生的文档（SRS、DFD、SC、N-S、PDL 等）都不能在计算机上执行。只有到编码阶段，才产生可执行的代码（executable codes），把软件的需求真正付诸实现，所以编码阶段也称为实现（implementation）阶段。

编程的依据是详细设计的结果，因此程序的质量主要取决于设计，但编程的质量也在很大程度上影响着程序的质量。好的程序通常具备良好的编程风格。所谓编程风格，是指编码产生的源程序应该正确可靠、简明清晰，而且具有较高的效率。体现编程风格和代码规范的内容主要包括源程序中的内部文档、数据说明、语句构造、输入 / 输出。

编码风格中的清晰度和效率之间常有矛盾。Weinberg 曾做过一个实验，他让 5 个程序员各自编写同一个程序，分别对他们提出了 5 种不同的编码要求。结果表明，要求清晰度好的程序一般效率比较低，而要求效率高的程序清晰度又不好。对于大多数模块，编码时应该把简明清晰放在第一位，如果个别模块要求效率特别高，就应该把具体要求告诉程序员，以便做特殊的处理。

需要引起重视的是：破窗理论在软件工程中同样存在！如果不修复小问题，那也谈不上注意细节；如果长时间都没有测试和每日构建，那也无法保障代码质量；如果在签入代码前整个项目就无法编译，那这些无法编译的代码会给系统带来巨大的风险和隐患。真正的solid code 能充分体现专业性，零缺陷是基本要求，并且由于清楚地定义了假设而容易理解，由于清楚地定义了依赖性而容易维护。因此，强调代码规范很有必要。

7.2.1　源程序的内部文档

在源程序中可包含一些内部文档，以帮助开发人员阅读和理解源程序，其中包含适当的标识符、适当的注释和程序的视觉组织等。

1. 命名标识符

命名标识符要选择含义明确的名字，使其能正确提示标识符所代表的实体。例如，表示总量的变量名用 Total、表示平均值的变量名用 Average 等。另外，名字不要太长，否则会增加打字工作量且易出错，必要时可使用缩写。也尽量不用相似的名字，相似的名字容易混淆，不易发现错误，如 cm、cn、cmn、cnm、cnn、cmm 等。不用关键字作为标识符。同一个名字不要有多个含义。名字中避免使用易混淆的字符，如数字 0 与字母 O、数字 1 与字母 I 或 l、数字 2 与字母 z 等。

2. 注释

程序中的注释是用来帮助人们理解程序的，绝非可有可无。一些规范的程序文本中，注释行的数量约占全部源程序的 1/3 ～ 1/2，甚至更多。注释分为序言性注释和功能性注释。

序言性注释通常置于每个程序模块的开头部分，主要描述：模块的功能；模块的接口，包括调用格式、参数的解释、该模块需要调用的其他子模块名；重要的局部变量，包括用途、约束和限制条件；开发历史，包括模块的设计者、评审者、评审日期、修改日期以及对修改的描述。序言性注释又称注释头，偏重于说明高层次的 What 和 How，需要使用一致的格式，记录文档所有者、重要的变化等信息，提交注释时一并保留别的细节信息。

功能性注释通常嵌在源程序体内，主要描述程序段的功能。书写功能性注释时应注意如下问题：注释要正确，错误的注释比没有注释更糟糕；为程序段作注释，而不是为每一个语句作注释；用缩进和空行，使程序与注释容易区分；注释应提供一些从程序本身难以得到的信息，而不是语句的重复。功能性注释又称注释体，偏重说明 How 而非 What，需要足够稀疏（当你需要的时候，你才会注意到它的存在）、足够细致（有让人眼前一亮的感觉），避免常识性说明，常见的语言特性、标准库函数或标准习语（如循环）不需要描述，并且要保持与代码的一致性，即开发者可以从代码本身获得这些注释信息。

3. 视觉组织

视觉组织即通过在程序中添加一些空格、空行和缩进，帮助人们从视觉上看清程序的结构。例如，通过缩进技巧可清晰地观察到程序的嵌套层次，还容易发现"遗漏 end"之类的错误。自然的程序段之间可用空行隔开，可通过添加空格使语句成分清晰，也可通过添加括号突出运算的优先级，避免发生运算错误。在大括号的放置上，首选的方法是 K&R 方法：把左括号放在行尾，把右括号放在行首。定义函数时应当把左右括号都放在行首。注意，右括号所在的行不应当有其他语句，除非跟随着一个条件判断，即 do-while 语句中的 while 和 if-else 语句中的 else。

7.2.2 数据说明

为了使程序中的数据说明更易于理解和维护，可采用以下风格：

- 数据说明次序规范化，使数据属性容易查找，也有利于测试、排错和维护。原则上，数据说明的次序与语法无关，是任意的；但出于阅读、理解和维护的需要，最好使其规范化，使说明的先后次序固定。
- 说明语句中变量安排有序化，当在一个说明语句中说明多个变量名时，可以将这些变量名按字母的顺序排列，以便于查找。

- 使用注释说明复杂的数据结构，如果设计了一个复杂的数据结构，应当使用注释来说明在程序实现时这个数据结构的固有特点。例如对于用户自定义的数据类型，应当在注释中进行必要的补充说明。

7.2.3　语句构造

编码阶段的主要任务就是书写程序语句。有关书写程序语句的规则有几十个，总的来说，每条语句应尽可能简单明了，能直截了当地反映程序员的意图，不能为了追求效率而使语句复杂化。

常用的规则如下：不要为节省空间将多个语句写在一行；避免大量使用循环嵌套和条件嵌套；利用括号使逻辑表达式或算术表达式的运算次序清晰直观。

在一行内只写一条语句，并且采取适当添加空格的办法，能够使程序的逻辑和功能变得更加明确。许多程序设计语言都允许在一行内写多个语句，但这种方式会使程序可读性变差，因而不可取。

另外，编写程序时首先应当考虑清晰性，不要刻意追求技巧性，导致程序编写得过于紧凑。例如，有一个用 C 语言编写的程序段：

```
A[I] = A[I] + A[T];
A[T] = A[I] - A[T];
A[I] = A[I] - A[T];
```

此段程序可能不易看懂，有时还需用实际数据试验一下。实际上，这段程序的功能是交换 A[I] 和 A[T] 中的内容，目的是节省一个工作单元。若修改为：

```
WORK = A[T];
A[T] = A[I];
A[I] = WORK;
```

就能让读者一目了然。

程序编写要简单清楚，直截了当地说明程序员的用意。例如：

```
for ( i = 1; i <= n; i++ )
    for ( j = 1; j <= n; j++ )
        V[i][j] = ( i / j ) * ( j / i )
```

除法运算（／）在除数和被除数都是整型量时，其结果只取整数部分，而得到整型量：

- 当 $i < j$ 时，$i / j = 0$。
- 当 $j < i$ 时，$j / i = 0$。

因此得到的数组：

- 当 $i \neq j$ 时，$V[i][j] = (i / j) * (j / i) = 0$。
- 当 $i = j$ 时，$V[i][j] = (i / j) * (j / i) = 1$。

这样得到的结果 V 是一个单位矩阵。写成以下的形式，就能让读者直接了解程序编写者的意图。

```
for ( i = 1; i <= n; i++ )
    for ( j = 1; j <= n; j++ )
        if ( i == j )
            V[i][j] = 1.0;
```

```
        else
            V[i][j] = 0.0;
```

　　其他常用规则还有：让编译程序做简单的优化；尽可能使用库函数；避免不必要的转移；尽量只采用三种基本控制结构来编写程序，除顺序结构外，使用 if-then-else 来实现选择结构；使用 do-until 或 do-while 来实现循环结构。

7.2.4　输入和输出

　　输入和输出信息与用户的使用直接相关。输入和输出的方式和格式应当尽可能方便用户使用，一定要避免因设计不当给用户带来麻烦。因此，在软件需求分析阶段和设计阶段，就应基本确定输入和输出的风格。系统能否被用户接受，有时就取决于输入和输出的风格。

　　不论是批处理的输入 / 输出方式，还是交互式的输入 / 输出方式，在设计和编码时都应考虑下列原则：对所有的输入数据都要进行检验，识别错误的输入，以保证每个数据的有效性；检查输入项的各种重要组合的合理性，必要时报告输入状态信息；使输入的步骤和操作尽可能简单，并保持简单的输入格式；输入数据时，应允许使用自由格式输入；应允许缺省值；输入一批数据时，最好使用输入结束标志，而不要由用户指定输入数据数目；在交互式输入时，要在屏幕上使用提示符明确提示交互输入的请求，指明可使用选择项的种类和取值范围，同时在数据输入的过程中和输入结束时，要在屏幕上给出状态信息；当程序设计语言对输入 / 输出格式有严格要求时，应保持输入格式与输入语句要求的一致性；给所有的输出加注释，并设计良好的输出报表。

　　输入 / 输出风格还受到许多其他因素的影响，如输入 / 输出设备（终端类型、图形设备、数字化转换设备等）、用户的熟练程度以及通信环境等。

7.3　结构化编程

　　结构化程序设计（structured programming）是一种编程典范。它采用子程序、程序码区块（block structure）、for 循环以及 while 循环等结构，来取代传统的 GOTO 语句，希望借此来改善计算机程序的明晰性和品质、缩短开发时间，避免写出面条式代码。

　　结构化编程也称为面向过程编程，问题被看作一系列需要完成的任务，函数（在此泛指例程、函数、过程）用于完成这些任务，解决问题的焦点集中于函数。函数是面向过程的，关注如何根据规定的条件完成指定的任务。

　　在多函数程序中，许多重要的数据被放置在全局数据区，可以被所有的函数访问。每个函数都可以具有自己的局部数据，将某些功能代码封装到函数中，日后无须重复编写，仅调用函数即可。从代码的组织形式来看，就是根据业务逻辑从上到下写代码。在面向过程编程中函数是核心，函数调用是关键，一切围绕函数展开。

7.3.1　结构化编程的起源

　　结构化程序设计方法源自对 GOTO 语句的认识和争论。Corrado Böhm 及 Giuseppe Jacopini 于 1966 年 5 月在 *Communications of the ACM* 期刊发表论文，说明任何一个有 GOTO 指令的程序都可以改为完全不使用 GOTO 指令的程序。Edsger W.Dijkstra 在 1968 年也提出著名的论文——"GOTO 语句有害论"（GOTO Statement Considered Harmful），从此

结构化编程开始盛行。

早在 1963 年，针对当时流行的 ALGOL 语言，有人指出在程序中大量地、没有节制地使用 GOTO 语句，会使程序结构变得非常混乱。但是很多人不太注意这一问题，以至于许多人写出来的程序仍然是纷乱如麻的。所以在 1965 年有人就提出：应当把 GOTO 语句从高级语言中取消，并指出，程序的质量与程序中包含的 GOTO 语句的数量成反比。在这种思想的影响下，当时新开发的几种高级程序设计语言，例如 LISP、BLISS 等都没有 GOTO 语句。但是，由于 GOTO 语句概念简单、使用方便，在某些情况下还需要保留 GOTO 语句，因此在 20 世纪 70 年代初期，N.Wirth 在设计 Pascal 语言的时候又保留了 GOTO 语句。也就是说：在一般情况下，可以完全不使用 GOTO 语句；在特殊情况下，可以谨慎地使用 GOTO 语句。

肯定的结论是，在块和进程的非正常出口处往往需要用 GOTO 语句，使用 GOTO 语句会使程序执行效率较高；在合成程序目标时，GOTO 语句往往是有用的，如返回语句用 GOTO。否定的结论是，GOTO 语句是有害的，是造成程序混乱的祸根，程序质量与 GOTO 语句的数量成反比，应该在所有高级程序设计语言中取消 GOTO 语句。取消 GOTO 语句后，程序易于理解、易于排错、容易维护，并容易进行正确性证明。

作为争论的结论，1974 年 Knuth 发表了令人信服的总结，并证实了：GOTO 语句确实有害，应当尽量避免；完全避免使用 GOTO 语句也并不是一个明智的方法，有些地方使用 GOTO 语句，会使程序流程更清楚、效率更高；争论的焦点不应该放在是否取消 GOTO 语句上，而应该放在用什么程序结构上。其中最关键的是，应在以提高程序清晰性为目标的结构化方法中限制使用 GOTO 语句。

7.3.2　结构化编程的原则和方法

结构化编程是一种设计、实现程序的技术，它采用自顶向下、逐步细化的设计方法和单入口（single entry）、单出口（single exit）的控制结构。这种控制结构包括顺序、选择和循环。

结构化程序设计的原则是：自顶向下，逐步细化；清晰第一，效率第二；书写规范，缩进格式；基本结构，组合而成。

在概要设计阶段，已经采用自顶向下、逐步细化的方法，把一个复杂的问题分解和细化成了一个由许多功能模块组成的层次结构的软件系统。在详细设计和编码阶段，还应当采取自顶向下、逐步求精的方法，把一个模块的功能逐步分解、细化为一系列具体的步骤，进而翻译成一系列用某种程序设计语言写成的程序。通过降低程序复杂性，可提高软件的简单性和可理解性，并使软件开发费用减少、开发周期缩短，软件内部潜藏的错误也将减少。

总之，结构化程序设计采用自顶向下、逐步求精的方法，即程序设计是一个由粗到细的渐进过程。另外，程序设计不仅包括对控制结构的设计，也包括对数据结构的设计，二者都要一步一步地细化。采用逐步细化方法设计程序的步骤包括：首先列出问题的初步解，然后分解主要问题，进而继续细化，最后利用图形工具或伪代码描述程序的详细逻辑。

结构化编程的原则是：使用语言中的顺序、选择、重复等有限的基本控制结构表示程序；选用的控制结构只准许有一个入口和一个出口；程序语句组成容易识别的块（block），每块只有一个入口和一个出口；复杂结构应该用基本控制结构进行组合嵌套来实现；严格控制 GOTO 语句。

7.3.3 程序复杂性度量

程序复杂性主要是指模块内部程序的复杂性，它直接关系到软件开发费用的多少、开发周期的长短和软件内部潜伏错误的多少，同时也是软件可理解性的另一种度量。为了度量程序复杂性，要求复杂性度量应满足以下假设：可以用来计算任何一个程序的复杂性；对于不合理的程序，例如长度动态增长的程序或原则上无法排错的程序，不应当使用它进行复杂性计算；如果程序中指令条数、附加存储量、计算时间有增多的情况，不会降低程序的复杂性。下面介绍 3 种重要的程序复杂性度量方法。

1. 代码行度量法：统计程序中源代码的行数

要度量程序的复杂性，最简单的方法就是统计程序源代码的行数。此方法的基本考虑是统计一个程序的源代码行数，并以源代码行数作为程序复杂性的度量。

从经验得知，对于较小的程序（包含约 100 条语句），每行代码的出错率为 1.3% ～ 1.8%；而对于较大的程序来说，每行代码的出错率将增加到 2.7% ～ 3.2%。但这只考虑了程序的执行部分，没有考虑程序的说明部分。所以说，代码行度量法只是一个简单的粗糙的方法。

2. McCabe 度量法：利用程序的控制流来度量程序的复杂性

该方法利用程序模块的程序图中环路的个数来计算程序的复杂性。为此，该方法也称为环路复杂度计算法。McCabe 度量法是由 Thomas McCabe 提出的一种程序控制流的复杂性度量方法，得到的有向图就叫作程序图。

当对结构复杂性进行度量的时候，我们感兴趣的只是程序的流程，并不关心各个框内的细节，所以程序图保留了控制流的全部轨迹，舍去了不需要的内容，使画面更加整洁。根据图论，在一个强连通的有向图 G 中，环的个数由公式 $V(G)=m-n+p$ 给出，其中 m 为节点的个数，n 为边的个数，p 为强连通分量的个数。

程序的环路复杂度应取决于程序控制流的复杂程度，即取决于程序控制结构的复杂度。当程序的分支数目或循环数目增加时，其复杂度也增加，环路复杂度与程序中覆盖的路径条数有关。

环路复杂度是可加的。例如，模块 A 的复杂度为 3，模块 B 的复杂度为 4，则模块 A 与模块 B 的复杂度是 7。经验证明，环路复杂度高的程序往往是最容易出问题的程序。一般来讲，模块的规模应是以 $V(G) \leqslant 10$ 为最佳，也就是说，$V(G)=10$ 是模块规模的一个更科学、精确的上限。McCabe 建议，对于复杂度超过 10 的程序，应分成几个小程序，以减少程序中的错误。Walsh 用实例证实了这个建议的正确性：在 McCabe 复杂度为 10 的附近，存在出错率的间断跃变。

McCabe 环路复杂度隐含的前提是：错误与程序的判定加例行子程序的调用数目成正比。加工复杂性、数据结构、录入与打乱输入卡片等错误可以忽略不计。

这种度量方法的缺点是：不能区分不同种类的控制流的复杂性；同等看待简单 IF 语句与循环语句的复杂性；嵌套 IF 语句与简单 CASE 语句的复杂性是一样的；将模块间的接口当成一个简单分支一样处理；一个具有 1000 行的顺序程序与一行语句的复杂性相同。

3.Halstead 度量：确定计算机软件开发中的一些定量规律

Halstead 研究确定计算机软件开发中的一些定量规律，采用以下基本的度量值。这些度量值通常在程序产生之后得出或者在设计完成之后估算出。

（1）程序长度（预测的 Halstead 长度）

令 $n1$ 表示程序中不同运算符（包括保留字）的个数，令 $n2$ 表示程序中不同运算对象的个数，令 H 表示程序长度，则有 $H=n1*\log_2 n1+n2*\log_2 n2$。

这里 H 是程序长度的预测值，它不等于程序中语句个数。在定义中，运算符包括：算术运算符、赋值符（＝或 :=）、逻辑运算符、分界符（，或；或 :)、关系运算符、括号运算符、子程序调用符、数组操作符、循环操作符等。特别地，成对的运算符，例如 BEGIN…END、FOR…TO、REPEAT…UNTIL、WHILE…DO、IF…THEN…ELSE、(…) 等都被当作单一运算符。运算对象包括变量名和常数。

（2）实际的 Halstead 长度

设 $N1$ 为程序中实际出现的运算符总个数，$N2$ 为程序中实际出现的运算对象总个数，N 为实际的 Halstead 长度，则有 $N = N1 + N2$

（3）程序的潜在错误

Halstead 度量可以用来预测程序中的错误。预测公式为 $B = (N1+N2)*\log_2(n1+n2) / 3000$
B 为该程序的错误数，它表明程序中可能存在的差错 B 应与程序量成正比。

Halstead 的重要结论如下：程序的实际 Halstead 长度 N 可以由词汇表 n 算出。即使程序还未编制完成，也能预先算出程序的实际 Halstead 长度 N，虽然它没有明确指出程序中到底有多少个语句。这个结论非常有用。经过多次验证，预测的 Halstead 长度与实际的 Halstead 长度是非常接近的。

但 Halstead 度量也存在一些缺点：
- 没有区别自己编的程序与别人编的程序，这是与实际经验相违背的，这时应将外部调用乘上一个大于 1 的常数 K_f（值应在 1 ～ 5 之间，它与文档资料的清晰度有关）；
- 没有考虑非执行语句，补救办法是在统计 $n1$、$n2$、$N1$、$N2$ 时，可以把非执行语句中出现的运算对象、运算符统计在内；
- 没有考虑因数据类型而引起差异的情况，实际上在允许混合运算的语言中，每种运算符与它的运算对象相关；
- 没有注意调用的深度，Halstead 公式应当对调用子程序的不同深度区别对待，在计算嵌套调用的运算符和运算对象时，应乘上一个调用深度因子，这样可以增加嵌套调用时的错误预测率；
- 没有把不同类型的运算对象、运算符与不同的错误发生率联系起来，而把它们同等看待，如没有区分简单 IF 语句与 WHILE 语句；
- 忽视了嵌套结构（嵌套的循环语句、嵌套 IF 语句、括号结构等），一般情况下，运算符的嵌套序列总比具有相同数量的运算符和运算对象的非嵌套序列复杂得多，解决的办法是使嵌套结果乘上一个嵌套因子。

7.3.4　程序效率

程序效率是指程序的执行速度及程序占用的存储空间。程序编码是最后提高运行速度和节省存储空间的机会，因此在此阶段不能不考虑程序的效率。许多编译程序都具有优化的功能，可以自动生成高效率的目标代码。通过剔除重复的表达式计算或采用循环求值法、快速的算术运算以及采用一些能够提高目标代码运行效率的算法来提高效率。

源程序的效率与详细设计阶段确定的算法效率有直接的关系。当我们把详细设计翻译并转换成源代码之后，算法效率就会反映为程序的执行速度和存储容量的要求。转换过程中的指导原则是：

- 在编程序前，尽可能化简有关的算术表达式和逻辑表达式；
- 仔细检查算法中嵌套的循环，尽可能将某些语句或表达式移到循环外面；
- 尽量避免使用多维数组；
- 尽量避免使用指针和复杂的表；
- 不要混淆数据类型，避免在表达式中出现类型混杂；
- 尽量采用整数算术表达式和布尔表达式；
- 选用等效的高效率算法。

7.3.5　结构化编程风格

所谓风格，其实就是作家、画家、程序员在创作中喜欢和习惯使用的表达自己作品的方式。当多个程序员合作编写一个大的程序时，尤其需要强调良好和一致的风格，以利于相互沟通，减少因不协调而引起的问题。良好的编程风格应该是清晰易读的。

结构化程序的主要特点是具有单入口和单出口，只要组成程序的所有控制结构都遵守单入口/单出口的原则，则无论使用多少种控制结构，无论程序有多长，整个程序仍能保持控制流的直线性，使之清晰易懂。

为了保持控制流的直线性，在编码时要着重做好以下两件事：一是对多入口/多出口的控制结构要做适当的处理；二是避免使用模糊或令人费解的结构。

在嵌套的选择结构中，THEN-IF 结构很容易导致二义性。程序设计者的原意可能是让 ELSE 语句与第一个 IF 语句配套，但实际上系统在编译时一般把 ELSE 语句与离它最近的 IF 语句配套，这将引起系统出错。

过深的嵌套结构也会降低程序的可读性，甚至使程序变得难以理解。通常遇到这类情况，应设法改写程序。一般情况下，程序的嵌套结构最好不要超过 3 层。

局部性是程序设计的一条准则。例如，应用甚广的模块化设计，可看成是局部化原理在总体设计中的具体体现。在编码时也要遵守局部化的原则，即保持控制流的局部性，这不仅可以提高程序的清晰度，也有利于防止错误的扩散，提高程序的可修改性。例如，编码时经常用到的局部变量等。

合理利用 GOTO 语句可以提高程序的可读性。但怎样合理地利用 GOTO 语句呢？以下是有关 GOTO 语句的使用规则。

- 向前不向后的规则：是指只允许 GOTO 到前方语句（在 GOTO 语句下面的语句），不要 GOTO 到后方语句（在 GOTO 语句上面的语句）。
- GOTO 的目的地最好在同一控制结构内部或离本结构出口相近的地方。

程序应当简单，不必过于深奥，避免使用 GOTO 语句绕来绕去。GOTO 语句相互交叉时，容易在程序中引起混乱，几处交叉积累起来，会使程序十分难懂。

7.4　面向对象编程

面向对象编程（Object Oriented Programming，OOP）是一种程序设计方法。OOP 把对

象作为程序的基本单元，一个对象包含数据和操作数据的方法。Python 就是一种面向对象的语言，支持面向对象编程，在其内部，一切都被视作对象。面向对象编程技术关注应用领域中的实体，并将其建模为对象，主要基于分类、泛化、聚合关系在对象集合之间建立结构，对象的行为是执行预定的动作（服务 / 活动），对象通过执行动作来完成状态变迁。

面向对象编程出现以前，结构化程序设计是程序设计的主流，结构化程序设计又称为面向过程编程，已经在 7.3 节中加以详细介绍。面向对象编程将函数和变量进一步封装成类，类才是程序的基本元素，它将数据和操作紧密地连接在一起，并保护数据不会被外界的函数意外地改变。类和类的实例（也称对象）是面向对象的核心概念，是和面向过程编程、函数式编程的根本区别。

面向对象分析的起源包括面向对象编程（OOP）、数据库设计（Database design）、结构化分析（Structured Analysis）和知识表示（Knowledge Representation）等。其中，将 OOP 中的概念上推到需求分析和设计阶段，能够使各个阶段的转化更为平滑；将数据语义建模概念，如 ER 图中实体 - 关系、泛化、聚合和分类应用于系统分析和设计；将结构化分析方法和技术用于系统分析与建模，分而治之的思想在面向对象中也有体现；人工智能、知识工程中的知识表示对面向对象分析也有启发，采用基于问题框架和语义网络的知识表示方法，对刻画关系有着很好的借鉴作用。

通俗来说，"对象"是问题领域中真实存在的实体，有"定义清晰的边界"，对象中封装了属性和行为。面向对象分析的 5 个核心概念是对象、属性、结构、服务和主题，其中有表示继承关系的一般 - 特殊结构，将类组织成基于继承关系的分类层次结构，自底向上是从特殊到一般的类，自顶向下是从一般到特殊的类，这样的结构可以更好地支持重用；另外还有整体 - 部分结构，描述对象间的组合关系，例如一个交通灯对象由 0 ~ 3 个灯组、支撑杆和位置对象组合而成。

因而，面向对象的分析方法学首先需要识别对象和类（类是对象的抽象定义），然后识别类之间的关系，建立由继承和组合关系组成的类层次结构；接着定义主题，通过主题将对象模型组织成多个抽象层次或视角，一般来说通过继承关系或整体 - 部分关系联系起来的类属于同一个主题；然后识别各个对象内部的属性信息，并将其赋予相应抽象层次的类；最后为每个类定义服务。

7.4.1 面向对象编程的特点

面向对象编程具有以下内容和表现形式：导入各种外部库；设计各种全局变量；决定需要的类；给每个类提供一组完整的操作；明确使用继承来表现不同类之间的共同点；根据需要，决定是否写一个 main 函数作为程序入口。

不同于函数，类具有封装、继承和多态三大特点。一个类定义了具有相似性质的一组对象，而继承性是对具有层次关系的类的属性和操作进行共享的一种方式。所谓面向对象就是基于对象概念，以对象为中心、以类和继承为构造机制，来认识、理解、刻画客观世界并设计、构建相应的软件系统。

比较面向对象编程和面向过程编程，还可以得到面向对象编程的其他优点：

- 数据抽象的概念可以在保持外部接口不变的情况下改变内部实现，从而减少甚至避免对外界的干扰；
- 通过继承大幅减少冗余的代码，并可以方便地扩展现有代码，提高编码效率，并减少出错概率，降低软件维护的难度；

- 结合面向对象分析、面向对象设计，允许将问题域中的对象直接映射到程序中，减少软件开发过程中间环节的转换过程；
- 通过对对象的辨别、划分可以将软件系统分割为若干相对独立的部分，在一定程度上更便于控制软件复杂度；
- 以对象为中心的设计可以帮助开发人员从静态（属性）和动态（方法）两个方面把握问题，从而更好地实现系统；
- 通过对象的聚合、联合可以在保证封装与抽象的原则下实现对象在内在结构以及外在功能上的扩充，从而实现对象由低到高的升级。

7.4.2 面向对象编程的概念和术语

面向对象编程中有如下概念。

- 类（Class）：用来描述具有相同属性和方法的对象的集合，它定义了该集合中每个对象所共有的属性和方法，其中的对象被称作类的实例。
- 实例：也称对象。通过类定义的初始化方法，赋予具体的值，成为一个"有血有肉的实体"。
- 实例化：创建类的实例的过程或操作。
- 实例变量：定义在实例中的变量，只作用于当前实例。
- 类变量：类变量是所有实例公有的变量。定义在类中，但在方法体之外。
- 数据成员：类变量、实例变量、方法、类方法、静态方法和属性等的统称。
- 方法：类中定义的函数。
- 静态方法：不需要实例化就可以由类执行的方法
- 类方法：将类本身作为对象进行操作的方法。
- 方法重写：如果从父类继承的方法不能满足子类的需求，可以对父类的方法进行改写，这个过程也称 override。

面向对象编程有三大重要特征：封装、继承和多态。下面逐一加以说明。

- 封装：将内部实现包裹起来、对外透明、提供 API 接口供调用的机制。封装将数据与具体操作的实现代码放在某个对象内部，使这些代码的实现细节不被外界发现，外界只能通过接口使用该对象，而不能通过任何形式修改对象的内部实现。正是由于封装机制，程序在使用某一对象时不需要关心该对象的数据结构细节及实现操作的方法。使用封装能隐藏对象实现细节，使代码更易维护，同时因为不能直接调用、修改对象内部的私有信息，在一定程度上保证了系统安全性。类通过将函数和变量封装在内部，实现了比函数更高级的封装。
- 继承：即一个派生类（derived class）继承父类（base class）的变量和方法。继承这一概念来源于现实世界，一个最简单的例子就是每个孩子都会继承父亲或者母亲的某些特征。通过继承机制能够实现代码的复用，即多个类公用的代码部分可以只在一个类中提供，而其他类只需要继承这个类即可。在 OOP 程序设计中，当我们定义一个新类的时候，新的类称为子类（subclass），而被继承的类称为基类、父类或超类（base class、super class）。继承最大的好处是子类获得父类的全部变量和方法的同时，又可以根据需要进行修改、拓展。

- 多态：根据对象类型的不同，以相应的方式进行处理。比如跑的动作，小猫、小狗和大象跑起来是不一样的；再比如飞的动作，昆虫、鸟类和飞机飞起来也是不一样的。可见，同一行为通过不同的事物可以体现出不同的形态。多态描述的就是这样的状态。多态的条件有：继承；方法的重写（为了让多态有意义）；父类的引用指向子类的对象。当使用多态方式调用方法时，首先检查父类中是否有该方法，如果没有，则编译错误；如果有，则执行的是子类重写后的方法。

7.5 代码复审和结对编程

7.5.1 代码复审

为保证代码质量，代码复审是通行的做法。代码复审包含自我复审、同伴复审、团队复审几种方法，其形式和目的有诸多不同，如表 7.1 所示。代码复审应该多严格？是追求完美主义（可能会争吵不休）？还是敷衍了事（可能无法保障代码质量）？大家可以分别从开发者和复审者的角度出发来思考。

表 7.1　几种代码复审方法的比较

名称	形式	目的
自我复审 （self review）	自己 vs. 自己	用同伴复审的标准来要求自己；不一定最有效，因为开发者对自己总是过于自信；如果能持之以恒，则对个人有很大好处
同伴复审 （peer review）	复审者 vs. 开发者	简便易行
团队复审 （team review）	团队 vs. 开发者	有比较严格的规定和流程，用于关键的代码以及复审后不再更新的代码；覆盖率高——有很多双眼睛盯着程序；可能效率不高（全体人员都要到会）

在实践中，如果复审者没有发现任何错误，那么代码复审还是有价值的。这是因为：为了复审，开发者需要事先把所有相关文档都准备好；通过复审，开发者给大家分享了知识，复审者也学到了很多；当开发者给别人描述代码逻辑时，会突然意识到自己的错误。

一份代码复审核查表包括概要部分、设计规范部分和具体代码部分，具体核查内容列举如下。

在概要部分，需要核查：代码是否符合需求和规格说明？代码设计是否考虑周全？代码可读性如何？代码是否容易维护？代码的每一行是否都能执行并检查过？

在设计规范部分，需要核查：设计是否遵从已知的设计模式或项目中常用的模式？有没有硬编码或字符串/数字等存在？代码有没有依赖于某一平台，是否会影响将来的移植（如 Win32 到 Win64）？开发者新写的代码能否用已有的 Library/SDK/Framework 中的功能实现？在本项目中是否存在类似的功能可以调用而不用全部重新实现？是否有无用的代码可以清除？

在具体代码部分，需要核查：有没有对错误进行处理？对于调用的外部函数，是否检查了返回值或处理了异常？参数传递有无错误？字符串的长度是字节的长度还是字符（可能是单/双字节）的长度？是以 0 开始计数还是以 1 开始计数？边界条件是如何处理的？switch 语句的 default 分支是如何处理的？有没有可能出现死循环？有没有使用断言（assert）来保证我们认为不变的条件真的得到满足？对资源的利用是在哪里申请和释放的？有无可能存在资源（内存、文件、各种 GUI 资源、数据库访问的连接等）泄漏？有没有优化的空间？数据结构中有无用不到的元素？

另外还有代码的效能问题，需要核查：代码的效能（performance）如何？最坏的情况怎样？代码中，特别是循环中是否有明显可优化的部分（C++ 中反复创建类，C# 中 string 的操作是否能用 StringBuilder 来优化）？对于系统和网络的调用是否会超时？如何处理？

在可读性方面，需要核查：代码可读性如何？有没有足够的注释？

在可测试性方面，需要核查：代码是否需要更新？是否需要创建新的单元测试？

另外针对特定领域的开发（如数据库、网页、多线程等），可以整理专门的核查表。

大家一定要意识到代码复审是态度问题，因为 bug 不会自己消失；不要等以后再修，而要现在就做；要改正 bug 的根源，而不只是现象；找到正确的解法可能需要花费很多时间，盲目乱试不是好方法；可以花时间找出老版本的代码，以发现 bug 是何时出现的。

在修完一个 bug 后，还可以考虑代码中是否还有类似的 bug，并思考如何自动检测这个 bug？如何预防这个 bug，以及如何在未来预防这类 bug。

7.5.2 结对编程

7.5.1 节介绍了代码复审，既然代码复审能发现很多问题，效果很好，如果我们每时每刻都处于代码复审的状态，那不更好？事实上，极限编程（eXtreme Programming，XP）正是这一思想的体现，把一些卓有成效的开发方法用到极致（Extreme），让我们无时无刻不使用它们，即结对编程（Pair Programming）。

1987 年，Intuit 公司（当时只是一个刚刚起步的个人财务管理软件公司）宣布 4 月会向客户提供新版本的软件，因为 4 月 15 日是美国报税的截止日期。但到了 3 月末，公司仅有的两个技术人员发现进度还是大大落后于预期，于是这两个人在 3 月的最后一周开展了不得已的、长达 60 个小时的结对编程活动。这是最早有记录的结对编程。

可以把结对编程中的两个人看成驾驶员 / 领航员，两人共享一个键盘、计算机、屏幕。驾驶员写设计文档、进行编码和单元测试等 XP 开发流程，而领航员审阅驾驶员的文档，监督驾驶员对编码等开发流程的执行，考虑单元测试的覆盖率，思考是否需要和如何重构，帮助驾驶员解决具体的技术问题。领航员也可以设计测试驱动的开发（TDD）中的测试用例。驾驶员和领航员不断轮换角色，不要连续工作超过一小时，每工作一小时休息 15 分钟，由领航员控制时间。

结对编程中的每个人都需要主动参与。任何一个任务都首先是两个人的责任，也是所有人的责任。两个人只有水平上的差距，没有级别上的差异。两人结对，尽管可能大家的级别资历不同，但在分析、设计或编码上，双方都拥有平等的决策权利。另外，需要事先设置好结对编程的环境，座位、显示器、桌面等都要能允许两个人舒适地讨论和工作。如果是通过远程结对编程，那么要设置好网络、语音通信和屏幕共享程序。

结对编程的好处很明显：能提高设计质量，得到更好的设计，避免愚蠢的 bug；降低成本，通过知识的分享，获得更少的 debug 时间；提高解决问题的信心，结对经常能解决不可能的任务；提高士气，觉得自己的工作有另一人认可；减轻风险，在团队中设置一些知识的冗余，可以降低成员离开的负面影响；提高效率，两人在一起不好意思偷懒或开小差。

结对编程同样也存在一些坏处：两个人的工作方式通常不同，大多数人更喜欢一个人独立工作；让人感觉到威胁，无论是新手还是老手；时间可能花在培训上，虽然也是有价值的；

对个人情绪、自尊的影响，可能会强调哪些是我的代码、哪些是你的代码。

最合适的场景是通过结对编程来减少容易犯的错误，比如"新手 + 新手"的配对或双方各有明显弱点；或者探索一个新的领域，传播知识和技能等，"老手 + 新手"的配对也可以。

不适合的场景是：需要深入研究的项目，因为这需要一个人长时间的独立钻研；在做后期维护的时候，如果维护的技术含量不高，只需要做有效的复审即可；验证测试需要运行很长时间，那两个人一起等待结果有点浪费时间；团队人员要在多个项目中工作，不能充分保证足够的结对编程时间，成员要经常处于等待状态，反而影响效率；领航员的作用无法发挥，也无须结对。

IT 公司有非常著名的结对编程先例，比如 HP 公司的（Hewlett，Packard）、Microsoft 公司的（Bill Gates，Paul Allen）、Apple 公司的（Steve Jobs，Steve Wozniak）、Yahoo 公司的（Jerry Yang，David Filo）、Google 公司的（Sergei Brin，Lawrence Page）。未来著名的结对编程者应该就在你们中间。

7.6 软件配置管理

在实际的软件项目开发过程中，经常会出现各种软件配置问题，比如：找不到某个文件的历史版本；开发人员使用错误的版本修改程序；开发人员未经授权修改代码或文档；人员流动，交接工作不彻底；无法重新编译某个历史版本；由于协同开发或异地开发，版本变更混乱。

软件配置管理是一种标识、组织和控制修改的技术，作用于整个软件生命周期，目的是使错误最少并最有效地提高生产效率。通过软件配置管理，能记录软件产品的演化过程，确保开发人员在软件生命周期的每一个阶段都可获得精确的产品配置，从而保证软件产品的完整性、一致性和可追溯性。

软件配置项是指为了软件配置管理而作为单独实体处理的一个工作产品或软件，通常包括文档数据、源代码和目标代码，还有一些构造软件的工具和运行环境等相关产品。所谓版本，是指在明确定义的时间点上某个配置项的状态。版本管理就是对系统不同的版本进行标识和跟踪的过程，以此保证软件技术状态的一致性。如图 7.3 所示，一个软件版本中有多个分支，并且多个分支可以合并到主分支中。分支包含一个项目的文件树及其发展历史，记录了一个配置项的发展过程。一个配置项可能有多个分支，如系统版本分支、任务分支、缺陷修复分支等，将对一个分支的修改合并到另一个分支称为归并。需要注意的是：要明确每条分支的目的和用途，并确定好相关的角色和权限。

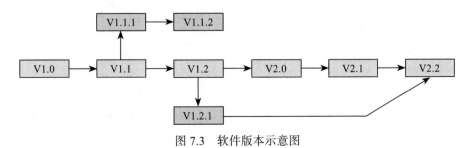

图 7.3　软件版本示意图

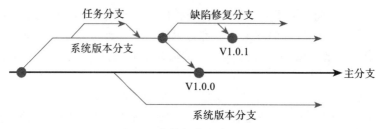

图 7.3　软件版本示意图（续）

如图 7.4 所示，在软件版本的迭代更新中会出现若干术语。其中，需求基线是软件配置项的一个稳定版本，它是进一步开发的基础，只有通过正式的变更申请才能改变需求基线；里程碑是项目进程的重要时间点，通常是一轮迭代的结束。

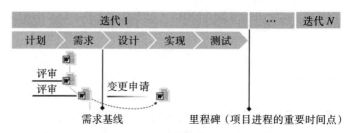

图 7.4　软件版本迭代中的术语

在软件开发过程中，经常会出现若干版本控制问题。假设每个程序员各自负责不同的专门模块，没有出现两个程序员修改同一个代码文件的问题，这是理想的场景，在现实中几乎不会出现。更常见的场景是两个程序员同时修改同一个代码文件，这时就会出现代码覆盖问题，如图 7.5 所示。

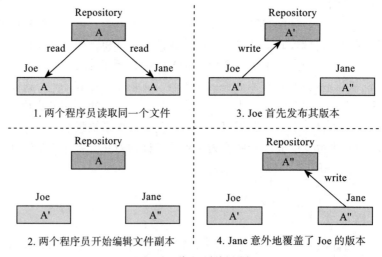

图 7.5　代码覆盖问题

相应的解决办法有独占工作模式（如图 7.6 所示）和并行工作模式（如图 7.7 所示）。

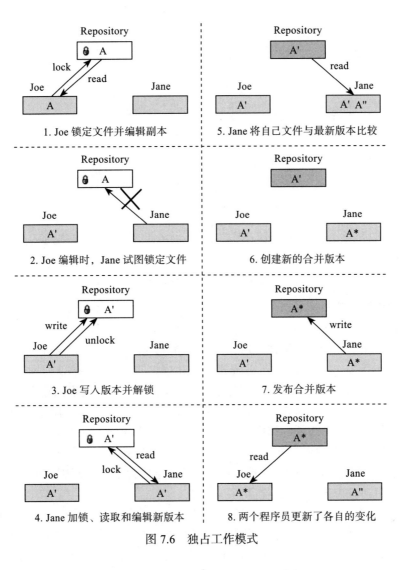

图 7.6　独占工作模式

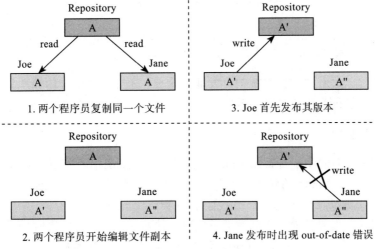

图 7.7　并行工作模式

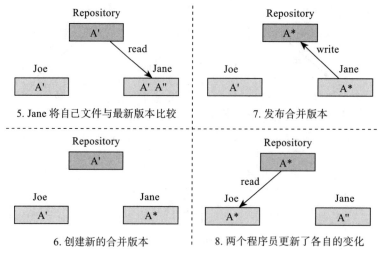

图 7.7　并行工作模式（续）

现有的软件配置管理工具有：

- Rational ClearCase，这是 IBM 公司的一款重量级软件配置管理工具，功能包括版本控制、工作空间管理、构建管理、过程控制等，支持并行开发与分布式操作；
- Microsoft Visual Sourcesafe，这是微软公司推出的一款支持团队协同开发的配置管理工具，提供基本的文件版本跟踪功能，与微软的开发工具实现无缝集成；
- Subversion（SVN），这是一个开源的版本控制系统，支持可在本地访问或通过网络访问的数据库和文件系统存储库，具有较强而且易用的分支以及合并功能；
- Git，这是一个开源的分布式版本控制工具，作为 Subversion 的升级版，可以支持分布式异地开发，提供加密的历史记录，以变更集为单位存储版本历史，支持标签功能，是目前最为流行的版本控制系统。

Git 最初用作 Linux 内核代码的管理，后来在其他许多项目中取得了很大的成功。除了常见的版本控制管理功能之外，它还具有处理速度快、分支与合并表现出色的特点，具体介绍请参见 7.7 节。GitHub 是一个基于 Git 的开源项目托管库，目前已成为全球最大的开源社交编程及代码托管网站，可以托管各种 Git 库，并提供一个 Web 界面。

7.7　配置管理工具——Git

版本控制对于大中型软件系统的开发非常重要。最早为 Linux 内核项目管理而开发的 Git 工具是目前最先进的分布式版本控制系统。

7.7.1　Git 的诞生

Linus 在 1991 年创建了开源的 Linux，从此 Linux 系统不断发展，现在已经成为最大的服务器系统软件。Linux 的壮大离不开全世界热心志愿者的参与，很多人在世界各地为 Linux 编写代码，那么 Linux 的代码是如何管理的？

2002 年以前，世界各地的志愿者把源代码文件通过 diff 方式发送给 Linus，由 Linus 本人通过手工方式合并代码。为什么 Linus 不把 Linux 代码放到版本控制系统（如 CVS、SVN）中？这是因为 Linus 坚定地反对 CVS 和 SVN，这些集中式的版本控制系统不但速度慢，而且必须联网才能使用。另外有些商用的版本控制系统虽然比 CVS、SVN 好用，但需要付费，和 Linux 的开源精神不符。

到了 2002 年，Linux 系统已经发展了十年，其代码库之大让 Linus 很难继续通过手工方式加以管理，社区的志愿者也对这种方式表达了强烈不满，于是 Linus 选择使用一个商业的版本控制系统 BitKeeper。开发 BitKeeper 的 BitMover 公司出于人道主义精神，授权 Linux 社区免费使用这个版本控制系统。2005 年，开发 Samba 的 Andrew 试图破解 BitKeeper 的协议，被 BitMover 公司发现了，于是 BitMover 公司要收回 Linux 社区的免费使用权。在这种情况下，Linus 花了两周时间自己用 C 语言写了一个分布式版本控制系统，这就是 Git。一个月之内，Linux 系统的源码就由 Git 管理了。

Git 迅速成为最流行的分布式版本控制系统，2008 年，GitHub 网站上线了，它为开源项目免费提供 Git 存储，无数开源项目开始迁移至 GitHub，包括 jQuery、PHP、Ruby 等。

7.7.2　Git 的工作机制

CVS 和 SVN 都是集中式版本控制系统，而 Git 是分布式版本控制系统，集中式和分布式版本控制系统有什么区别？

在集中式版本控制系统中，版本库是集中存放在中央服务器上的。程序员使用自己的计算机工作时，要先从中央服务器取得最新的版本，然后开始工作，工作完成后，再把自己完成的版本推送给中央服务器。集中式版本控制系统最大的问题就是必须联网才能工作。在局域网内还好，因为带宽够大，速度够快；可如果在互联网上遇到网速较慢的情况，提交一个 10MB 的文件可能就需要 5min，这个速度是很难被接受的。

在分布式版本控制系统中根本没有中央服务器，每个人的计算机上都有一个完整的版本库，程序员工作时不需要联网，因为版本库就在自己的计算机上。那么多人如何协作？如果你在自己的计算机上改了文件 A，同事也在他的计算机上改了文件 A，这时你们只需把各自的修改推送给对方，就可以互相看到对方的修改了。

和集中式版本控制系统相比，分布式版本控制系统的安全性要高很多。因为每个人的计算机里都有完整的版本库，如果某个人的计算机坏了，从其他人那里复制一个即可。而如果集中式版本控制系统的中央服务器出了问题，所有人都没法工作。

在实际使用分布式版本控制系统时，很少在两个人的计算机上互相推送版本库的修改。因为可能两个人不在同一个局域网内，两台计算机无法互相访问；也可能其中一个人生病了，他的计算机压根没有开机。因此，分布式版本控制系统通常也有一台充当中央服务器的计算机，但这个服务器的作用仅仅是方便交换大家的修改。

7.7.3　Git 的安装和使用

Git 最早是在 Linux 上开发的，很长一段时间内，Git 也只能在 Linux 和 UNIX 系统上运行。不过，后来慢慢有人把它移植到了 Windows 上。现在，Git 可以在 Linux、UNIX、MAC 和 Windows 这几个平台上正常运行。

要使用 Git，第一步是安装 Git，可以参考安装教程进行安装。在 Debian 或 Ubuntu Linux 系统中，通过一条 sudo apt-get install git 命令就可以直接完成 Git 的安装，非常简单。

版本库又名仓库（repository），可以把它简单地理解成一个目录，这个目录中的所有文件都可以被 Git 管理，对每个文件的修改、删除，Git 都能跟踪，以便任何时刻都可以追踪历史或者在将来某个时刻对文件进行还原。

创建一个版本库非常简单。首先选择一个合适的地方，创建一个空目录；然后通过 git init 命令把该目录变成 Git 可以管理的仓库。这就建好了仓库，这是一个空的仓库（empty Git repository），当前目录下多了一个 .git 目录，是 Git 用来跟踪管理版本库的，千万不要手动修改该目录中的文件。如果改乱了，就会破坏 Git 仓库。

注意：所有的版本控制系统，其实都只能跟踪文本文件的改动，比如 txt 文件、网页、所有的程序代码等，Git 也不例外。版本控制系统可以告诉你每次的改动，比如在第 5 行加了一个单词 Linux，在第 8 行删了一个单词 Windows。而图片、视频这些二进制文件，虽然也能由版本控制系统管理，但无法跟踪文件的变化，只能把二进制文件每次的改动串起来，即只知道图片大小从 100KB 改成了 120KB，但版本控制系统不知道也无法知道到底改了什么。

把一个文件放到 Git 仓库只需要两步。第一步，用命令 git add 告诉 Git，把文件添加到仓库，示例如下：

```
$ git add readme.txt
```

执行该命令，没有任何显示。UNIX 的哲学是"没有消息就是好消息"，说明添加成功。第二步，用命令 git commit 告诉 Git，把文件提交到仓库，示例如下：

```
$ git commit -m "wrote a readme file" [master (root-commit) eaadf4e] wrote a
    readme file  1 file changed, 2 insertions(+)  create mode 100644 readme.txt
```

git commit 命令 -m 后面输入的是本次提交的说明，可以输入任意内容，当然最好是有意义的内容，这样你就能从历史记录中方便地找到改动记录。git commit 命令执行成功后会告诉你"1 file changed"，即 1 个文件被改动（新添加的 readme.txt 文件）；"2 insertions"，即插入了两行内容（readme.txt 中有两行内容）。

Git 添加文件需要 add、commit 两步，因为 commit 可以一次提交很多文件，所以可以多次 add 不同的文件。另外还有如下一些常用的 git 命令。

git status 命令可以让我们时刻掌握仓库当前的状态。

git diff 命令查看 difference，显示的格式是 UNIX 通用的 diff 格式。

git log 命令查看历史记录，显示从最近到最远的提交日志。如果输出信息太多，可以加上 --pretty=oneline 参数。

注意 Git 的 commit id 不是 1, 2, 3…这种递增的数字，而是 SHA1 计算出的一个非常大的数字，用十六进制表示。为什么 commit id 需要用一大串数字表示呢？因为 Git 是分布式的版本控制系统，多人在同一个版本库里工作，如果大家都用 1, 2, 3…作为版本号，那肯定会发生冲突。实际上 Git 会把提交的版本自动串成一条时间线。

如果要回退到上一个版本，首先 Git 必须知道当前版本是哪个版本。在 Git 中，用 HEAD 表示当前版本，也就是最新提交的版本，上一个版本就是 HEAD^，上上个版本就是 HEAD^^，往上 100 个版本可写成 HEAD ~ 100。把当前版本回退到上一个版本，可以使用 git reset 命令。Git 的版本回退速度非常快，因为 Git 内部有一个指向当前版本的 HEAD 指针，当回退版本的时候，仅仅需要修改 HEAD 指针，并将对应版本的内容检出到工作区。

7.7.4 Git 的工作原理

Git 的工作区（Working Directory）是在计算机里能看到的目录。工作区中有一个隐藏目

录 .git，它不算工作区，而是 Git 的版本库。

　　Git 的版本库中包含很多东西，其中最重要的是称为 stage 或 index 的暂存区，还有 Git 为我们自动创建的第一个分支 master 以及指向 master 的一个指针 HEAD。

　　如图 7.8 所示，我们向 Git 版本库中添加文件分两步执行：第一步是用 git add 命令把文件添加进去，实际上就是把文件修改添加到暂存区；第二步是用 git commit 命令提交更改，实际上就是把暂存区的所有内容提交到当前分支。

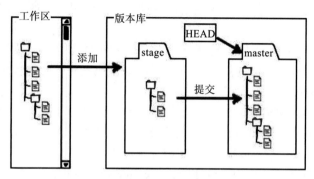

图 7.8　Git 工作过程图

　　因为创建 Git 版本库时，Git 自动为我们创建了唯一一个 master 分支，所以 git commit 就是往 master 分支上提交更改。可以简单理解为：需要提交的文件修改全部放到暂存区，然后一次性提交暂存区的所有修改。git add 命令实际上就是把要提交的所有修改放到暂存区 Stage，然后，执行 git commit 命令就可以一次性把暂存区的所有修改提交到分支。

　　为什么 Git 比其他版本控制系统优秀？因为 Git 跟踪并管理的是修改，而不是文件。

- 场景 1：当你改乱了工作区某个文件的内容，想直接丢弃工作区的修改时，用命令 git checkout -- file。
- 场景 2：当你不但改乱了工作区某个文件的内容，还添加到了暂存区时，想丢弃修改，分两步，第一步用命令 git reset HEAD <file> 就回到了场景 1，第二步按场景 1 操作。
- 场景 3：当提交了不合适的修改到版本库时，想要撤销本次提交，可以通过版本回退来实现，不过前提是没有推送到远程库。

　　注意命令 git rm 用于删除一个文件。如果一个文件已经被提交到版本库，那么永远不用担心误删，但是要小心，你只能将文件恢复到最新版本，会丢失最近一次提交后修改的内容。

7.7.5　Git 的远程仓库

　　如果只是在一个仓库里管理文件历史，Git 和 SVN 没有区别。下面介绍 Git 中最为重要的功能——远程仓库。

　　Git 是分布式版本控制系统，同一个 Git 仓库可以分布到不同的机器上。最早只在一台机器上有一个原始版本库，此后其他机器可以克隆这个原始版本库，而且每台机器上的版本库都是一样的，并没有主次之分。然后找一台计算机充当服务器的角色，每天 24 小时开机，其他人都从这个服务器仓库克隆一份到自己的计算机上，并且把各自的提交推送到服务器仓库中，也从服务器仓库中拉取别人的提交。

　　GitHub 网站提供 Git 仓库托管服务，只要注册一个 GitHub 账号，就可免费获得 Git 远程仓库。在 GitHub 上免费托管的 Git 仓库，任何人都可看到（但只有自己才能修改），所以不要存放敏感信息。如果不想让别人看到 Git 库，有两个办法：一个办法是交费，让 GitHub 把公开仓库变成私有仓库，这样别人就看不见你的 Git 库了（不可读，更不可写）；另一个办法是自己动手搭一个 Git 服务器，因为是自己的 Git 服务器，所以别人是看不见的。

在 GitHub 上可以任意以分支形式复制（Fork）开源仓库，自己拥有 Fork 后的仓库的读写权限；也可以推送（pull request）给官方仓库来贡献代码。这些都是常用的操作。

使用 GitHub 时，国内的用户经常遇到的问题是访问速度太慢，有时候还会出现无法连接的情况。如果我们希望体验 Git 飞快的速度，可以使用国内的 Git 托管服务——Gitee（gitee.com）。

与 GitHub 相比，Gitee 也提供免费的 Git 仓库，还集成了代码质量检测、项目演示等功能。对于团队协作开发，Gitee 还提供了项目管理、代码托管、文档管理的服务，为 5 人以下的小团队提供免费服务。

如果你已经在本地创建了一个 Git 仓库，又想在 GitHub 上创建一个 Git 仓库，并让这两个仓库进行远程同步，这样 GitHub 上的仓库既可以作为备份，又可以让其他人通过该仓库来协作，可谓一举多得。具体操作步骤如下：

- 要关联一个远程库，使用命令 git remote add origin git@server-name:path/repo-name.git；
- 关联后，使用命令 git push -u origin master 第一次推送 master 分支的所有内容；
- 每次本地提交后，只要有必要，就可以使用命令 git push origin master 推送最新修改。

分布式版本系统的最大好处之一是在本地工作完全不需要考虑远程库的存在，也就是有没有联网都可以正常工作，当有网络的时候，再把本地提交推送一下就完成了同步，非常方便。而 SVN 在没有联网的时候是拒绝工作的。

要克隆一个仓库，首先必须知道仓库的地址，然后使用 git clone 命令克隆。Git 支持多种协议，包括 https 协议，但 ssh 协议速度最快。

7.7.6 Git 的分支

分支在实际的程序开发中有非常重要的作用。假设你准备开发一个新功能，但是需要两周才能完成，第一周你写了 50% 的代码，如果立刻提交，由于代码还没写完，不完整的代码库会导致别人不能干活。如果等代码全部写完再一次性提交，又存在丢失每天进度的巨大风险。现在有了分支，就不用担心了。你创建一个属于自己的分支，别人看不到，还继续在原来的分支上正常工作，而你在自己的分支上工作，想提交就提交，直到开发完毕后，再一次性合并到原来的分支上。这样既安全又不影响别人工作。

其他版本控制系统（如 SVN 等）都有分支管理，但这些版本控制系统创建和切换分支速度太慢，结果分支功能成了摆设，大家都不使用。但 Git 的分支是与众不同的，无论是创建、切换分支还是删除分支，Git 在 1s 之内就能完成。无论你的版本库是 1 个文件还是 10000 个文件，Git 都鼓励大量使用分支，以下是常用的操作命令：

- 查看分支：git branch。
- 创建分支：git branch <name>。
- 切换分支：git checkout <name> 或者 git switch <name>。
- 创建 + 切换分支：git checkout -b <name> 或者 git switch -c <name>。
- 合并某分支到当前分支：git merge <name>。

- 删除分支：git branch -d <name>。

当 Git 无法自动合并分支时，就必须首先解决冲突。解决冲突就是把 Git 合并失败的文件手动编辑为希望的内容再提交。用 git log --graph 命令可以看到分支合并图。

在实际开发中，我们应该按照以下几个基本原则进行分支管理：

- 首先，master 分支应非常稳定，仅用来发布新版本，平时不能在上面工作；
- 其次，工作都在 dev 分支上进行，即 dev 分支是不稳定的，到某个时候比如 1.0 版本发布时，再把 dev 分支合并到 master 上，在 master 分支上发布 1.0 版本；
- 最后，团队中每个人都在 dev 分支上干活，每个人都有自己的分支，不时地往 dev 分支上合并即可。

所以，团队合作的分支看起来如图 7.9 所示。

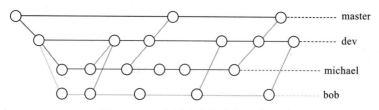

图 7.9　Git 中团队合作分支示意图

Git 分支十分强大，在团队开发中应该充分应用。

合并分支时，加上 --no-ff 参数就可以用普通模式合并，合并后的历史有分支，能看出来曾经做过合并，而 fast forward 合并就看不出来曾经做过合并。

软件开发过程中，出现 bug 是家常便饭，有了 bug 就需要修复。在 Git 中，由于分支功能非常强大，因此每个 bug 都可以通过一个新的临时分支来修复，修复后合并分支，然后将临时分支删除。

修复 bug 时，我们会通过创建新的 bug 分支进行修复，然后合并，最后删除；当手头工作没有完成时，先把工作现场 git stash 一下，然后去修复 bug，修复后，再 git stash pop，回到工作现场；在 master 分支上修复的 bug，想要合并到当前 dev 分支，可以用 git cherry-pick <commit> 命令把 bug 提交的修改复制到当前分支，避免重复劳动。

软件开发中，总要不断添加新功能。我们添加一个新功能时，肯定不希望因为一些实验性质的代码把主分支弄乱了，所以每添加一个新功能，最好新建一个 feature 分支，在上面进行开发，完成后合并，最后删除该 feature 分支。

开发一个新 feature，最好新建一个分支；如果要丢弃一个没有被合并过的分支，可以通过 git branch -D <name> 强行删除。

- 查看远程库信息，使用 git remote -v 命令；
- 本地新建的分支如果不推送到远程，对其他人就是不可见的；
- 从本地推送分支，使用 git push origin branch-name 命令，如果推送失败，先用 git pull 命令抓取远程的新提交；
- 在本地创建和远程分支对应的分支，使用 git checkout -b branch-name origin/branch-name 命令，本地和远程分支的名称最好一致；
- 建立本地分支和远程分支的关联，使用 git branch --set-upstream branch-name origin/branch-name 命令；

- 从远程抓取分支，使用 git pull 命令，如果有冲突，要先处理冲突。
- rebase 操作可以把本地未 push 的分叉提交历史整理成直线；
- rebase 的目的是在查看历史提交的变化时更容易，因为分叉的提交需要三方对比。

作业

1. 对照本章内容，使用结对编程方式，对自己熟悉的一门程序设计语言，尝试分析和总结其基本成分和语言特性，要求实验对象是包括输入 / 输出、数据运算、注释的程序。
2. 对照本章程序设计风格的内容，尝试修改代码。
3. 完成目标系统的功能模块划分、分工，并使用 Git 平台进行项目的管理和同步。
4. 你认为应该如何提高程序的易读性、易维护性、可靠性、性能和安全性。
5. 实践调查显示，相较于新手，结对编程更适合熟练程序员。你认为原因是什么，收集资料来证明你的观点。
6. 代码规范的作用是什么？如果一个程序员不了解编程规范，那么他编写的程序可能会有哪些问题？
7. 文档注释和内部注释有什么不同？各自的重点和要点是什么？
8. 为什么要重视代码的易读性、易维护性？

第 8 章

软件测试基础

我们处于一个"软件定义一切"的时代，软件测试是最常见的软件质量保障方式。本章介绍软件测试的起源、概念和特点、流程和类别等基础知识，以确保开发的软件具有较好的质量，还介绍软件测试的工具和方法。

8.1 软件测试的起源

软件测试是指在一些特定条件下观察、执行应用程序，以发现其中的错误。测试有助于保护应用程序，避免潜在的、可能会对应用程序和将来的组织造成危害的危险因素。软件测试的关键在于测试用例的生成和执行。为降低测试成本，需尽量提高测试的自动化、智能化水平。软件测试是软件开发过程中的最后一个阶段，也是软件质量保障中最重要的一个环节。下面先看几个著名的软件事故。

- 一点之差。1963 年，美国程序员把一个 FORTRAN 程序中的循环语句 DO 5 I =1,3 误写为 DO 5 I =1.3，即"，"被误写为"."。一点之差致使飞往火星的火箭爆炸，造成 1000 万美元的损失。这种情况迫使人们认真计划并进行彻底的软件测试。
- 失败的浮点数转换。1996 年 6 月 4 日，一枚阿丽亚娜 5 火箭在欧洲航空总署发射后仅 40s 便完全丧失导航和高度信息，接着发生爆炸。该项目花费了 7 亿美元，历经 10 年开发。事后查明，这是由火箭内部的惯性参考系里的一个软件错误导致的，平台相关的一个代表火箭水平速度的 64 位浮点数被转换成一个 16 位有符号整数，该数字比 16 位有符号数最大的存储能力 32768 还要强大，因此是失败的转换。
- 失之毫厘，谬以千里。1991 年 2 月 25 日海湾战争期间，一枚美国的爱国者导弹因为基于内部时钟的时间计算缺陷，未能在沙特阿拉伯的达兰拦截伊拉克发射过来的一枚飞毛腿导弹。爱国者导弹防御系统时间的衡量计算使用了一个 24 位的定点寄存器，只能存放 24 位的有效位，其余小数精度部分会被砍掉。这个看似微不足道的精度值在乘以一个很大的数值后会产生一个巨大的偏差。事实上，当时所导致的时间偏差达 0.34s，距离偏差超过 0.5km。该时间误差导致的问题在代码的某些部分是已修复的，表明有人已经意识到这个错误，但当时并没有修复相关的所有问题代码。

- 千年虫。即计算机 2000 年问题，当时在某些使用了计算机程序的智能系统（包括计算机系统、自动控制芯片等）中，年份只使用两位十进制数来表示，当系统进行或涉及跨世纪的日期处理运算时（如多个日期之间的计算或比较等），就会出现错误结果，进而引发各种各样的系统功能紊乱问题甚至导致系统崩溃。从根本上说，千年虫是一种程序处理日期上的计算机程序故障，而非病毒。

- Therac-25 医疗加速器事件。1985—1987 年一个放射疗法的设备故障，造成在几个医疗设备中发出致命的射线并偏移了目标，直接导致五名患者死亡，其余患者受到了严重伤害。该设备建立在由一个没有经过正规培训的程序员开发的操作系统上，这个不易察觉的竞争条件导致的数据竞争（一种典型的并发缺陷），使得电子束在某些配置下会以高能模式启动。

- 美国大选。2020 年的美国大选吸引了全世界的目光，在大选计算选票期间也发生了软件系统的故障：特朗普以 3000 票之差输掉了密歇根州安特里姆县，该县使用 Dominion 投票系统的机器和软件。法官下令对 22 台 Dominion 投票机进行检查，证实投票机系统的程序出现问题，将 6000 张选票转给了拜登。在随后重新进行手工计票后，宣布特朗普获胜。出现这个错误是因为一名职员没有更新软件。该事件表明软件故障甚至可以影响大选的结果。

- 金融。软件系统不进行维护升级，与新的操作系统、新的设备以及新的第三方软件应用的集成或兼容就会有问题。2020 年 8 月，花旗集团由于使用一个过时的软件系统造成了近 110 亿美元的损失。彭博新闻（Bloomberg News）报道称，引发故障的贷款支付系统还是在 20 世纪 90 年代安装的产品。同样是金融市场，2020 年 4 月 20 日，A 股开盘后市场中多个指数出现异常，其中沪深 300 指数低开逾 2%，中证 1000 指数高开逾 6%，中证 200 指数大跌逾 4%，300 医药指数大跌逾 16%……该故障一直持续到中午，到下午开盘时才恢复正常，应该是利用中午休市的时间从测试环境切换回生产环境，进而完成系统故障的修复。

和软件质量有关的事故还有很多，比如 2005 年 10 月，丰田制造商宣布召回 160000 辆 Prius hybrid 混合动力汽车，根本问题是智能型汽车的软件出现了故障，Prius hybrid 汽车中的嵌入式软件中存在 bug。在 2001—2010 年这 10 年间，开源软件项目 Eclipse 共接收了 333371 个提交的 bug，平均每天新增 91 个 bug。如果这些关键系统软件事先没有经过正确的设计和充分的测试，后果将不堪设想。

图 8.1 是软件度量的著名图表，横坐标表示软件生命周期的不同阶段，纵坐标表示缺陷的百分比。可以看到，绝大部分的缺陷是在软件研发前期引入的，但修复缺陷的成本随着研发周期的推移不断攀升；为了提高软件质量并改进软件产品，开发者不得不耗费大量的人力和资源修复软件中的问题；开销随着软件开发周期呈指数级增长，在执行 / 维护阶段修正软件缺陷开销巨大，越早修正缺陷越好。

软件测试这一概念的出现早于软件工程，但一般认为软件测试的发展史是从 1972 年开始的，Bill Hetzel 在 North Carolina 大学举行了第一次以软件测试为主题的正式会议；1979 年，Glenford Myers 在其著作 *The Art of Software Testing* 中给出了测试的经典定义；1996 年，测试能力成熟度模型（Testing Maturity Model，TMM）被提出，Kent Beck 在极限编程方法论中提出测试驱动开发（Test-Driven Development，TDD）的概念；2009 年，James A. Whittaker 提出了探索式测试理论，适用于当前更加复杂的、预期结果难以确定的项目。

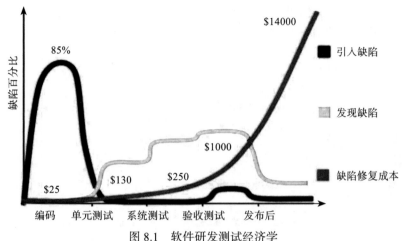

图 8.1　软件研发测试经济学

8.2　软件测试的相关概念和特点

8.2.1　软件缺陷

软件缺陷（software defect，或 bug）在 IEEE 729—1983 中的定义如下：从产品内部看，缺陷是软件产品开发或维护过程中存在的错误、毛病等各种问题；从产品外部看，缺陷是系统所需要实现的某种功能的失效或违背。

软件缺陷产生于开发人员的编码过程，对需求的理解不正确、软件开发过程不合理或开发人员的经验不足，均有可能产生软件缺陷。而含有缺陷的软件在运行时可能会产生意料之外的结果或行为。bug 并不仅仅寄生在操作系统和应用程序中，也可能存在于电话、电力设备和医疗设备中，甚至汽车上。

这里有 3 个比较接近的词语，我们来辨析一下。

- 失效（failure）是系统展现的不可接受行为，失效频率体现了系统的可靠性，一个重要的设计目标是获得很低的失效率，相应的可靠性就会高。
- 缺陷（defect）是系统中任意方面的瑕疵，可能导致一个或多个失效。缺陷在需求、设计、代码中都可能存在，也有可能几个缺陷导致一个特别的失效。
- 错误（error）是由于程序开发者的疏忽或不合适的决定导致了缺陷。

图 8.2 所示为史上第一份 bug 报告。1947 年 9 月 9 日，葛丽丝·霍普（Grace Hopper）发现了计算机上的第一个 bug。当在 Mark II 计算机上工作时，整个团队都不清楚计算机不能正常运行的原因。经过大家的深度检测，发现原来是一只飞蛾意外飞入一台计算机内部而引起的故障。该团队修复了故障，并在工作日志中记录下了这一事件。因此，人们逐渐开始用 bug（原意为虫子）来称呼隐藏在计算机系统中没有被发现的问题或缺陷。

为什么会产生软件缺陷？从图 8.3 可以看出：软件开发是由人来实施的，犯错是人的天性；由于认识的不足，以及在软件开发过程中关注度和策略

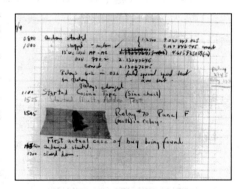

图 8.2　史上第一份 bug 报告

的问题，人们不可避免地在需求分析、概要设计、详细设计和编码调试中引入错误，这些错误就造成了软件产品的缺陷。

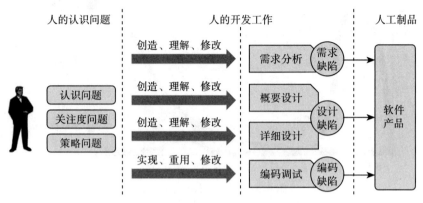

图 8.3 软件缺陷产生的原因分析

bug 包括三个方面：症状（symptom）、程序错误（fault）、根本原因（root cause）。symptom 即从用户的角度看，软件出了什么问题，例如在输入 3 2 1 1 时，程序错误退出。fault 即从代码的角度看，代码的什么错误导致了软件的问题，例如代码在输入为 3 2 1 1 的情况下访问了非法的内存地址（0X0000000C）。root cause 即错误根源，是导致代码错误的根本原因，例如代码对于 id1==id2 的情况没有做正确判断，从而引用了未赋初值的变量，出现了以上情况。

再举个例子。symptom：用户报告，一个 Windows 应用程序有时在启动时报错，程序不能运行。fault：有时一个子窗口的 handle 为空，导致程序访问了非法内存地址，此为代码错误。root cause：代码并没有确保创建子窗口（在 CreateSubWindow() 内部才做）发生在调用子窗口之前（在 OnDraw() 时调用），因此子窗口的变量有时在访问时为空，导致上面提到的错误。

一份好的 bug 报告通常包括 4 大部分：一是 bug 的标题，要简明地说明问题；二是 bug 的内容，要写在描述（description）中，包括测试的环境和准备工作、测试的步骤（需清楚地列出每一步做了什么）、实际发生的结果、（根据规格说明和用户的期望）应该发生的结果；三是补充材料，例如相关联的 bug、输出文件、日志文件、调用堆栈的列表、截屏等，保存在 bug 相应的附件或链接中；四是设置 bug 的严重程度（severity）、功能区域等，这些都可在不同的字段中记录。

缺陷的严重性是指缺陷对软件产品使用的影响程度，可以划分为 4 个等级，如表 8.1 所示。1 级为致命缺陷，2 级为严重缺陷，3 级为一般缺陷，4 级为微小缺陷。在后续处理中，会以缺陷严重性为依据开展工作。

表 8.1 缺陷的严重性等级

缺陷严重性	描述
致命（1 级）	造成系统或应用程序崩溃、死机、挂起，或造成数据丢失、主要功能完全丧失
严重（2 级）	系统功能或特性没有实现、主要功能部分丧失、次要功能完全丧失或致命的错误声明
一般（3 级）	缺陷虽不影响系统的基本使用，但没有很好地实现功能，没有达到预期效果，如次要功能丧失、提示信息不太明确、用户界面差、操作时间长等
微小（4 级）	对功能几乎没有影响，产品及其属性仍可使用，如存在个别错别字、文字排列不整齐等

对 bug 的修复也分为不同层次。可以只修复症状，比如别让程序退出或者把异常吃掉；也可以通过修改代码来修复程序错误；甚至修复导致 bug 的根本原因，这时需要找到根本原因，可能是因为规格说明没有考虑某种情况、设计没有考虑支持多语言等，要把所有受到根本原因影响的设计都改正，这类修复的难度最大。

一个 bug 也有其生命周期：首先由测试者（Tester）或用户（User）报告症状，即产生一个 bug；然后由项目经理（PM）理解其影响，根据严重程度的优先级和开发者领域决定修复什么和何时修复；再由开发者（Dev）修复，找到根本原因，此时 bug 处于工作状态；接着由代码审查者来确保质量，提交 bug 修复，进入修复完成状态；最后由测试者完成回归测试，此时最终关闭该 bug。

8.2.2　软件质量

质量（quality）是什么？质量的一些方面是客观的，比如要求具有稳定性 / 无缺陷或者和规格说明保持一致；质量的一些方面又是主观的，比如对客户的整体价值 / 满足客户的需求或者愉快的终端用户体验、情感价值，使客户产生更多的需求。但无缺陷并不等同于高质量。在激烈的竞争市场，质量是用于区分你和你的竞争对手的。

为什么软件质量如此重要？因为低质量的软件（表现为软件缺陷众多）会带来一系列严重的连锁反应：低质量的软件更难于维护和支持，表现在用户抱怨更多，需要更多人员来做客服，需要不断给软件打补丁，并安排额外的发布（Vx.1）；低质量的软件甚至导致法律问题；低质量的软件会降低公司声誉，且很难挽回。这里面存在着因果关系：低质量的产品使得公司的声誉下降、市场份额降低，甚至导致股票掉价，进而一损俱损，员工的薪资福利相应降低，接着员工离职、公司破产也是有可能的。

8.2.3　软件测试

测试是保障软件质量的有效手段，可以用正向和反向思维分别来考虑，正向思维是指验证软件是否正常工作，针对系统所有功能逐个验证其正确性，测试用例通常是使用有效的数据、正确的流程和多样化的场景，通过执行这些用例来证明软件是成功的；而反向思维是指假定软件有缺陷，测试人员要不断思考开发人员理解上的误区、一些不良的编程习惯、各种边界和无效的输入、系统的薄弱环节，通过试图破坏或摧毁系统的方式来查找软件中的问题。关于软件测试的定义有以下几种。

- 定义 1：软件测试是对程序能够按预期运行建立起的一种信心，这是 Bill Hetzel 在 1973 年给出的早期定义。
- 定义 2：测试是为发现错误而执行程序的过程，这是 Glenford J. Myers 在 1979 年给出的经典定义。
- 定义 3：软件测试是使用人工或自动手段来运行或测量软件系统的过程，其目的在于检验它是否满足规定的需求，并弄清预期结果与实际结果之间的差别，这是 1983 年 IEEE（电气电子工程师学会）提出的软件工程标准术语中给出的软件测试定义（ISO/IEC/IEEE 29119）。
- 定义 4：软件测试是指根据软件开发各阶段的规格说明和程序的内部结构而精心设计一批测试用例，并利用这些测试用例去执行程序，以发现软件故障的过程。该定义强调寻找故障是测试的目的。

- 定义 5：软件测试是一种软件质量保证活动，其动机是通过一些经济有效的方法发现软件中存在的缺陷，从而保证软件质量。

总体来看，测试需要提供输入并度量输出与期望的差异，其计划与设计同期，实施在实现之后，相应的技术有黑盒测试和白盒测试等。质量保障是指所有增加对质量信息的活动，因此测试只是质量保障的一部分。

软件测试的直接目标是发现软件错误，以最少的人力、物力和时间找出软件中潜在的各种错误和缺陷，通过修正这些错误和缺陷来提高软件质量，降低软件发布后由于潜在的软件错误和缺陷造成的隐患所带来的商业风险。

软件测试的最终目标是检查系统是否满足需求，即度量和评估软件质量，验证软件质量满足客户需求的程度，为用户选择和接受软件提供有力的依据。

软件测试的附带目标是改进软件过程，通过分析错误产生的原因，帮助发现当前开发所采用的软件过程缺陷，从而进行软件过程改进，并且通过分析整理测试结果，修正软件开发规则，为软件可靠性分析提供依据。

测试的目的是发现程序错误，其任务是通过在计算机上执行程序，暴露程序中潜在的错误。而纠错（debugging）的目的是定位和纠正错误，其任务是消除软件故障，保证程序的可靠运行。两者的区别和联系如图 8.4 所示，即在流程上是先进行测试，再进行纠错。

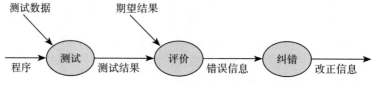

图 8.4　测试和纠错的区别和联系

软件测试是在软件投入生产性运行之前，对软件需求分析、设计规格说明和编码的最终复审，是软件质量保证的关键步骤。软件测试在软件生命周期中横跨两个阶段：通常在编写出每一个模块后就对它进行单元测试，模块的编写者与测试者是同一个人；在每个模块都完成单元测试后，还要对软件系统进行各种综合测试，通常由专门的测试人员承担这项工作。

软件测试有如下缺点。

- 开销大。按照 Boehm 的统计，软件测试开销占总成本的 30% ～ 50%。例如，Apollo 登月计划 80% 的经费用于软件测试。
- 不能进行穷举测试。只有将所有可能情况都测试到才有可能检查出所有错误，但这是不可能的。例如，程序 P 有两个整型输入变量 X、Y，输出变量为 Z，在 32 位机上运行，所有的测试数据组 (x_i, y_i) 的数目为 2 的 64 次方，按 1ms 执行一次计算，需要 5 亿年。
- 难度大。由于不能执行穷举测试，因此只能选择高效测试用例。

软件测试有如下特性。

- 挑剔性：测试是对质量的监督与保证，所以挑错和揭短自然地成为测试人员奉行的信条。
- 复杂性：设计测试用例是一项需要细致和高度技巧的工作。
- 不彻底性：程序测试只能证明错误存在，但不能证明错误不存在。
- 经济性：选择一些典型的、有代表性的测试用例，进行有限测试。

用测试来保证质量是否充分？答案是否定的，原因如下：经典测试技术只度量客观因素，如稳定性和对规格说明的一致性；通常测试在设计完成以后很久才进行，此时设计很可能已经过时了；测试用例的生成被称为"艺术"，是因为覆盖可靠性经常变动；测试时间经常难以保障。

因此测试也有局限性，即存在：不彻底性，测试只能说明错误的存在，但不能说明错误不存在，经过测试后的软件不能保证没有缺陷和错误；不完备性，测试无法覆盖到每个应该测试的内容，不可能测试到软件的全部输入与响应，不可能测试到全部程序分支的执行路径；作用的间接性，测试不能直接提高软件质量，软件质量的提高要依靠开发；测试通过早期发现缺陷并督促修正缺陷来间接提高软件质量。

在整个产品周期中，每个阶段都有对应的质量控制活动。例如，在计划阶段，需要吸收上一个版本质量方面的教训，考虑如何找到 bug 的根源；在设计阶段，要进行规格说明的建模，把技术文档转化为有限状态自动机并检查；在实现阶段，要进行代码复审、bug 诊断、Check-in 测试等；在稳定阶段，要进行集成测试，然后再冻结模块并准备发布。

在学术研究领域，有学者对软件测试领域进行总结，提出了软件测试领域的主要问题是探索各种新的软件测试方法和过程、开发相应的工具并进行实证研究。软件测试中的科学问题有：对于一个特定的软件，如何选择一组有效的测试方法对之进行科学的测试？如何从庞大的可用测试用例空间中选择少量的测试用例对该软件进行有效的测试？软件测试什么时候可以停止？

需要注意的是，软件测试不等同于程序测试，软件测试的测试对象包括软件需求、软件概要设计、软件详细设计、软件源代码、可运行程序以及软件运行环境等。软件测试有质量、人员、资源、流程、技术五大要素以及测试覆盖率、测试效率两大目标，后续章节会对相关内容进行介绍。

测试应尽早介入，尽早在引入时就发现和修复缺陷，这样可以有效避免缺陷的雪崩效应。在软件开发各个阶段都有可能引入错误，而前期阶段存在的缺陷会随着软件开发过程的推进而不断放大。缺陷发现、修复得越早，花费的成本越低。早期的缺陷在开发后期或运行后再被发现，修复成本可能扩大到几十倍甚至上百倍。

软件错误具有聚集性，符合 20/80 法则，即 80% 的软件错误存在于 20% 的代码行中。另外有经验表明，测试后程序中残留的错误数目与该程序已检出的错误数目是成正比的。因此，对存在错误的部分应重点测试，关注一些错误的多发地段，发现缺陷的可能性大得多。

要注意：用同样的测试用例多次重复进行测试，最后将不再能够发现新的缺陷。这就是杀虫剂悖论（给果树喷洒农药，为了杀灭害虫只打一种杀虫剂，虫子会有抗体而变得适应，于是杀虫剂将不再发挥作用）。因此，测试用例需要定期评审和修改，同时要不断增加新的不同测试用例来测试软件的不同部分，从而发现更多潜在的缺陷。

总之，软件测试需要遵循以下原则：测试显示缺陷的存在，但不能证明系统不存在缺陷；穷尽测试是不可能的，应设定及时终止的条件；软件测试应该尽早进行；缺陷具备群集特性，与开发人员的编程水平、习惯有密切关系；测试的杀虫剂悖论，要不断修改测试用例；测试的"二八原则"，即把 80% 的资源、精力放在 20% 的重点模块上；测试活动依赖于测试背景，比如金融行业对软件安全性的要求会更高，需要进行有针对性的测试。

8.3　软件测试的流程和类别

软件测试人员的任务很明确，就是站在使用者的角度上通过不断地使用和攻击刚开发出来的软件产品，尽量多地找出产品存在的问题，即 bug。

一个典型的测试工程师一天具体做哪些工作取决于产品处于什么阶段：如果产品处于计划阶段，则测试工程师的工作将主要集中在复审规格说明、改进测试框架、把最优实践方法集成到工作环境中或复审场景设计；如果产品处于实现阶段，则其工作将主要集中在代码复审、运行测试和收集质量数据；如果产品处于稳定阶段，则其工作将主要集中在集成测试、UI 相关的本地化测试和安全测试。

8.3.1　软件测试的流程

软件测试的流程通常包括计划、准备、执行、报告 4 个部分，即首先需要识别测试需求，分析质量风险，拟定测试方案并制订测试计划；然后组织测试团队设计测试用例，并开发测试工具和脚本，准备好测试数据；接着获得测试版本，对其执行和实施测试，记录测试结果，并跟踪和管理好缺陷；最后分析测试结果，评价测试工作及提交测试报告。

图 8.5 从左到右展示了软件测试的信息流，即测试过程需要三类输入：一是软件配置，包括软件的需求规格说明、软件设计规格说明、源代码等；二是测试配置，包括测试计划、测试用例、测试驱动程序等，从整个软件工程过程来看，测试配置是软件配置的一个子集；三是测试工具，为了提高软件测试效率，测试配置需要有测试工具的支持，它们的工作是为测试的实施提供某种服务，以减轻测试任务中的手工劳动。例如，测试数据自动生成程序、静态分析程序、动态分析程序、测试结果分析程序以及驱动测试的测试数据库等。

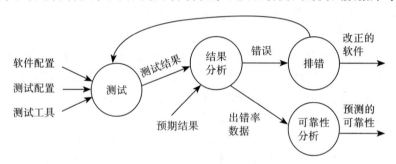

图 8.5　软件测试流程图

测试之后，要对所有结果进行分析，即将测试的结果与预期的结果进行比较。如果发现出错的数据，就意味着软件有错误，然后就需要排错（调试），即对已经发现的错误进行错误定位并确定出错性质，同时修改相关的文档。修正后的程序和文档一般都要经过再次测试，直到通过测试为止。

通过收集和分析测试结果数据，为软件建立可靠性模型。如果经常出现需要修改设计的严重错误，那么软件质量和可靠性就值得怀疑，同时也表明需要进一步测试。如果与此相反，软件功能能够正确完成，出现的错误容易修改，那么就可以断定软件的质量和可靠性已达到可以接受的程度。

最后，如果测试发现不了错误，那么错误最终要由用户在使用中发现，并在维护时由开发者去改正。但那时改正错误的费用将会比在开发阶段改正错误的费用高出 40 ～ 60 倍。

在执行软件测试时，其先后顺序是：首先对每一个程序模块进行单元测试，消除程序模块内部逻辑上和功能上的错误和缺陷；然后对照软件设计进行集成测试、检测和排除子系统

（或系统）结构上的错误；再对照需求，进行确认测试；最后从系统整体出发运行系统，看系统是否满足要求。

8.3.2　软件测试的类别

1. 按软件测试对象划分

软件测试不等同于程序测试。软件测试贯穿于整个软件生命周期。因此，需求分析、概要设计、详细设计及程序编码等阶段的文档资料，包括需求规格说明、概要设计说明、详细设计规格说明及源程序，都应成为软件测试的对象。

软件开发过程是一个自顶向下、逐步细化的过程，而测试则是以相反的顺序安排的，是自底向上、逐步集成的，低一级为上一级测试准备条件。当然，不排除两者平行地进行。因此，针对需求分析、设计、编码这样的软件开发过程，相应的测试是由 Paul Rock 提出的 V 字模型，它是瀑布模型的变形，描述了测试各阶段和开发各阶段的对应关系：对应编码的是单元测试，对应详细设计的是集成测试，对应概要设计的是系统测试，对应需求分析的是验收测试。V 字模型也有其局限性，仅把测试放在需求分析、设计和编码后的阶段，忽视了测试驱动开发的作用，不符合"测试需要尽早进行"的原则。

图 8.6 是 Evolutif 公司提出的 W 模型，也称双 V 模型，它在原有 V 字模型的基础上增加了针对开发各阶段的验证和确认，测试伴随着各个环节，有利于尽早发现问题并制订解决方案。

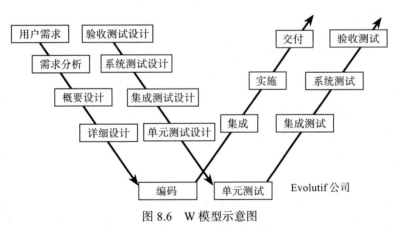

图 8.6　W 模型示意图

另外还有 X 模型，是由 Marrick 提出的针对 V 模型的改进（如图 8.7 所示），主要用于解决交接和频繁集成的周期问题。X 模型的左边是针对单独的程序片段进行的相互分离的编码和测试，然后进行频繁交接，再通过集成最终合成可执行程序，然后对这些程序进行测试，如 X 模型的右边所示。X 模型还定位了不经过事先计划的探索式测试，有助于发现更多的代码缺陷。

2. 按不同开发阶段软件测试方法划分

针对不同开发阶段的软件功能性测试方法有单元测试、功能测试、集成测试、场景测试、系统测试、验收测试、回归测试、验证测试、确认测试、Alpha 测试、Beta 测试、Gamma 测试等，部分类别的说明如表 8.2 所示。

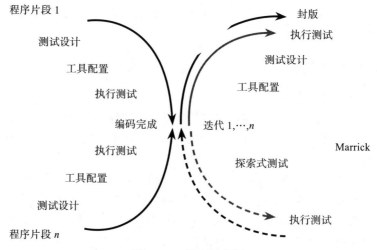

图 8.7 X 模型示意图

表 8.2 针对不同开发阶段的软件功能性测试

测试名称	测试内容
单元测试（Unit Test）	在最低的功能／参数上验证程序的正确性
功能测试（Functional Test）	验证模块的功能
集成测试（Integration Test）	验证几个互相有依赖关系的模块的功能
场景测试（Scenario Test）	验证几个模块是否能够完成一个用户场景
系统测试（System Test）	对于整个系统功能的测试
Alpha/Beta 测试	外部软件测试人员在实际用户环境中对软件进行全面的测试

图 8.8 从左到右依次展示了软件测试的若干活动。首先是单元测试，即对软件基本组成单元进行测试，其测试对象是软件设计的最小单元（模块或类）。单元测试通常由编写代码的开发人员执行，用于检测被测代码的功能是否正确。

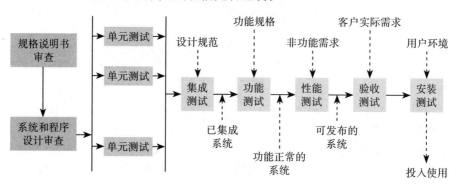

图 8.8 软件测试活动

其次是集成测试，是在单元测试的基础上将所有模块按照总体设计的要求组装为子系统或系统后进行的测试。因为不同的模块单元是由多个开发人员并行进行开发的，即使通过了单元测试，也并不能保证能够正确组装在一起。对于小规模系统，可以采用一次性集成的方式将所有单元一次性组装在一起；而对于较大规模的系统，需要采用渐增式集成方法，即先对某几个单元进行测试，再将这些单元逐步组装成较大的系统，组装过程中边连接边测试。集成测试对象是模块间的接口，目的是找出模块接口（包括系统体系结构）设计上的问题。

再次是系统测试。在集成测试后，就可以进行系统测试了，包括功能测试、性能测试等。功能测试的工作量最大，是在已知产品所应具有的功能基础上从用户角度进行功能验证，以确认每个功能是否都能正常使用。功能测试主要是结合界面、数据、操作、逻辑、接口来检查系统功能是否正确，比如检查程序安装、启动是否正常，有无提示框、错误提示等。性能测试是在实际或模拟实际的运行环境下，针对非功能特性所进行的测试，包括压力测试、容量测试、安全性测试、兼容性测试、负载测试、可靠性测试、故障转移测试等，以考察系统的性能、可用性、扩展性、维护性、兼容性、安全性、可靠性等非功能属性。

接着是验收测试，即在软件产品完成系统测试后、产品发布前进行的测试活动，目的是验证软件的功能和性能是否能够满足用户所期望的要求。验收测试通常包括 Alpha/Beta 测试，即产品在正式发布之前往往要先发布一些测试版，让用户能够反馈相关信息或者找到存在的 bug，以便在正式版中得到解决；通过系统测试可以得到 Alpha 版本，此时软件公司组织内部人员模拟各类用户测试使用此版本，称为 Alpha 测试；然后就得到 Beta 版本，此时软件公司组织典型用户在日常工作中实际使用此版本，即 Beta 测试。除了专门的测试人员外，还需要几千个甚至几十万个其他用户与合作者通过亲自使用来对产品进行测试，然后将错误信息反馈给开发者。如果出现了非改不可的 bug，就必须推迟软件的发行，有时可能推几个月后。在此期间，需要对软件重新进行全面的测试，这将消耗大量的时间和人力物力。

最后是安装测试，即系统验收后在目标环境中进行安装的测试，其目的是保证应用程序能够被成功安装。主要测试能否成功安装在新的环境或已有的环境、配置信息定义 / 使用是否正确、在线文档安装是否正确、是否会影响其他应用程序、是否可以检测到资源的情况并做出适当的反应等。

针对软件不同特性和方面的软件非功能性测试也有若干类别，包括负载测试、压力测试、性能测试、安全性测试、安装测试、可用性测试、稳定性测试、配置测试、文档测试、兼容性测试等，部分类别的说明如表 8.3 所示。

表 8.3　针对软件不同特性和方面的软件非功能性测试

测试名称	测试内容
压力 / 负载测试（Stress/Load Test）	测试软件在负载情况下能否正常工作
性能测试（Performance Test）	通过自动化的测试工具模拟多种正常、峰值以及异常负载条件来对系统的各项性能指标进行测试
辅助功能测试（Accessibility Test）	测试软件是否向残疾用户提供足够的辅助功能
本地 / 全球化测试（Localization/Globalization Test）	测试软件的语言和文化，主要用于确定产品对本地和全球受众的吸引力
兼容性测试（Compatibility Test）	检查软件之间能否正确地进行交互和共享信息
配置测试（Configuration Test）	测试软件在各种配置下能否正常工作
可用性测试（Usability Test）	测试软件是否好用
安全性测试（Security Test）	验证应用程序的安全等级和识别潜在安全性缺陷的过程
文档测试（Document Test）	检验样品用户文档的完整性、正确性、一致性、易理解性、易浏览性

我们通过举例来说明如何测试性能及性能测试、压力测试、负载测试之间的区别。通俗来说，性能测试是在 100 个用户的情况下，产品搜索必须在 3s 内返回结果；负载测试是在 2000 个用户的情况下，产品搜索必须在 5s 内返回结果；压力测试是在高峰压力（比如 4000 个用户持续 48h）下，产品搜索的返回时间必须保持稳定且系统不至于崩溃。由此可见，这

几类测试的前提和条件有很大不同。

另外还有兼容性测试，其内容包括软件本身（不同版本）、不同平台、运行设备、软件互操作性（同一台设备上的多个软件）等方面的兼容性，比如手机上新开发的应用需要和微信兼容，要测试功能交互是否正常。Web 应用需要特别关注浏览器内核的兼容，是测试的重点。

文档测试是针对软件产品的交付品、配套的文档类部件的测试，如用户手册、使用说明、用户帮助文档等。文档测试的关注要点是完整性（文档内容是否齐全、有无遗漏）、正确性（文档格式以及文字上的语法、拼写）、一致性（前后表述是否有矛盾）、易理解性（缩略语要清晰说明）和易浏览性（如文档结构有无跳转、长表格是否每页都有表头等）。对于菜单/帮助测试，大家务必重视，实际上在软件产品开发的最后阶段，文档里发现的问题往往是最多的。因为开发人员修复测试人员发现的 bug，可能会对一些软件功能进行修改，即在软件开发测试的过程中，所有的功能和特性都会进行调整，不是固定不变的。一般直到软件产品发布时才编写软件帮助文档，以保证帮助文档的内容与软件功能相符。在做帮助文档测试的时候，应装作不懂业务逻辑，按帮助文档提供的步骤去做，检查该文档是否符合各种要求。

3. 按程序测试类别划分

程序测试一般分为静态测试和动态测试两类，区别是静态测试不执行程序，而动态测试执行程序。

静态测试无须执行被测程序，只是通过评审软件文档或代码，度量程序静态复杂度，检查软件是否符合编程标准，依靠分析或检查源程序的语句、结构、过程等来检查程序是否有错误，即通过对软件的需求规格说明书、设计说明书以及源程序进行结构分析和流程图分析，从而找出错误，例如不匹配的参数、未定义的变量等，以减少错误出现的概率。静态测试分为自动方式和人工方式，其中自动方式是用静态分析器分析，而人工方式包括代码会审、代码走查和办公桌检查，可以是互审（两人）、走查（小组）和会议（最正式）的形式。

动态测试通过运行被测试程序，对得到的运行结果与预期的结果进行比较分析，检查运行结果与预期结果的差异，同时分析运行效率、正确性和健壮性等。动态测试分为测试程序功能的黑盒测试和测试程序结构的白盒测试。

举例来说，买车时验车一般先查看外观、车漆有无划痕，检查轮胎胎压，打开引擎盖检查等，这是静态测试；而发动汽车后倾听引擎的声音，把车开起来体会操控性/舒适性等，这是动态测试。

4. 按软件测试方法划分

从测试设计的方法进行分类，测试设计主要分为两类：黑盒方法与白盒方法。另外还有灰盒方法，是黑盒方法与白盒方法的结合。

- 白盒方法。在设计测试的过程中，设计者可以看到软件系统的内部结构，并且使用软件的内部知识来指导测试数据及方法的选择。白盒并不是一个精确的说法，因为如果把盒子涂成白色，同样也看不见盒子里的东西，有人建议用玻璃盒来表示。在实际的测试中，对系统了解得越多越好。白盒测试方法包括语句覆盖、判定覆盖、条件覆盖、条件组合覆盖、路径覆盖等，具体内容将在 9.1 节加以介绍。
- 黑盒方法：在设计测试的过程中把软件系统当作一个黑盒，无法了解或使用系统的内部结构及知识。一个更准确的说法是行为测试设计，从软件的行为而非内部结构出发来设计测试。黑盒测试方法包括等价类划分、边界值分析、因果图分析、组合测试、错误猜测、状态转换测试等，具体内容将在 9.2 节加以介绍。

不同方法解决不同测试问题，采用不同测试用例生成方法，具有不同特点。例如，组合测试的目标是检测待测软件系统中各种因素相互作用引发的故障，采用组合设计方法生成测试用例，可以有效发现交互性错误。边界值分析基于人们的实践经验，边界点引发错误的可能性往往较大，故在设计测试用例时，充分采用边界值。

5. 按软件测试目的和方法划分

如果从测试目的加以划分，可以得到如表 8.4 所示的分类，即冒烟测试、验证构建测试和验收测试。

冒烟测试来自硬件板卡验证术语：一般验证硬件功能时会先通电，然后查看有无冒烟，如果没有冒烟，就表示没有问题。借用这一做法，软件上的冒烟测试用于确认代码中的更改会按预期运行且不会破坏整个版本的稳定性。冒烟测试接近于回归测试，但更侧重于全流程的验证，而回归测试侧重于关键模块。敏捷中的"每日构建"用冒烟测试来确认合并来的代码没有影响主要功能的正常使用。

如果从测试方法加以划分，可以得到如表 8.5 所示的分类，如回归测试、探索性测试、bug 大扫荡、伙伴测试等。

表 8.4　测试目的不同的测试分类

测试名称	测试内容
冒烟测试（Smoke Test）	如果测试不通过，则不能进行下一步工作
验证构建测试（Build Verification Test）	验证构建是否通过基本测试
验收测试（Acceptance Test）	为了全面考核某方面功能 / 特性而做的测试

表 8.5　测试方法不同的测试分类

测试名称	测试内容
回归测试（Regression Test）	对一个新的版本，重新运行以往的测试用例，看看新版本和已知的版本相比是否有退化
探索性测试 [Ad hoc（Exploratory）Test]	随机进行的、探索性的测试
bug 大扫荡（Bug Bash）	全体成员参加的找 bug 活动
伙伴测试（Buddy Test）	测试人员为开发人员（伙伴）的特定模块做测试

其中，回归测试是在软件功能修改后对软件进行重新测试，以确认修改没有引入新的错误或导致其他部分产生错误，其目的是保证以前已修复的 bug 在软件产品发布以前不会再出现。在迭代相对频繁的项目中，大规模的回归测试不太现实，因而回归测试的重心在关键模块和重点功能组件。软件研发周期中会进行多次回归测试，因而需要尽量实现自动化。

此外，A/B 测试多用于互联网行业，通过为页面提供两个版本给用户使用并记录相关的用户行为数据来确定更优化的设计。比如，设计网站时很难确定某个位置放置图片是否合适或者文字用什么颜色更能吸引用户，这就需要用到 A/B 测试。A/B 测试的实施要点是：多个方案并行，同时提供给用户，对用户数量有一定要求；每次测试仅改动一个变量，确定用户选择的差异是否和测试的点有关联性；按照某种规则优胜劣汰，比如一些测试指标（转化率、进入率、跳出率等）。

另外，针对不同开发方式和应用场景的软件测试方法有：面向对象软件测试、面向方面软件测试、面向服务软件测试、基于构件软件测试、嵌入式软件测试、普适环境软件测试、云计算软件测试、Web 应用软件测试、网构软件测试以及其他新型软件测试。另外还有若干特殊的软件测试方法：组合测试、蜕变测试、变异测试、演化测试、模糊测试、基于性质的测试、基于故障的测试、基于模型的测试、统计测试、逻辑测试等。

8.4　软件测试工具

手工测试是指由专门的测试人员从用户视角来验证软件是否满足设计要求的行为，更适用于针对深度的测试和强调主观判断的测试，一般在众包测试、探索式测试中使用。手工测试容易发现缺陷、容易实施，创造性、灵活性高，但覆盖量化较为困难，需要重复测试，效率较低，而且前后测试会存在不一致性，可靠性低，对人力资源依赖程度高，主要取决于测试者的能力和水平。

自动化测试需要使用单独的测试工具软件控制测试的自动化执行以及对预期和结果进行自动检查，一般在单元测试、接口测试和性能测试方面使用得较多。自动化测试效率高、速度快，用例可以反复执行，复用程度高，覆盖率容易度量，较为准确、可靠且不知疲劳，但非常机械，没有创造性，不够灵活，发现缺陷的数量较低，而且一次性的投入非常大。下面介绍各种测试工具。

静态测试工具（通常集成程序理解功能）：主要集中在需求文档、设计文档及程序结构上，可以进行类型分析、接口分析、输入 / 输出规格说明分析等。比如 McCabe & Associates 公司 的 Visual Quality Tool Set、ViewLog 公司 的 LogiScope、Software Research 公司 的 TestWork/Advisor、Emancipation 公司的 Discover。

动态测试工具：功能确认与接口测试、覆盖率分析、性能分析、内存分析等。比如白盒方面有 Compuware 公司的 DevPartner 和 Rational 公司的 PureCoverage，黑盒方面有 Rational 公司的 TeamTest 和 Compuware 公司的 QACenter。

测试设计工具：说明测试被测软件特征或特征组合的方法，确定并选择相关测试用例的过程。

测试开发工具：将测试设计转换成具体的测试用例的过程。比如 Bender & Associates 公司的 SoftTest 和 Parasoft 公司的 Parasoft C++test。

测试管理工具：帮助完成测试计划、跟踪测试运行结果等，包括测试用例管理、缺陷跟踪管理、配置管理等。比如 Rational 公司的测试管理工具 Test Manager 以及 Compureware 公司的 TrackRecord。

目前市场上主流的测试工具包括：Mercury Interactive 公司的产品 LoadRunner（性能测试）、WinRunner（功能测试）、TestDirector（测试管理）；IBM Rational 公司的产品 Rational Robot（功能 / 性能测试工具）、Rational Purify（白盒测试工具）、Rational Testmanager（测试管理工具）、Rational ClearQuest（缺陷 / 变更管理工具）；Compuware 公司的产品 QACenter（自动黑盒测试工具）、DevPartner（自动白盒测试工具）、Vantage（应用级网络性能监控管理软件）。另外，A/B 测试的工具有 Google Analytics Content Experiments、Visual Website Optimizer 等。

使用软件测试工具前后需要相关文档，具体示例如图 8.9 和图 8.10 所示，分别表示使用工具前的测试用例文档以及使用工具后的软件缺陷报告。

```
标识符：1007
测试项：记事本程序的文件菜单栏——文件 / 退出菜单的功能测试
测试环境：Windows 7 Professional 中文版
前置条件：无
操作步骤：
    1. 打开记事本程序；
    2. 输入一些字符；
    3. 鼠标单击菜单"文件→退出"。
```

输入数据	期望输出	实际结果
空串	系统正常退出，无提示信息	
A	系统提示"是否将更改保存到无标题（或指定文件名）？"单击"保存"，系统将打开保存 / 另存窗口；单击"不保存"，系统不保存文件并退出；单击"取消"，系统将返回记事本窗口	

结论：□ 通过　　　□ 不通过　　　测试人：　　　测试日期：

图 8.9　软件测试用例文档

```
基本描述：
● 用一句话简单地描述清楚问题。

详细描述：
1. 描述问题的基本环境，包括操作系统、硬件环境、网络环境、被测软件的运行环境等
2. 用简明扼要的语言描述清楚软件异常、操作步骤和使用数据
3. 截图
4. 被测软件运行时相关日志文件或出错信息
5. 测试人员根据信息可以给出对问题的简单分析
6. 被测软件的版本
7. 缺陷状态、严重性和优先级
8. 提交日期和提交人

相关附件：
● 截图文件、出错信息
```

图 8.10　软件缺陷报告

8.5　有关软件测试的误解

误解 1：测试在项目的最后进行即可

这是远远不够的。如果你在项目后期发现了问题，问题的根源往往是项目早期的一些决定和设计，这时候再对软件进行修改就比较困难了。这就要求测试人员从项目一开始积极介入，从源头上防止问题的发生。有人会说："我就是一个小小的测试人员，项目开始的时候我能做什么？"但这正是测试人员努力的方向。

一个软件项目的各个功能都可以有自己的测试计划，它们可以在不同的阶段发挥作用。针对整个项目的总测试计划（又叫测试总纲）要在计划阶段大致确定下来，并指导所有测试工作的进行。

误解 2：测试就得根据规格说明书来开展，所以很机械

答案是不一定，即使你的软件产品功能 100% 符合规格说明书的要求，用户也可能非常厌恶你的软件，这是因为测试人员没有尽到责任。测试人员需要从用户的角度出发测试软件。

误解 3：测试人员当然也写代码，但质量不一定要很高

如果开发人员的代码没写好，可依赖于测试人员来发现问题。但是如果测试人员的代码没写好，又可以依赖谁来测试 / 改错呢？这就要求测试人员的代码质量特别高，因为这是最后一道防线，如果测试人员的代码和测试工作有漏洞，那么 bug 就会跑到用户那里。

误解 4：测试的时候尽量用 Debug 版本，便于发现 bug

如果你的目的是尽快让问题显现，尽快找到问题，建议用 Debug 版本，"尽快发现问题"在软件开发周期的早期特别重要。

如果你的目的是尽可能测试用户看到的软件，则要用 Release 版本，这在软件开发的后期很有价值，特别是在运行性能（performance）和压力（stress）测试时。

因此，测试者可以从 3 个方面着手。一是检查与规格说明书的一致性（现实中很多测试新手会止步于此）；二是处理反向案例 / 错误，查看被测系统有无 crash/ 有无 log/ 能否恢复，并检查出错信息是否有用，相关案例有网络变慢、接口超时、资源被阻塞、对象引用失效或对象无法初始化、XML 与模式不一致、用户不是管理员等；三是进行用户体验，从用户角度出发，检查是否给用户传递了好的体验。

8.6　对测试人员的要求

在微软，软件测试人员分为两类：测试工具软件开发工程师（SDE/T）和软件测试工程师（STE）。SDE/T 负责编写测试工具代码，并利用测试工具对软件进行测试，或者开发测试工具为软件测试工程师服务，如产品开发的性能测试、提交测试等过程，都有可能用到其开发的测试工具。由于 SDE/T 和 SDE（软件开发工程师）的工作都是写代码，有相同的地方，因此两者之间互相转换的情况比较多。但需注意的是，SDE 写的是产品的代码，而 SDE/T 写的代码只用于测试产品。STE 负责理解产品的功能要求，然后对其进行测试，检查软件有没有错误（bug），决定软件是否具有稳定性，并写出相应的测试规范和测试案例。除此之外，在一个软件产品的研发和销售过程中，还会需要负责产品打补丁（service pack）的快速修正工程师等。

在微软内部，软件测试人员与软件开发人员的比例一般为（1.5 ～ 2.5）：1，这可能远远超出了大家对测试人数的理解，但微软软件开发的实践过程已经证明了这种人员结构的合理性。最初，微软公司与大家一样，认为测试不重要，重要的是开发人员。通常，一个开发团队中有几百个开发人员，但只有几个测试人员，并且开发人员的工资比测试人员高很多。经过多年的实践，公司发现，为那些出现问题的产品修复一个补丁程序所花的钱比多雇佣几个测试人员的费用要多得多；根据产品的需要，测试人员应该多一些。这是在实践中获得的经验。目前测试人员的工资也越来越高，因为测试人员的水平越高，找到 bug 的时间就越早。软件测试在产品开发中占据相当重要的一部分，是一种需要，是微软从多年实践中明白的道理，也是微软从不断的失败中总结的经验。

因此，测试人员应该具备的思维模式包括：逆向思维（与常规思路相反，以利于发现开发人员思维上的漏洞）、发散思维（开阔眼界、活跃思想，用独特视角看待软件）、两极思维、组合思维、简单思维、系统思维、比较思维等。

为了胜任测试工作，一个测试工程师需要能够复审规格说明（需要项目管理经验）、复审代码（需要开发经验）、生成测试用例（需要创造力和黑客精神）、写测试脚本（需要工程

经验和创造力）、调研和调试问题（需要系统知识和持久力）等。测试工程师需要掌握的十项技能总结如下。

- 软件测试理论，包括明确软件测试的定义和特点，掌握测试用例的设计生成方法，深入理解和掌握缺陷的检测、定位和修复方法。
- 软件测试流程，掌握软件工程的基本概念和方法，理解软件生命周期的各种研发模型，包括经典的瀑布模型和目前流行的敏捷开发，了解各种测试模型，包括 V 模型、W 模型、X 模型等。
- 软件测试文档，包括测试计划、测试方案、测试用例、bug 单提交、测试报告、经验文档等，能够熟悉文档模板并灵活使用。
- 计算机基础知识，理解服务、微服务等概念，能够配置环境变量，正确安装、卸载软件，熟悉 DOS 命令，可以独立查询 IP、配置 IP 等。
- 相关软件、工具，如熟练使用 Office 办公软件、XMind 思维导图、软件配置管理工具（SVN、Git 等）、远程连接工具、搜索引擎等。
- 数据库知识，包括 MySQL、Oracle、SQLServer、DB2 等数据库的使用以及掌握 SQL 语言的语法等。
- Linux 系统，包括查看日志、分析和定位 bug，以及在系统卡顿时能够查询进程、重启服务等。
- 编程语言，要有自己擅长的编程语言，比如 C/C++、C#、PHP、Java、Perl、Python 等。
- 行业领域知识，了解熟悉业务知识，要做到这个领域内的专家。比如在嵌入式系统，要非常熟悉硬件知识；在支付金融系统，要深入掌握会计知识；而在电信领域，要精通 HTTP、TCP/IP 并明确交换机、路由器原理等。
- 进阶知识，要不断学习，掌握自动化测试、性能测试、安全测试、接口测试、智能化测试的原理、方法、技术、工具、框架等。

作业

1. 对目标软件系统进行测试，包括单元测试、集成测试和确认测试，根据测试结果对程序进行调试，以纠正代码中的缺陷。
2. 如何判断软件测试是否已成功？
3. 为什么要对软件进行验证和确认？
4. 软件测试需要执行哪些活动？分别对这些活动加以描述。
5. 软件测试有哪些代价？

第9章

软件测试用例设计方法

　　软件测试的关键问题在于穷尽测试通常是不可能的，测试数据必须根据某些测试标准进行选择，以尽可能得到最小的可靠测试用例集合，相应有各种方法。本章着重介绍白盒和黑盒这两类基础的测试用例设计生成方法，并比较各种方法的特点和适用场景，最后以 ATM机取款测试为例，说明如何应用这些用例设计生成方法。

9.1　白盒测试用例的设计

　　如果所有软件错误的根源都可追溯到某个唯一原因，问题就简单了。事实上一个 bug 常常是由多个因素共同导致的。如图 9.1所示，假设此时开发工作已结束，程序被送交到测试组，但没有人知道代码中有一个潜在的被 0 除的错误。若测试组采用的测试用例的执行路径没有同时经过语句 $x=0$ 和 $y=5/x$，则测试工作似乎非常完善：测试用例覆盖所有执行语句，没有除数为 0 的错误发生。但实际上这段程序是有严重故障隐患的。这就是要进行白盒测试的原因所在。

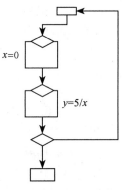

图 9.1　含 bug 的程序

　　白盒测试是以程序内部的逻辑结构为基础的测试用例设计技术，针对程序语句、路径、变量状态等进行测试。它主要包括以下两种测试方法：逻辑覆盖方法和基本路径测试方法，具体内容见 9.1.1 节和 9.1.2 节。另外还有代码检测法（主要是桌面检查、代码审查和走查）、静态结构分析法（通过分析工具来检查源代码的系统结构、数据结构、内部数据结构等）、静态质量度量法（根据标准的质量模型构造质量的度量模型）等，限于篇幅，这里不做介绍。

　　白盒测试的优点是：迫使测试人员仔细思考软件的实现并理解其原理；可检测代码中的每条分支和路径；揭示隐藏在代码中的错误；对代码的测试比较彻底。

　　白盒测试的缺点是：由于要做到较高的覆盖率，因此成本昂贵；无法检测代码中遗漏的路径和数据敏感性错误；因为是针对代码进行的，所以不能直接验证需求的正确性。

9.1.1　逻辑覆盖方法

逻辑覆盖方法要求测试人员对程序的逻辑结构有清楚的了解，甚至要能掌握源程序的所有细节。逻辑覆盖通过对程序逻辑结构的遍历实现对程序的覆盖，按照发现错误的能力大小，逻辑覆盖测试由弱到强可分为 5 种覆盖标准，如表 9.1 所示。这组测试过程逐渐实现了越来越完整的通路测试。

表 9.1　逻辑覆盖测试的 5 种覆盖标准

能力	标准	含义
1（弱）	语句覆盖	每条语句至少执行一次
2	分支覆盖（判定覆盖）	每一个判定的每个分支至少执行一次
3	条件覆盖	每一个判定中的每个条件分别按"真""假"至少各执行一次
4	判定 / 条件覆盖	同时满足判定覆盖和条件覆盖的要求
5（强）	条件组合覆盖	求出所有条件的各种可能组合值，每一可能的条件组合至少执行一次

1. 语句覆盖

语句覆盖即设计若干个测试用例，运行被测程序，使每一个可执行语句至少要执行一次。语句覆盖是一个比较弱的测试标准，通过选择足够的测试用例，使程序中每个语句至少都能被执行一次。语句覆盖又称为行覆盖、段覆盖、基本块覆盖，这是最常用也是最常见的覆盖方式。

如图 9.2 所示，程序流图中有 4 条语句。在该例中，设计测试用例格式如下：[输入为 A，B，X]，[输出为 A，B，X]，符合语句覆盖要求的用例为：[输入 2，0，4]，[输出 2，0，3]。

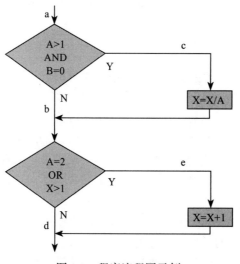

图 9.2　程序流程图示例

从"程序中每个可执行语句都得到执行"这点来看，语句覆盖的方法似乎能够比较全面地检验每一个可执行语句。但需要注意：这种覆盖绝对不是完美无缺的。假设图 9.2 给出的程序中，两个判断的逻辑运算有问题，例如将第一个判断中逻辑运算符 AND 错写成 OR，或者将第二个判断中的"X>1"错写成"X>0"，利用上面的测试用例，仍可覆盖所有 4 个可执行语句。这说明虽然做到了语句覆盖，但可能发现不了判断中逻辑运算所出现的错误。与后面介绍的其他覆盖相比，语句覆盖是最弱的逻辑覆盖准则。

2. 分支覆盖（或称判定覆盖）

分支覆盖是比语句覆盖稍强的覆盖标准，即执行足够的测试用例，使程序中的每一个分支至少都通过一次。考虑分支覆盖，图 9.2 中有两个判定，对于第二个判定，考虑其值为假的情况。测试用例数据输入为 (3, 0, 3)，则输出为 (3, 0, 1)。此时若把图 9.2 中第二个判断中的条件 "X>1" 错写成 "X<1"，再利用上面的测试用例，仍能得到同样的结果。这表明只用分支覆盖还不能保证一定能查出判定条件中存在的错误，因此还需要更强的逻辑覆盖准则来检验判定内部的条件。

程序中含有判定的语句包括 IF-THEN-ELSE、DO-WHILE、REPEAT-UNTIL 等。除了双值的判定语句外，还有多值的判定语句，如 PASCAL 语言中的 CASE 语句、FORTRAN语言中带有三个分支的 IF 语句等。因此，分支覆盖更一般的含义是使每一个分支均获得每一种可能的结果。

分支覆盖比语句覆盖严格，如果每个分支都执行过了，则每条语句也就执行过了。但是，分支覆盖还是很不够的，例如本例中测试用例未能检查沿着路径 abd 执行时 X 的值是否保持不变。由于一个判定中往往包含若干个条件，可引入下一个更强的覆盖标准——条件覆盖。

3. 条件覆盖

条件覆盖的含义是执行足够多的测试用例，使判定中的每个逻辑条件获得各种可能的结果。条件覆盖通常比分支覆盖强，因为它使一个判定中的每一个条件都取到了两个不同的结果，而判定覆盖不能保证这一点。

但条件覆盖并不一定包含分支覆盖，如对语句 IF (A AND B) THEN S 设计测试用例使其满足条件覆盖，即 "使 A 为真并使 B 为假" 以及 "使 A 为假且 B 为真"，它们都未能使语句 S 得以执行。因此需要判定 / 条件覆盖。

4. 判定 / 条件覆盖

判定 / 条件覆盖指执行足够的测试用例，使分支中每个条件取到各种可能的值，并使每个分支取到各种可能的结果。但判定 / 条件覆盖也有缺陷：从表面上看，它测试了所有条件的取值；但事实上并非如此，因为往往会有某些条件覆盖了另一些条件。

例如，对于表达式 (A>1) AND (B=0) 来说，若 (A>1) 的结果为真，则还要检查 (B=0) 的结果是否为真，才能决定表达式的值；按照程序中的逻辑关系来看，若 (A>1) 的检查结果为假，则可以立刻确定该表达式的结果也为假。此时往往就不会再检查 (B=0) 的取值，造成条件 (B=0) 没有被检查。

同样，对于条件表达式 (A=2) OR (X>1) 来说，若 (A=2) 的检查结果为真，就可以立即决定表达式的结果为真，此时条件 (X>1) 就没有被检查。

因此，即使采用判定 / 条件覆盖，逻辑表达式中的错误也不一定能够查出来。针对该问题，研究者又提出了条件组合覆盖。

5. 条件组合覆盖

条件组合覆盖是指执行足够的测试用例，使每个判定中条件的各种可能组合都至少出现一次。显然，满足条件组合覆盖的测试用例是一定满足分支覆盖、条件覆盖和分支 / 条件覆盖的。为了检查所有条件的取值，应针对所有条件组合进行测试。对于每个判断，要求所有可能的条件取值的组合都必须取到。

在上述流程图中，每个判断各有两个条件，所以有 4 个条件取值的组合。我们可以取 4 个测试用例 (A=2, B=0, X=4 ；A=2, B=1, X=1 ；A=1, B=0, X=2 ；A=1, B=1, X=1)，来覆盖上面 8 种条件取值的组合。必须明确，这里并未要求第一个判断的 4 个组合（即 A>1, B=0 ；A>1, B ≠ 0 ；A ≤ 1, B=0 ；A ≤ 1, B ≠ 0）与第二个判断的 4 个组合 (A=2, X>1 ；A=2, X ≤ 1 ；A ≠ 2, X>1 ；A ≠ 2, X ≤ 1) 再进行组合，否则就需要 4^2 =16 个测试用例。

从分析中可以看出，这组测试用例覆盖了所有条件的可能取值的组合，覆盖了所有判断的可取分支，但漏掉了路径 acd，所以测试还不算完全。为此再引入路径测试。

6. 路径测试

路径测试即设计足够的测试用例覆盖程序中每一条可能的执行路径，使其至少测试一次，如果程序中含有循环（在程序图中表现为环），则每个循环至少执行一次。

路径测试具有如下特征：满足结构测试的最低要求。语句覆盖加判定覆盖是对白盒测试的最低要求，同时满足这两种标准的覆盖为完全覆盖。从对路径测试的要求可见，它本身就包含语句覆盖和判定覆盖（在程序图上分别为点覆盖与边覆盖）。换句话说，只要满足了路径覆盖，也就必然满足语句覆盖和判定覆盖。

路径测试有利于安排循环测试。以下为针对单循环结构的测试：零次循环，即不执行循环体，直接从循环入口跳到出口；一次循环，循环体仅执行一次，主要检查在循环初始化中可能存在的错误；典型次数的循环；最大值次循环，如果循环次数存在最大值，应按次最大值进行循环，需要时还可以增加比最大次数少一次或多一次的循环测试。若为多重嵌套循环，则可以对某一指定的循环层遍历单循环测试，而在其他各循环层取最小或典型次数进行循环测试。

因此，选择测试路径的原则是：选择具有功能含义的路径；尽量用短路径代替长路径；从上一条测试路径到下一条测试路径，应尽量减少变动的部分（包括变动的边和节点）；由简入繁，如果可能，应先考虑不含循环的测试路径，然后补充对循环的测试；除非不得已（如为了要覆盖某条边），否则不要选取没有明显功能含义的复杂路径。

图 9.2 中的例子是很简单的程序函数，只有四条路径。但在实践中，一个不太复杂的程序，其路径都是一个庞大的数字，要在测试中覆盖所有的路径是不现实的。为了解决这一难题，只能采取措施把覆盖的路径数压缩到一定限度内，例如程序中的循环体只执行一次。

还需要注意，代码被执行过就是被"覆盖过"，如果一段程序运行一组测试用例之后，100% 的代码被执行了，是否意味着再也不用写新测试用例了？答案是否定的。这是因为：

- 不同的代码是否执行，有很多种组合。一行代码被执行过，没有出现问题，并不表明这一行代码在所有可能条件的组合下都能正确无误地运行；
- 代码覆盖不能测出未完成的代码（所缺少的逻辑）导致的错误，比如没有检查过程调用的返回值、没有释放资源；
- 代码覆盖不能测出性能问题；
- 代码覆盖不能测出时序问题，即由时序导致的程序错误，如线程间的同步；
- 不能简单地以代码覆盖率来衡量代码中与用户界面相关功能的优劣。

9.1.2　基本路径测试方法

在现实中，即使一个不太复杂的程序，其程序路径的组合数量都是一个庞大的数字，要在测试中覆盖所有的路径是不实际的。为此，需要把测试覆盖的路径数压缩到一定范围内。

基本路径测试就是在程序控制图的基础上，通过分析控制流图的环路复杂性，导出基本可执行路径集合，据此设计测试用例。所设计出的测试用例要保证在测试中程序的每条可执行语句至少执行一次。

因此，基本路径测试的前提条件是测试人员已经对被测试对象有了一定的了解，基本上明确了被测试软件的逻辑结构。测试过程是针对程序逻辑结构设计和加载测试用例，驱动程序执行，以对程序路径进行测试。测试结果是分析实际的测试结果与预期的结果是否一致。

1. 程序的控制流图

程序中有顺序、分支、循环三大控制结构，可以使用图示来显示，如图9.3所示，可以将CASE多分支结构看作IF选择结构的扩展。在这些图中：圆圈表示控制流图的节点，代表程序语句；箭头表示控制流图的边，代表程序流向。

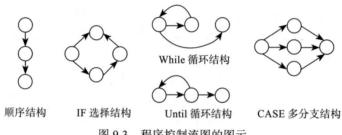

顺序结构   IF 选择结构   Until 循环结构   CASE 多分支结构

While 循环结构

图 9.3   程序控制流图的图示

2. 控制流图的环路复杂性

确定环路复杂性度量 $V(G)$ 有3种方式：一是流图中区域的数量；二是 $V(G)=E-N+2$，其中 E 是流图中边的数量，N 是流图中节点的数量；三是 $V(G)=P+1$，其中 P 是流图 G 中判定节点的数量。这3种方式分别计算得到的结果是一致的。

3. 基本路径测试法示例

基本路径测试的基本流程是在程序控制流图的基础上，通过分析控制构造的环路复杂性，导出基本可执行路径集合，从而设计测试用例。基本路径测试包括以下4个步骤和一个工具方法，即首先画出程序的控制流图，这是描述程序控制流的一种图示方法；然后计算程序的环路复杂度，即McCabe复杂性度量，从程序的环路复杂性可导出程序基本路径集合中的独立路径条数，这是确定程序中每个可执行语句至少执行一次所必需的测试用例数目的上界；接着导出测试用例，根据环路复杂度和程序结构设计用例数据输入和预期结果；最后准备测试用例，确保基本路径集中每一条路径的执行。对应的工具方法有图形矩阵，是在基本路径测试中起辅助作用的软件工具，利用它可以自动确定一个基本路径集。

例如，有一个排序函数代码如下，首先将其转换成程序控制流图（如图9.4所示，节点为语句号，边为节点间的结构关系，有顺序、分支和循环三种）。

```
1        public static void SortNum(int numA, int numB)
2            {
3                int x = 0;
4                int y = 0;
5                while (numA--> 0)
6                {
7                    if (numB == 0)
```

```
8                      x = y +2;
9              else
10                 if (numB == 1)
11                     x = y + 10;
12                 else
13                     x = y +20;
14         }
15      }
```

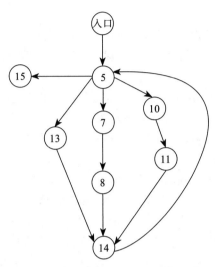

图 9.4　排序函数对应的程序控制流图

然后，根据以上的控制流图计算程序环路复杂度（图中有 4 个区域，所以环路复杂度为 4），进而可以计算出 4 条路径，即路径 1（5-7-8-14-5-15）、路径 2（5-10-11-14-5-15）、路径 3（5-13-14-5-15）、路径 4（5-15）。

最后，导出测试用例。如使用语句覆盖准则，生成的测试用例如表 9.2 所示。

表 9.2　通过基本路径测试法生成的测试用例

用例编号	通过路径	输入数据	预期结果	测试结果
Case 1	5-7-8-14-5-15	numA=2, numB=0	X=2	X=2
Case 2	5-10-11-14-5-15	numA=2, numB=1	X=10	X=10
Case 3	5-13-14-5-15	numA=2, numB=3	X=20	X=20
Case 4	5-15	numA=0, numB=1	X=0	X=0

9.2　黑盒测试用例的设计

黑盒测试是根据被测程序功能进行测试，通常也称为功能测试。黑盒测试是以用户视角在程序接口上进行，主要是为了发现以下错误：是否有不正确或遗漏的功能？在接口上，输入能否被正确地接受？能否输出正确的结果？是否有数据结构错误或外部信息（例如数据文件）访问错误？性能上是否能够满足要求？是否有初始化或终止性错误……一般在系统测试阶段使用黑盒测试，具有代表性和典型性，能寻求系统设计和功能设计的弱点，既有正确输入，也有错误或异常输入，并考虑诸多用户实际的使用场景。

为什么需要进行黑盒用例的设计？假设一个程序 P 有输入量 X 和 Y 及输出量 Z，在字长为 32 位的计算机上运行。若 X、Y 取整数，假设 1ms 执行一组数据，按黑盒方法进行穷举测试，将需要 $2^{32} \times 2^{32}$ / 365 × 24 × 60 × 60 × 1000 = 5 亿年。这是一个非常惊人的数据，在实践中完全不可行。因此需要引入多种技术来提高黑盒测试用例设计的效率，从而节约测试实施的时间和资源；避免盲目测试，提高测试效率；使测试的实施重点更突出，目的更明确。有几种常用技术，即等价类划分法（9.2.1 节）、边界值分析法（9.2.2 节）、组合测试（9.2.3 节）、因果图法（9.2.4 节）、决策表法（9.2.5 节）等，在实践中，错误猜测法也有应用。

下面为一个黑盒测试用例设计的经典示例。测试三角形分类程序，该程序的功能是：读入三角形边长的 3 个整数，判断它们能否构成三角形。如果能，则输出三角形是等边三角形、等腰三角形或任意三角形的分类信息。

常识有助于构建一些测试用例，如那些不能直接给出的规格说明。如果缺少这些常识，将会遗漏一些用例。在实践中有几类容易被疏忽的用例，例如检查其是否构成三角形，比如 (1, 2, 3) 和 (1, 2, 4) 是不可能构成三角形的，检查其是否为非数字值、特殊分隔符或非整数，检查其是否为边界值 MaxInt 或者 0 等。

设计用例的思路如下：①有效的任意三角形；②有效的等边三角形；③ 3 个有效的等腰三角形 (a=b, b=c, a=c)；④有 1、2、3 条边分别为 0(7 种情况)；⑤一条边为负数；⑥两边之和等于第三边（即 1, 2, 3），3 种情况，即 a+b=c、a+c=b、b+c=a；⑦两边之和小于第三边（即 1, 2, 4），3 种情况；⑧非整数值；⑨错误的参数个数 (过多或过少)。

对应生成的用例情况如下：① {5, 6, 7}；② {15, 15, 15}；③ {3, 3, 4; 5, 6, 6; 7, 8, 7}；④ {0, 1, 1; 2, 0, 2; 3, 2, 0; 0, 0, 9; 0, 8, 0; 11, 0, 0; 0, 0, 0}；⑤ {3, 4, −6}；⑥ {1, 2, 3; 2, 5, 3; 7, 4, 3}；⑦ {1, 2, 4; 2, 6, 2; 8, 4, 2}；⑧ {Q, 2, 3}；⑨ {2, 4; 4, 5, 5, 6}。

黑盒测试有以下优点：容易实施，不需要关注内部的实现，操作起来比较方便；更贴近用户的使用角度，测试场景接近于使用场景。

黑盒测试有以下缺点：测试覆盖率低，一般只能覆盖到代码量的 40% 以下；更关注功能，针对黑盒的自动化测试复用率较低，维护成本较高。

9.2.1　等价类划分

等价类划分（Equivalence Partitioning）是一种典型的、重要的黑盒测试方法，使用最为广泛。它把程序中所有可能的输入数据（有效的和无效的）划分为若干等价类，使每类中的任何一个测试用例都能代表同一等价类中的其他测试用例。等价类是指某个输入域的子集合。在该集合中，各个输入数据对于揭露程序中的错误都是等价的。测试用例由有效等价类和无效等价类的代表组成。

采用等价测试要注意以下两点：划分等价类不仅要考虑代表有效输入值的有效等价类，还要考虑代表无效输入值的无效等价类；每一个无效等价类至少要生成一个测试用例，不然可能漏掉某一类错误，但允许若干个有效等价类合用一个测试用例，以便进一步减少测试用例的数目。

有效等价类是指对于程序的规格说明是合理的、有意义的输入数据构成的集合。利用它可以检验程序是否实现预先规定的功能和性能。

无效等价类是指对于程序的规格说明是不合理的、无意义的输入数据构成的集合。利用它来检查程序中功能和性能的实现是否不符合规格说明要求。

在设计测试用例时，我们要同时考虑有效等价类和无效等价类的设计。因为软件不能只接收合理的数据，还要经受意外的考验，接受无效的或不合理的数据，这样软件才能具有较高的可靠性。

划分等价类的标准有：

- 完备测试、避免冗余；
- 划分等价类重要的是集合的划分，要划分为互不相交的一组子集（保证无冗余性），而子集的并是整个集合（保证完备性）；
- 同一类中标识（选择）一个测试用例，因为同一等价类中往往处理相同，相同处理映射到相同的执行路径。

确定等价类的原则有：

- 如果输入条件规定了取值范围或者值的个数，可确定一个有效等价类和两个无效等价类。例如：序号值可以为 1 ~ 999，则一个有效等价类为 1 ≤ 序号值 ≤ 999，两个无效等价类为序号值 <1、序号值 >999。
- 如果输入条件规定了输入值的集合或者规定了"必须如何"的条件，可确定一个有效等价类和一个无效等价类。例如：在 C 语言中对变量标识符规定为"以字母打头的……串"，则所有以字母打头的构成有效等价类，而不在此集合内（不以字母打头）归于无效等价类。
- 如果输入条件是一个布尔量，可确定一个有效等价类和一个无效等价类。
- 如果规定了输入数据是一组值且要对每个输入值分别进行处理，可为每一个输入值确定一个有效等价类，此外再确定一个无效等价类，它应是所有不允许输入值的集合。例如：将我国的直辖市作为程序的输入值，其有效等价类是 {北京，上海，天津，重庆}，另外还有 1 个无效等价类，应把所有非直辖市的省、自治区城市作为输入值的集合。
- 如果规定了输入数据必须遵守的规则，可确定一个有效等价类（符合规则）和若干无效等价类（从不同角度违反规则）。例如：在 C 语言中规定了"一个语句必须以分号（；）作为结束"，这时可确定一个以"；"结束的有效等价类，而若干个无效等价类应以"："""、"、"等符号结束。
- 如果确认已划分的等价类中各元素在程序中的处理方式不同，则应将此等价类进一步划分成更小的等价类。

等价类测试用例的种类还可以再细分为弱一般、强一般、弱健壮和强健壮等价类测试用例。其中，弱一般等价类测试是基于单缺陷假设的，通过使用一个测试用例中的每个等价类（区间）的一个变量实现；强一般等价类测试是基于多缺陷假设的，是等价类笛卡儿积的每个元素对应的测试用例；在弱健壮等价类测试中，对于有效输入，使用每个有效类的一个值就像我们在弱一般等价类测试中所做的一样，对于无效输入，测试用例将拥有一个无效值，并保持其余的值都是有效的；在强健壮等价类测试中，从所有等价类笛卡儿积的每个元素中获得测试用例。

以下为利用等价分类法设计测试用例的示例。在某一个 PASCAL 语言版本中规定：标识符由以字母开头、后跟字母或数字的任意组合构成，有效字符数为 8 个，最大字符数为 80 个；标识符必须先说明，后使用；在同一个说明语句中，标识符至少必须有一个。

如表 9.3 所示，将文字描述划分为若干个输入条件，再分成有效、无效两大类别，然后填充表格，得到 15 个类别。据此生成如下测试用例：

```
① VAR x,  T1234567: REAL;
   BEGIN x:=3.414; T1234567:=2.732;   // 覆盖类别（1）、（2）、（4）、（8）、（9）、（12）、（14）
② VAR : REAL;                         // 覆盖类别（3）
③ VAR T12345678: REAL;                // 覆盖类别（6）
④ VAR T$: CHAR;                       // 覆盖类别（10）
⑤ VAR GOTO: INTEGER;                  // 覆盖类别（11）
⑥ VAR 2T: REAL;                       // 覆盖类别（13）
⑦ VAR PAR: REAL;                      // 覆盖类别（15）
       BEGIN … … PAP:=SIN(3.14*0.8)/6;
```

其中用例①用一条用例就覆盖了表格 9.3 中所有的有效等价类，非常高效；而针对无效等价类，需要分别用不同的用例来覆盖各个无效等价类，以免造成遗漏检查。

表 9.3　等价类划分示例

输入条件	有效等价类	无效等价类
标识符个数	1 个（1），多个（2）	0 个（3）
标识符字符数	1～8 个（4）	0 个（5），8 个（6），80 个（7）
标识符组成	字母（8），数字（9）	非字母数字字符（10），保留字（11）
第一个字符	字母（12）	非字母（13）
标识符使用	先说明后使用（14）	未说明已使用（15）

9.2.2　边界值分析

实践表明，程序员处理边界情况时，很容易因忽略或考虑不周发生编码错误。例如，数组容量、循环次数以及输入数据与输出数据在边界值附近时，程序出错概率往往较大。采用边界值分析法就是要这样来选择测试用例，使被测试程序能在边界值及其附近运行，从而更有效地暴露程序中潜在的错误。

所谓边界值分析，就是把测试的重点放在各个等价类的边界，选取刚好等于、刚好大于和刚刚小于边界值的数据为测试数据，并据此设计出相应的测试用例，通常作为等价类划分法的补充。边界值分析基于一种关键假设，在可靠性理论中叫作"单缺陷"假设，关注的是输入空间的边界。基本思想是取输入变量为最小值、略高于最小值、正常值、略低于最大值、最大值。

现实中常见的边界值包括：对 16 位整数而言，32767 和 −32768 是边界；屏幕上光标在最左上、最右下位置；报表的第一行和最后一行；数组元素的第一个和最后一个；循环的第 0 次、第 1 次和倒数第 2 次、最后一次。

基于边界值分析方法选择测试用例的原则是：

1）如果输入条件规定了值的范围，则应取刚达到这个范围边界的值以及刚超越这个范围边界的值作为测试输入数据；

2）如果输入条件规定了值的个数，则用最大个数、最小个数、比最小个数少 1、比最大个数多 1 的数作为测试数据；

3）将规则 1）和 2）应用于输出条件，即设计测试用例使输出值达到边界值及其左右的值；

4）如果程序的规格说明给出的输入域或输出域是有序集合，则应选取集合的第一个元素和最后一个元素作为测试用例；

5）如果程序中使用了一个内部数据结构，则应当选择这个内部数据结构的边界上的值作为测试用例；

6）分析规格说明，找出其他可能的边界条件。

比较等价分类法与边界值分析法，可以知道等价分类法的测试数据是在各个允许的值域内任意选取的，而边界值分析法的测试数据必须在边界值附近选取，即用边界值分析法设计的测试用例要比等价分类法的代表性更广，发现错误的能力也更强，但是对边界的分析与确定比较复杂，要求测试人员具有更多的经验。

有一个利用边界值分析法和等价类划分法设计测试用例的例子。某保险网站计算保费的页面中要求输入被保险人的年龄，根据不同的年龄使用不同的保费计算标准。保费计算方式是：保费 = 投保额 × 保险费率。其中，1 ～ 15 岁的保险费率是 10%；16 ～ 20 岁的保险费率是 15%；21 ～ 50 岁的保险费率是 20%；51 ～ 70 岁的保险费率是 25%。对应的测试用例设计分类结果如表 9.4 所示。

表 9.4　依赖于边界值的测试用例设计分类

等价类	年龄	保险费率
无效	$x<1$, $x>70$	—
有效	$1 \leqslant x \leqslant 15$	10%
	$15< x \leqslant 20$	15%
	$20< x \leqslant 50$	20%
	$50< x \leqslant 70$	25%

9.2.3　组合测试

等价类划分法和边界值分析法都假定程序的各个输入变量是完全独立的，但实践中更多的情况是各个输入变量的组合共同决定了程序的输出。组合测试实验结果表明：约 20% ～ 40% 的软件故障是由单个参数引起的，约 70% 的软件故障是由 2 个参数或其相互作用引起的，只有 20% 的软件故障是由 3 个参数及以上相互作用引起的。这说明组合测试具有非常重要的应用价值。

组合测试的策略有很多，包括全面测试（全组合）、单因素覆盖、正交试验设计法、两两组合覆盖测试、具有约束关系的组合测试、种子组合测试等。下面结合示例分别说明。

1. 全面测试（全组合）

全面测试需要对所有输入的各个取值之间的各种组合进行相应的测试。假设被测功能有 m 个输入，每个输入分别有 $N_1, N_2, \cdots, N_m$ 个离散但有限的取值。为了达到全组合覆盖，需要 $N_1 \times N_2 \times \cdots \times N_m$ 个测试用例。这样产生的测试用例总数会迅速增加，一旦发生组合爆炸，将无法进行测试。

全面测试的优点是各参数的所有取值组合都能得到测试，可以发现任何与参数组合有关的错误。但如果参数数量和取值个数都较大，所需要的测试用例数量将会十分庞大，甚至会出现组合爆炸。这对于资源有限的软件测试而言，通常是不能接受的。而且，这样全组合的排错效率很低。因此，尽管全面测试是最完备的组合测试策略，但在测试实践中，其可行性会大打折扣。

例如针对 Word 字体的测试，图 9.5 中需要考虑 40 多种字体、4 种字体风格、30 多种字体尺寸、10 多种字体颜色、16 种下划线，2^7 种其他效果，总共需要测试的各种效果组合大约有 9800 万条。这在实践中是无法用于测试的。

图 9.5　全组合示例

2. 单因素覆盖

单因素覆盖是指测试用例集中的数据包含了每个因素的所有取值，强调测试用例集要覆盖每个因素的取值。具体使用时，需结合业务的实际需要来进行设计。以下是对房屋租赁中收益日期生成规则进行"单因素覆盖"用例设计的示例。

在五大因素即佣金（中介费）、押金、首期房租、合同审批、物业交割单审批后，方可显示收益日期；收益日期取最晚审核通过的日期。

这五大因素分别有｛收齐，未收｝或｛通过，不通过｝的取值，据此生成单因素覆盖的收益日期测试用例表，如表 9.5 所示。

表 9.5　单因素覆盖的收益日期测试用例表

序号	因素覆盖	测试用例预期输出
T1	五大因素有效覆盖	有收益日期
T2	仅物业交割单无效覆盖	无收益日期
T3	仅合同审批无效覆盖	无收益日期
T4	仅首期房租无效覆盖	无收益日期
T5	仅押金无效覆盖	无收益日期
T6	仅佣金无效覆盖	无收益日期

3. 正交试验设计法

正交试验设计法是从大量的试验点中挑选适量的、有代表性的点，进而合理安排试验的一种科学试验设计方法。其基础是正交表，需要使用精心构造的正交表来安排试验并进行数据分析。

正交表用 $L_n(t^c)$ 来表示，其中 L 为正交表的代号，n 为试验的次数，t 为水平数，c 为因子数。常见的正交表有 $L_4(2^3)$、$L_8(2^7)$、$L_9(3^3)$、$L_{16}(4^5)$ 等。利用这些正交表，基本可以满足一般组合测试用例设计的需要。但现实情况是：待测系统的参数个数及其取值个数往往不能恰好是正交表的因素数和水平数，需要选取合适的正交表并对其进行适当剪裁。

例如，为一个包含 3 个因素、每个因素中各有 3 个取值的例子设计测试用例，全组合需要 $3 \times 3 \times 3 = 27$ 个测试用例。如果使用正交表 $L_9(3^3)$ 设计测试用例，只需要 9 个用例就可以达到非常接近的测试效果，从而可以用最小的测试用例集合获取最大的测试覆盖率。

因子数、水平数较高时，测试组合数会更多，也更能体现正交试验法的优势。使用正交试验设计法可以大幅度减少测试用例数量，从而降低测试工作量。

4. 两两组合覆盖测试

利用正交表设计测试用例有一定的局限性，因为正交表要求每个参数取值的两两组合在表中出现的次数相等，这和现实情况不大吻合。可以放宽到两两组合，即要求每个参数取值的两两组合至少出现一次。现实中，参数间两两组合即可达 80% 左右的覆盖率。

例如一个程序有 3 个输入 x_1、x_2、x_3，若 x_1 可取值为 a_1、a_2、a_3，x_2 可取值为 b_1、b_2，x_3 可取值为 c_1、c_2，则 x_1、x_2、x_3 所有取值的两两组合有如下 16 种情况：(a_1, b_1)、(a_1, b_2)、(a_2, b_1)、(a_2, b_2)、(a_3, b_1)、(a_3, b_2)、(a_1, c_1)、(a_1, c_2)、(a_2, c_1)、(a_2, c_2)、(a_3, c_1)、(a_3, c_2)、(b_1, c_1)、(b_1, c_2)、(b_2, c_1)、(b_2, c_2)。

可以生成满足两两组合覆盖的测试用例集，只需要 6 条测试用例，即用例 1(a_1, b_1, c_1)、用例 2(a_1, b_2, c_2)、用例 3(a_2, b_1, c_1)、用例 4(a_2, b_2, c_2)、用例 5(a_3, b_1, c_2)、用例 6(a_3, b_2, c_1)。

两两组合算法已被多种工具实现，测试人员可以直接利用这些工具，如微软的 PICT 等。PICT 是一个免费的小工具，可以到微软网站下载、安装。PICT 接收一个纯文本的 Model 文件作为输入，输出测试用例集合。

5. 具有约束关系的组合测试

现实生活中，约束随处可见。从理论上看，约束是若干个变量之间的简单的逻辑关系；在现实中，若某些参数间的取值有一定的约束关系，则表明测试用例的某些组合是无效的或没有意义的。若不考虑约束关系，组合测试用例集将包含大量的无效测试用例，可能是一些无效的取值组合，或者是一些有效但不满足约束关系的取值结合。直接删除这些无效测试用例可能会导致最终的测试用例集无法实现两两组合覆盖，因而需要明确定义被测系统中的约束关系。

将经过约束处理生成测试用例集的方法称为约束组合测试，包括软约束（非强制性）和硬约束（强制性）。

测试用例集中是否出现软约束不会影响测试用例集的错误检测能力，如果在生成测试用例时考虑到这种约束，就能在保证错误检测能力的前提下减少测试用例集的大小，从而降低测试成本。例如在前例中，若增加 3 个约束条件 $<a_2, \sim b_1>$（参数 x_1 取 a_2 时，参数 x_2 不能取 b_1）、$<c_1, a_1>$（参数 x_3 取 c_1 时，参数 x_1 只能取 a_1）、$<b_2, c_2>$（参数 x_2 取 b_2 时，参数 x_3 只能取 c_2），第 1 个约束条件即为软约束。因为要满足约束条件 1，会删除用例 3，此时不会影响对 (b_1, c_1) 组合的测试，因为用例 1 中也有 (b_1, c_1) 组合。

测试用例集中一般不允许出现硬约束，否则会影响测试用例集的错误检测能力。约束条件 2、3 是硬约束，因为当满足约束条件 2 时，会删除用例 3 和 6，虽然去掉用例 3 不会影响对 (b_1, c_1) 组合的错误检测能力，但去掉用例 6 会影响到对 (b_2, c_1) 组合的测试，因为只有在用例 6 中有对 (b_2, c_1) 组合的覆盖。当满足约束条件 3 时，会删除用例 6。

在实际测试中，约束条件可以使组合测试用例集的规模大幅缩减，越是在大型软件系统中，效果就越明显。

6. 种子组合测试

在实际的软件测试中，可能会要求某些取值组合必须被测试，因为这些取值组合是系统需要经常使用的或者是敏感的。只有对这些组合进行充分的测试，才能最大限度地降低系统的使用风险。

生成测试用例时必须包含的取值组合称为种子（seed）。很多组合测试工具都支持这样的参数限制，如 PICT 工具可以通过定义种子文件的方法来生成包含种子的测试用例集。

9.2.4　因果图法

因果图是借助图形来设计测试用例的一种系统方法。它适用于被测程序具有多种输入条件、程序的输出又依赖于输入条件的各种组合的情况。因果图是一种简化的逻辑图，它能直观地表明程序输入条件（原因）和输出动作（结果）之间的相互关系。

不同类型、不同特点的程序通常有一些特殊的容易出错的情况。此外，有时分别使用每组测试数据时程序都能正确工作，这些输入数据的组合却可能检测出程序的错误。一般说来，即使是一个小小的程序，可能的输入组合数也往往十分巨大，因此必须依靠人员的经验和直觉，从各种可能的测试方案中选出一些最可能引起程序出错的方案。

因果图法需要通过专门的符号来描述输入条件和输出结果之间的因果关系、输入之间的约束关系和输出之间的约束关系。有 3 种主要的因果关系：非（~）、或（∨）、与（∧）。

例如，某软件规格说明书包含这样的要求：第一列字符必须是 A 或 B，第二列字符必须是一个数字，在此情况下进行文件的修改，但如果第一列字符不正确，则给出信息 L，如果第二列字符不是数字，则给出信息 M。

采用如图 9.6 所示的因果图进行分析，其中原因有：1——第一列字符是 A；2——第一列字符是 B；3——第二列字符是一个数字。结果有：21——修改文件；22——给出信息 L；23——给出信息 M。

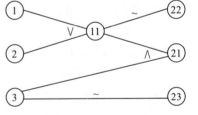

图 9.6　因果图示例

如表 9.6 所示，对 3 个原因使用真值表进行情况枚举，得到对应中间表示和结果，据此生成测试用例（见表 9.6 中最后 2 行）。其中 C1/C2 列中要求第 1 列字符既为 A 又为 B，这是不可能的，故相应的条件行、动作行和测试用例行空缺。

表 9.6　因果图法示例

		C1	C2	C3	C4	C5	C6	C7	C8
条件 （原因）	1	1	1	1	1	0	0	0	0
	2	1	1	0	0	1	1	0	0
	3	1	0	1	0	1	0	1	0
	11			1	1	1	1	0	0
动作 （结果）	22			0	0	0	0	1	1
	21			1	0	1	0	0	0
	23			0	1	0	1	0	1
测试 用例				A3	AM	B5	BN	C2	DY
				A8	A?	B4	B!	X6	P;

9.2.5　决策表法

多因素有时不需要进行因果分析，可以直接对输入条件进行组合设计，即采用决策表，也称判定表。决策表可以由因果图导出，也可以单独使用。

决策表由四个组成部分构成：条件桩（列出各种可能的单个条件）、条件条目（针对各种条件给出组合情况）、行动桩（列出可能的单个动作）、行动条目（指出条件组合下应该采取的动作）。制作决策表的步骤包括：列出所有的条件桩和行动桩；填入条件项；填入行动项，制订初始判定表；简化、合并相似规则或行动。

决策表的分类是有限条目决策表（所有条件都是二叉条件的决策表）和扩展条目决策表（条件有多个值的对应的决策表）。

决策表技术适用于具有以下特征的应用程序：if-then-else 逻辑很突出；输入变量之间存在逻辑关系；涉及输入变量子集的计算；输入与输出之间存在因果关系；很高的圈（McCabe）复杂度。但决策表不能很好地伸缩（有 n 个条件的有限条目决策表有 2^n 个规则）。有多种方法可以解决这个问题：使用扩展条目决策表、代数简化表，将大表"分解"为小表，查找条件条目的重复模式，等等。

第一次标识的条件和行动可能不那么令人满意，把第一次得到的结果作为铺路石，逐渐改进，直到得到满意的决策表。如表 9.7 所示，三角形类型问题的决策表可以制订为包括 4 个条件桩、5 个行动桩、9 个条件条目和行动条目的表格。后续可以继续细分第 1 个条件桩，得到更适合的决策表，如表 9.8 所示。

表 9.7　决策表法示例

c1: a、b、c 构成三角形?	N	Y	Y	Y	Y	Y	Y	Y
c2:a=b?	—	Y	Y	Y	Y	N	N	N
c3:a=c?	—	Y	Y	N	N	Y	Y	N
c4:c=b?	—	Y	N	Y	N	Y	N	Y
a1: 非三角形	×							
a2: 不等边三角形								
a3: 等腰三角形					×		×	×
a4: 等边三角形		×						
a5: 不可能			×	×		×		

表 9.8　修改后的决策表

c1:a<b+c ?	F	T	T	T	T	T	T	T	T	T	T
c2:b<a+c?	—	F	T	T	T	T	T	T	T	T	T
c3:c<b+a?	—	—	F	T	T	T	T	T	T	T	T
c4:a=b?	—	—	—	T	T	T	T	F	F	F	F
c5:a=c?	—	—	—	T	T	F	F	T	T	F	F
c6:b=c?	—	—	—	T	F	T	F	T	F	T	F
a1: 非三角形	×	×	×								
a2: 不等边三角形											×
a3: 等腰三角形							×		×	×	
a4: 等边三角形				×							
a5: 不可能					×	×		×			

9.2.6 相关技术的比较和应用

除了前面介绍的黑盒用例生成方法外，还有错误猜测法可以作为补充。猜错就是猜测被测程序中哪些地方容易出错，然后针对可能的薄弱环节来设计测试用例。这比前几种方法更多地依靠测试人员的直觉与经验来推测程序中可能存在的各种错误。其基本思想是列举出程序中可能有的错误和容易发生错误的特殊情况，并且根据它们选择测试方案。主要依据在于软件缺陷具有空间聚集性，80% 的缺陷常常存在于 20% 的代码中。因此需要经常检查代码的高危多发地段。

不同的测试数据，如果只是重复触发了同样的处理逻辑或者可能的错误，那么这些测试数据是等价的，它们属于同一等价类。我们要产生不同等价类的输入，来有效覆盖程序各种可能出现问题的地方。

程序经常在处理数据的边界时出错，如果我们能产生测试数据，触发各种边界条件，就能有效地验证程序在这些地方是否正确。例如，如果程序期待一个"日期"类型，那我们可以构造包含以下各种边界条件的数据：一年的第一天、最后一天，平年的 2 月 28 日，闰年的 2 月 29 日，或者它们的前后一天等。

根据经验推测程序通常容易出错的地方，从而更有效地设计测试用例，例如空文件名、在期望数字的字段填入文字等。

在实践中，一般先用等价分类法和边界值分析法设计测试用例，然后用猜错法补充一些用例作为辅助的手段。例如，测试一个对线性表（比如数组）进行排序的程序，可推测以下几项需要进行特别测试：输入的线性表为空表；表中只含有一个元素；输入表中所有元素已排好序；输入表已按逆序排好；输入表中部分或全部元素相同。

等价类划分法和边界值分析方法两者都着重考虑输入条件，但没有考虑输入条件的各种组合、输入条件之间的相互制约关系。这样虽然各种输入条件可能出错的情况已测试到，但多个输入条件组合起来可能出错的情况却被忽视了。如果在测试时必须考虑输入条件的各种组合，则可能的组合数目将是天文数字，因此必须考虑采用一种适合于描述多种条件的组合、相应产生多个动作的形式来进行测试用例的设计，这就需要利用到因果图（逻辑模型）。

以上简单介绍了设计测试用例的几种基本测试技术，使用每种方法都能设计出一组有用的测试用例，但是没有一种方法能设计出全部的测试用例。此外，不同方法各有所长，用一种方法设计出的测试用例可能最容易发现某些类型的错误，而对另外一些类型的错误可能不容易发现。

因此，在对软件系统进行实际测试时，应该联合使用各种测试用例设计方法，形成一种综合策略。通常的做法是：用黑盒设计基本的测试用例，再用白盒方法补充一些必要的测试用例。具体地说，可以结合各种方法使用下述策略。

- 在任何情况下都应该使用边界值分析的方法。经验表明，用这种方法设计的测试用例暴露程序的错误的能力是最强的，应该既包括输入数据的边界情况又包括输出数据的边界情况。
- 必要时，用等价类划分法补充测试用例。
- 必要时，如需要考虑输入参数之间的相互作用，用组合测试方法补充测试用例；
- 必要时，如需考虑输入输出之间关系，用因果法、决策表补充测试用例；
- 必要时，再用错误猜测法补充测试用例；
- 对照程序逻辑，检查已经设计的测试用例。可以根据对程序可靠性的要求采用不同的逻辑覆盖标准（语句覆盖、分支覆盖、条件覆盖、分支／条件覆盖、条件组合覆盖、基本路径覆盖等），若现有测试用例的逻辑程度没有达到要求的覆盖标准，则应再补充一些测试用例。

应该强调指出的是：即使使用上述介绍的综合策略设计测试用例，也不能保证测试能发现一切程序错误；但这个策略确实是在测试成本和测试效果之间的一个合理折中。

9.3 ATM 取款测试示例

场景法通过运用场景对系统的功能点或业务流程进行描述，根据业务流程生成一系列的场景，对不同的业务场景生成相应的测试用例，从而发现需求和实现中存在的问题。如图 9.7 所示，基本流和若干备选流经过各种组合后得到多个场景，再针对每个场景分别生成测试用例。

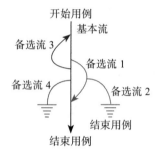

场景 1	基本流
场景 2	基本流、备选流 1
场景 3	基本流、备选流 1、备选流 2
场景 4	基本流、备选流 3
场景 5	基本流、备选流 3、备选流 1
场景 6	基本流、备选流 3、备选流 1、备选流 2
场景 7	基本流、备选流 4
场景 8	基本流、备选流 3、备选流 4

图 9.7 场景法过程及示意

下面以 ATM 取款为例，说明如何使用场景法进行测试。正常情况下，用户把银行卡插入 ATM 中，如果银行卡是合法的，ATM 就会提示用户输入银行卡的密码；接着，如果密码输入正确且取款金额符合要求，ATM 就会点钞并送出给用户。这样用户就可以成功取款。

设计测试用例的第一步就是根据规格说明描述出系统的基本流和各种备选流。本例中，基本流就是取款成功的情况，但也可能有其他各种例外，比如 ATM 内没有现金、ATM 内现金不足、PIN 有误（还有输入机会）、PIN 有误（没有输入机会）、账户不存在／账户类型有误、账户余额不足等。第二步是根据基本流和备选流设计出各种场景。第三步对每种场景生成测试用例，并选取合适的测试数据，本例中生成的部分测试用例如图 9.8 所示。

序号	场景	PIN	账号	取款金额	账面金额	ATM现金	预期结果
1	场景 1：成功提款	√	√	√	√	√	成功提款
2	场景 2：ATM 里没有现金	√	√	√	√	×	提款选项不可用，用例结束
3	场景 3：ATM 里现金不足	√	√	√	√	×	警告信息，返回基本流相应步骤，重新输入金额
4	场景 4：PIN 有误（还有不止一次机会）	×	√	n/a	√	√	警告信息，返回基本流相应步骤，重新输入 PIN
5	场景 4：PIN 有误（还有一次机会）	×	√	n/a	√	√	警告信息，返回基本流相应步骤，重新输入 PIN
6	场景 5：PIN 有误（不再有输入机会）	×	√	n/a	√	√	警告信息，卡被没收，用例结束

图 9.8 使用场景法生成的 ATM 部分测试用例

作业

1. 分别采用白盒测试方法和黑盒测试方法对个人、小组项目进行测试，完成对个人、小组项目的白盒测试用例设计、生成和运行等任务。
2. 比较黑盒测试和白盒测试方法，说明其各自的优缺点。
3. 以下是用 C 语言编写的三角形形状判断程序，请按照基本路径测试法设计测试用例。要求：画出其控制流图；计算其环路复杂度；写出所有基本路径；为每一条独立路径各设计一组测试用例。

```
# include <stdio.h>
# include <stdlib.h>
# include <math.h>
int main()
{
    int a,b,c;
    printf(" 输入三角形的三个边 ");
    scanf("%d %d %d",&a,&b,&c);
    if (a<=0||b<=0||c<=0)
        printf(" 符合条件，请重新输入 a,b,c\n ");
    else if (a+b<=c||abs(a-b)>=c)
        printf(" 不是三角形 \n");
    else if (a==b&&a==c&&b==c)
        printf(" 这个三角形为等边三角形 \n");
    else if (a==b||a==c|b==c)
        printf(" 这个三角形为等腰三角形 \n");
    else
        printf(" 这个三角形为一般三角形 \n");
}
```

4. 有一个饮料自动售货机（处理单价为 5 角钱）的控制处理软件，它的软件规格说明如下。
   - 若投入 2.5 元硬币，按下"橙汁"或"啤酒"的按钮，则送出相应的饮料；
   - 若投入 3 元硬币，按下"橙汁"或"啤酒"的按钮，则送出相应饮料的同时退回 5 角钱的硬币。

   要求画出因果图，设计决策表，导出测试用例。
5. 某程序有 4 个输入因子 A、B、C、D，其水平分别为 A(A1, A2)、B(B1, B2, B3)、C(C1, C2, C3, C4)、D(D1, D2, D3)。若需要达到两两组合覆盖的要求，请设计相应的测试用例。

软件测试技术体系

本章首先介绍程序错误类型，然后介绍软件测试的级别和类型，接着介绍软件的纠错（调试），然后介绍面向对象测试与敏捷测试，最后是测试报告。

10.1 程序错误类型

从不同的角度出发，程序错误具有不同的类型划分。

按照危害程度的不同，程序错误可以分为三种：致命错误，通常是内部编译出错；一般错误，通常是程序的语法错误、磁盘或内存存取错误或命令行错误；警告，只是提出一些怀疑的情况，不影响编译的进行。

从测试层次的角度，可以把程序错误划分为语法错误、结构性错误、功能性错误、接口错误、系统错误等。具体介绍如下。

- 语法错误：刚结束编码的程序，通常或多或少地会含有语法错误，一般通过编译工具可以发现这类错误。
- 结构性错误：包括结构异常、结构不全和结构多余等错误，它们是代码评审的主要检查内容，也可以利用专门设计的软件工具对代码进行静态分析、检查。如图 10.1 所示，若有变量未经赋值就被表达式引用，则为结构不全；若变量赋值后直到程序结束仍未使用，则为结构异常；若路径永远不可能执行，则为不可达的多余结构。部分常见的结构性错误如表 10.1 所示。
- 功能性错误：指程序功能与用户需求不相符引起的错误，主要依靠动态测试来发现。功能性错误发生的原因是，需求分析阶段定的需求说明比较含糊，导致疏忽或遗漏；设计阶段对软件需求理解有错或设计考虑不周；开发过程中有过返工，需要多次修改需求说明或软件设计说明，出现设计走样、偏离用户需求的错误。
- 接口错误：主要表现在调用子程序或函数时实际参数的类型、个数及顺序与形式参数不一致；对全局量的引用不当；相关模块与全局性数据的相互矛盾等。接口错误是集成测试检测的重点，也可以通过代码评审来发现。
- 系统错误：系统本身错误和对系统使用不当引起的错误。

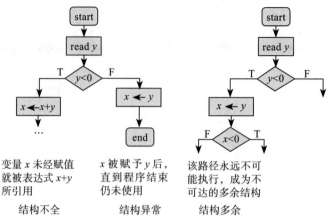

图 10.1　程序结构性错误示例

表 10.1　部分常见结构性错误

错误名称	举例说明
数据引用错误	使用未赋过值的变量或变量赋值后从不使用等
数据说明错误	对变量未做说明、变量类型与初始化的值不等
数据计算错误	混合类型运算、用零作除数
数据比较错误	比较运算符和逻辑运算符使用不当、企图在不同类型的变量间作比较等
控制流错误	多做或少做了一次循环、在循环体中对循环变量重新定义、有死循环等
多余结构	不可达代码
输入 / 输出错误	忘记打开或关闭文件、I/O 出错处理不正确等

　　程序员编写好的代码会依次经历编译、静态分析器分析、代码评审和动态测试的过程。其中编译主要是检查代码中的语法错误；静态分析器主要检查代码中的结构性错误；代码评审主要发现程序在结构、功能和编码风格方面的问题和错误；动态测试重点发现功能性错误。

10.2　软件测试的级别

　　如图 10.2 所示，在多模块程序中，测试有若干层次，即单元测试、集成测试、确认测试、系统测试，分别对应编码阶段、测试阶段和验收阶段。具体介绍如下。

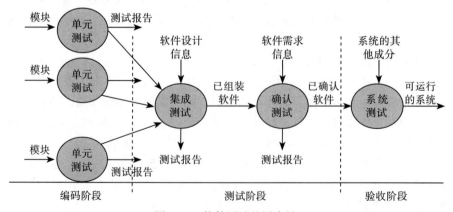

图 10.2　软件测试的层次性

10.2.1　单元测试

单元测试是指对软件组成单元进行测试，其目的是检验软件基本组成单位的正确性。测试的对象是软件设计的最小单位——模块，因此单元测试又称为模块测试。单元测试的阶段是在编码后，测试对象是最小模块，测试人员是白盒测试工程师或开发工程师，测试依据包括代码、注释、详细设计文档，测试方法是白盒测试，测试内容包括模块接口测试、局部数据结构测试、路径测试、错误处理测试、边界测试。

单元测试是层次测试的第一步，也是整体测试的基础。单元测试的目的是通过对模块的静态分析与动态测试，使其代码达到模块说明的需求。单元测试的原则有：尽可能保证各个测试用例是相互独立的；一般由代码的开发人员来实施单元测试，以检验所开发的代码功能符合自己的设计要求。

通过单元测试，能够让自己负责的模块功能定义尽量明确，模块内部的改变不会影响其他模块，而且模块的质量能得到稳定的、量化的保证；能尽早发现缺陷，并有利于重构以及简化后续的集成测试，还可以提供规范的文档，把设计思路体现出来。但单元测试也有一些限制，比如：不可能覆盖所有的执行路径，因此不可能保证捕捉到所有路径的错误；每一行代码一般需要 3 ～ 5 行测试代码才能完成单元测试，存在投入和产出的平衡。

因此，单元测试的任务和流程包括：对模块代码进行编译，发现并纠正其语法错误；进行静态分析，检查代码中的结构化错误，验证模块结构及其内部调用序列是否正确；确定模块的测试策略，并据此设计出一组测试用例和必要的测试软件；用选定的测试用例对模块进行测试，直至满足测试终止标准为止；静态分析与动态测试的重点均应放在模块内部的重要执行路径、出错处理路径和局部数据结构上，也要重视模块的对外接口；编制测试报告。

在多模块程序中，每一个模块都可能调用其他模块或者被其他模块所调用。所以在单元测试时，需要为被测试模块编制若干测试软件，给它的上级模块或下级模块做替身。代替上级模块的为测试驱动模块，代替下级模块的为测试桩模块。

好的单元测试有以下特点：单元测试应该在最基本的功能 / 参数上验证程序的正确性；经过单元测试后，机器状态保持不变；单元测试应该产生可重复、一致的结果；单元测试应该覆盖所有代码路径。

以下为单元测试函数的示例代码：

```
[TestMethod()]
public void ConstructorTest()
{
    string userEmail="someone@somewhere.com";
    User target=new User(userEmail);
    Assert.IsTrue(target!=null);
}
```

由此可见，创建单元测试函数的主要步骤包括：

1）设置数据（一个假想的、正确的 E-mail 地址）；

2）使用被测试类型的功能（用 E-mail 地址来创建一个 User 类的实体）；

3）比较实际结果和预期的结果（Assert.IsTrue（target != null）;）。

接着可以运行单元测试，并查看代码覆盖报告（Code Coverage Report）。此时代码还有很多情况没有处理，例如还没有处理空的字符串、长度为零的字符串、都是空格的字符串……可以通过复制 / 粘贴继续编写、完善单元测试函数。

单元测试是为了验证相关人员编写的功能模块代码是否实现了正常情况下应该实现的功能，是否对其他任何可能出现的缺陷做了相应正确的处理。举例来说，在商店买东西时需要扫码付款，如果使用支付宝付款，正常情况下应该用支付宝去扫描商家的支付宝收款码进行付款而不是微信收款码。如果出现异常情况，比如用支付宝扫了微信收款码，会弹出支付界面吗？在无网络的情况下扫码会出现什么界面？这就需要进行错误处理测试。

在实际的单元测试中，开发人员可能会遇到以下问题：有时单元测试报错，再运行一次就好了，于是大家就不想花时间改错，多运行几次，有一次通过即可；单元测试中的很多错误都与环境有关，在别人的机器上都运行不成功；单元测试耗费的时间要比写代码耗费的时间还多，把代码覆盖率提高到 90% 以上太困难；单元测试还要测试性能和压力，耗费了很多时间。因而开发者难免会有所懈怠，需要工具的辅助和支持。目前有很多 XUnit 工具，比如 JUnit、CppUnit 等，分别针对不同的编程语言开展单元测试。

单元测试应该准确、快速地保证程序基本模块的正确性；单元测试应该在最基本的功能 / 参数上验证程序的正确性；单元测试应该测试程序中最基本的单元，如在 C++、C#、Java 中的类。进而可以测试一些系统中最基本的功能点 (这些功能点由几个基本类组成)。从面向对象的设计原理出发，系统中最基本的功能点也应该由一个类及其方法来表现。单元测试要测试 API 中的每一个方法和每一个参数。以下是验证单元测试好坏的一些标准。

1. 单元测试必须由最熟悉代码的人（程序的编写者）来写

代码的作者最了解代码的目的、特点和实现的局限性，是编写单元测试最适合的人选。最好是在设计的时候就写好单元测试，这样单元测试就能体现 API 的语义，尽量避免产生歧义。

2. 单元测试过后，机器状态保持不变

这样可以不断地运行单元测试。如果单元测试创建了临时的文件或目录，应该在 Teardown 阶段删掉它们；如果单元测试在数据库中创建或修改了记录，那么也许要删除或恢复这些记录，或者每一个单元测试使用一个新的数据库，这样可以保证单元测试不受以前单元测试实例的干扰。

3. 单元测试要快（一个测试的运行时间是几秒钟，而不是几分钟）

因为一个软件中有几十个基本模块（类），每个模块又有几个方法，基本上要求一个类的测试要在几秒钟内完成，从而保证效率。如果软件有相互独立的几个层次，那么在测试组中可以分类，如数据库层次、网络通信层次、客户逻辑层次和用户界面层次。可以分类运行测试，比如只修改了"用户界面"的代码，则只需运行"用户界面"的单元测试。

4. 单元测试应该产生可重复、一致的结果

如果单元测试的结果是错的，那一定是程序出了问题，而且这个错误一定是可以重复的。单元测试不能解决所有问题，不必期望它会发现所有的缺陷。

5. 单元测试的运行 / 通过 / 失败不依赖于别的测试

程序中的各个模块都是互相依赖的，否则它们就不会出现在一个程序中。一般情况下，单元测试中的模块可以直接引用其他模块，并期待其他模块能返回正确的结果。如果其他模块很不稳定或者运行比较费时（如进行网络操作），而且对于本模块的正确性并不起关键的作用，可以人为地构造数据，以保证单元测试的独立性。

6. 单元测试应该覆盖单元内的所有代码路径，包括错误处理路径

为了保证代码覆盖率，单元测试必须测试公开的和私有的函数 / 方法。覆盖率通常包括多个层次：函数覆盖、语句覆盖、分支覆盖、条件覆盖等。

另外需要注意，100% 的代码覆盖率并不等同于 100% 的正确性。因为代码覆盖率对于"应该写但是没有写的代码"无能为力，例如代码申请了内存或其他资源，但并没有释放；又如代码中并没有处理错误情况；代码中没有处理和文件、网络相关的一些异常情况，如文件不存在、权限有问题等。也可能代码中有性能问题，虽然代码执行了并且正确返回了，但是代码效率非常低。还有可能是多线程环境中的同步问题，该问题和代码执行的时序、共享资源的锁定有关。

7. 单元测试应该集成到自动测试的框架中

要把单元测试自动化，这样每个人都能随时随地运行单元测试。团队一般是在每日构建之后运行单元测试，这样单元测试的错误就能及时被发现和修改。

8. 单元测试必须和产品代码一起保存和维护

单元测试必须和代码一起进行版本维护，否则过后代码和单元测试就会出现不一致的情况，程序员要花时间来确认哪些是程序出现的错误，哪些是由于单元测试滞后造成的错误。

这里补充说明一下回归测试。在单元测试的基础上，能够建立关于这一模块的回归测试（Regression Test）。Regress 的英语定义有倒退、退化、退步的意思。在软件项目中，如果一个模块或功能以前是正常工作的，但是在一个新的构建中出了问题，那么这个模块就出现了"退步"（Regression），即从正常工作的稳定状态退化到不正常工作的不稳定状态。

在逐步完成一个模块的功能的同时，与此功能有关的测试用例同样在完善之中。一旦有关的测试用例通过，就得到了此模块的功能基准线（Baseline），一个模块的所有单元测试就是该模块最初的 Baseline。假如，在 3.1.5 版本，模块 A 的编号为 125 的测试用例通过了，但是在新的 3.1.6 版本上，该测试用例却失败了，这就是一个退步。工程师们应该在新版本上运行所有已通过的测试用例，以验证有无"退化"情况发生，这个过程就是回归测试。

如果这样的"倒退"是由于模块的功能发生正常变化引起的，那么就要修改测试用例的基准，以便使其和新的功能保持一致。针对一个 bug 修复，我们也要做回归测试。目的是验证新的代码改正了缺陷，同时没有破坏模块的现有功能且没有退步（Regression）。

可以将"回归测试"中的"回归"理解为"回归到以前不正常的状态"。回归测试最好自动化进行，因为这样就可以对于每一个构建快速运行所有回归测试，以保证尽早发现问题。

在专注于模块基本功能的单元测试之外，还有功能测试，即从用户的角度检查功能完成得怎么样。在微软，在一个项目的最后稳定阶段，所有人都要参加全面的测试工作，把以前发现并修复的所有 bug 找出来，一个一个地验证，以保证所有已经修复过的 bug 的确得到了修复，并且没有在最后一个版本中"复发"，这是一种大规模的、全面的"回归测试"。

10.2.2　集成测试

集成测试也称联合测试（联调）、组装测试，是指将程序模块采用适当的集成策略组装起来，对系统的接口及集成后的功能进行正确性检测的测试工作。集成测试的主要目的是检查软件单元之间的接口是否正确，将经过单元测试的模块逐步组装成具有良好一致性的完整程序。

举例来说，在淘宝上买东西时，在提交订单后一般会弹出确认付款界面让用户付款，因

此需要测试在点击提交订单后是否会出现确认付款界面。如果出现了该界面，那么是否表示支付成功？这个过程相当于在测试淘宝网的"提交订单"接口与"付款"接口是否能够很好地配合工作。

进行集成测试有两个原因。一是单元测试中使用了测试软件，它们是真实模块的简化，与它们所代替的模块并不完全等效，因此单元测试本身可能有不充分的地方，存在缺陷。二是多模块程序的各模块之间可能有比较复杂的接口，稍有疏忽就容易出错，表现在：有些数据在经过接口时会不慎丢失；有些全局性数据在引用中可能出问题；有些在单个模块中允许的误差，组装后积累的误差可能达到不能容忍的地步；模块的分功能似乎正常，组装后可能无法产生预期的综合功能。

集成测试一般在单元测试之后进行，通过单元测试的模块要按照一定的策略组装为完整的程序。集成测试在所有的软件单元按照概要设计规格说明的要求组装成模块、子系统或系统的过程中，检测各部分工作是否达到或实现相应技术指标及要求。

在集成测试中，测试对象是模块间的接口，测试人员是白盒测试工程师或开发工程师，测试依据是单元测试的模块和概要设计文档，测试方法是黑盒测试与白盒测试相结合，测试内容主要包括模块之间的数据传输、模块之间的功能冲突、模块组装功能正确性、全局数据结构、单模块缺陷对系统的影响。

集成测试的目的是将经过单元测试的模块逐步组装成具有良好一致性的完整程序。集成测试的任务和流程包括：制订集成测试实施策略，根据程序的结构，有多种策略可供选择；确定集成测试的实施步骤，设计测试用例，应有利于揭露在接口关系、访问全局性数据（公用文件与数据结构）、模块调用序列和出错处理等方面存在的隐患；进行测试，即在已通过单元测试的基础上逐一添加模块，每并入一个模块，除进行新测试项目外，还需进行回归测试。

集成测试的策略有以下几种。

- Big Bang 测试：一次集成所有模块，以大爆炸的方式进行。
- 自顶向下测试：从顶模块开始，沿被测程序的结构图逐渐向下测试。按照移动路线的差异，又可分为两种实施策略：先广度后深度实施；先深度后广度实施。
- 自底向上测试：从下一层模块中找出一个没有下级模块的模块，由下向上地增加新模块，组成程序中的一个子系统或模块群；从另一个子系统或群中选出另一个无下级模块的模块，仿照前一步组成另一个子系统；重复上一步，直至得出所有的子系统，把它们组装为完整的程序。该策略最为常用，能够比较好地锁定缺陷模块。
- 混合测试方式：对上层模块采取自顶向下测试；对关键模块或子系统采取自底向上测试。
- 高频集成：敏捷模式中的持续集成。

这里补充介绍一下场景测试。

以一个图像编辑软件为例，该软件的各个模块都是独立开发的，可是用户有一定的使用流程，如果流程走得不好，模块的质量再高，用户也不会满意。用户的典型流程是：把照相机的存储卡插入计算机；程序会弹出窗口提示用户导入照片；用户根据提示导入照片；用户对照片进行快速编辑；调整颜色、亮度、对比度；修改照片中人物的形象（红眼、美白、美颜等）；用户选择其中几幅照片，用 E-mail 发送给朋友，或分享到社交网站上。

流程中任何一步出现问题，都会影响用户对该软件的使用。如果各个模块的用户界面不一致，即使是"确认"和"取消"按钮的次序不同，用户使用起来也会很不方便。这些问题在单元测试中不容易被发现。

当一个模块稳定后，就可以把它集成到系统中，和整个系统一起进行测试。在模块本身稳定之前提早做集成测试，可能会报告出很多 bug。我们要等到适当的时机再开始进行集成测试。

下面介绍目前微软流行的伙伴测试（buddy test）。

在一个复杂系统的开发过程中，当一个新的模块（或者旧模块的新版本）加入系统中时，往往会出现下列情况：导致整个系统稳定性下降，不只影响自己的模块，还可能阻碍团队其他人员的工作；产生很多 bug，这些 bug 都要录入到数据库中，经过层层会诊（triage）将其交给开发人员，然后再经历一系列 bug 的分配才能最后修复，这样成本就变得很高。

如何改进呢？一个办法是写好单元测试，或者运用重构技术以保证稳定性等。伙伴测试是指开发人员可以找一个测试人员作为伙伴（buddy），在提交新代码之前，开发人员做一个包含新模块的私人构建（private build），测试人员在本地做必要的回归 / 功能 / 集成 / 探索测试，发现问题时直接与开发人员沟通。通过伙伴测试将重大问题解决之后，开发人员再正式提交代码。在项目后期，提交代码的门槛会变得越来越高，大部分团队都要求缺陷修正（bug fix）必须经伙伴测试的验证才能提交到代码库。

10.2.3　确认测试

确认测试是为了确认组装完毕的程序是否满足软件需求规格说明书的要求，通常包括有效性测试和配置复审等。前者是在模拟的环境下运用黑盒测试方法，验证所测软件是否满足需求规格说明书中列出的需求；后者的目的是保证软件配置的所有成分都齐全、各方面的质量都符合要求、具有维护阶段所必需的细节，而且已经编排好分类的目录。确认测试配置项复查时，应当严格检查用户手册和操作手册中规定的使用步骤的完整性和正确性。

确认测试以黑盒测试方法为主，检查软件的功能与性能是否与需求规格说明书中确定的指标相符合。其目的在于确认组装完毕的程序是否满足软件需求规格说明书的要求。确认测试是单独测试软件。

软件确认测试的通过准则包括：软件需求分析说明书中的所有功能已全部实现，性能指标全部达到要求；所有测试项均已实施；立项审批表、需求分析文档、设计文档和编码实现一致；验收测试工件齐全。

10.2.4　系统测试

系统测试是将软件系统看成一个整体的测试，包括对功能、性能以及软件所运行的硬件环境进行测试，即将经过集成测试的软件作为计算机系统的一个部分与系统中其他部分结合起来，在实际运行环境下对计算机系统进行一系列严格有效的测试。

系统测试的目的是把集成测试合格的软件安装到系统中以后检查其能否与系统的其余部分（如硬件、外设、网络等因素）协调运行，并且完成软件规格说明对它的要求。系统测试由用户单位实施，是针对用户需求、业务流程的正式测试，用以确定系统是否满足验收标准，由用户、客户或其他授权机构来决定是否接受系统。

系统测试的内容包括功能、界面、可靠性、易用性、性能、兼容性、安全性等，关注点有：系统本身的使用；系统与其他相关系统间的连通；系统在不同使用压力下的表现，如大的并发量、CPU 极限使用等情况；系统在真实使用环境下的表现。

系统测试和集成测试有以下不同点：首先是测试对象不同，集成测试的测试对象是由通过单元测试的各模块集成的构件，而系统测试的对象除了软件之外，还包括计算机硬件及相关的外围设备、数据采集和传输机构、支持软件、系统操作人员等整个系统；其次是测试时间不同，先进行单元测试，然后进行集成测试，再跟着进行系统测试；再次是测试内容不同，集成测试的内容是各个单元模块之间的接口，而系统测试的内容是整个系统的功能和性能；最后是测试角度不同，集成测试偏重于技术角度的验证，而系统测试偏重于业务角度的验证。

以在淘宝上购物为例，如果开始在华为手机上通过了测试，那么把手机换成小米手机或苹果手机会怎样？又或者换成计算机？提交订单后是否会出现确认付款界面？能否正常调用支付宝付款接口进行付款？在计算机上付款是否比手机慢或者不安全？如果发现不能调用支付宝付款接口进行付款，那么在修复这个 bug 之后会不会引进新的 bug？比如提交订单后，确认付款的界面都不见了。这些都是系统测试需要做的事情。

10.2.5 验收测试

验收测试（acceptance test）主要由用户而不是开发者来开展。如果软件是为客户开发的，需要进行一系列验收测试来保证满足客户的所有需求，此时验收测试可细分为用户验收测试、运行验收测试、合同和规范验收测试。

如果一个软件是给很多客户使用的，可使用 Alpha 测试（开发者提供场所）与 Beta 测试（用户提供场所）。Alpha 测试是在一个受控的环境下，由用户在开发者的指导下进行测试，由开发者负责记录错误和使用中出现的问题。Beta 测试由最终用户在自己的场所进行，开发者通常不在场，也不能控制应用的环境。由用户记录错误和使用中出现的问题，并定期交给开发者来解决。

验收测试是部署软件之前的最后一个测试操作，它是技术测试的最后一个阶段，也称为交付测试。验收测试的目的是确保软件准备就绪，按照项目合同、任务书、双方约定的验收依据文档，向软件购买者展示该软件系统满足原始需求。

验收测试阶段是在系统测试通过之后进行的，测试对象是整个系统（包括软硬件），测试人员主要是最终用户或者需求方，测试依据是用户需求、验收标准，测试方法是黑盒测试，测试内容与系统测试相同（功能、各类文档等）。这个阶段主要是依据用户的需求和验收标准来检测的，由用户测试所有的功能是否符合他们的预期。

测试团队拿到一个"可测"的构建之后，就会按照测试计划，测试各自负责的模块和功能，这个过程可能会产生 10 几个甚至 100 个以上的 bug，如何才能有效地测试软件？在这一阶段该怎样衡量构建的质量？

在敏捷模式中，建议采用场景来规划测试工作。在"基本场景"基础上，把系统在理论上支持的所有场景都列出来，然后按功能分类测试，如果测试成功，就标明"成功"，否则就标明"失败"，并用一个或几个 bug 来表示失败的情况。当所有测试人员都完成了对场景的测试后，就得到测试报告（如表 10.2 所示）。

表 10.2 场景测试报告

场景 ID	场景名	测试结果	bug ID
3024	用户登录	成功	
3026	用户按价格排序	失败	5032
3027	用户按名字搜索	失败	5033
…	…	…	…

这样就能很快报告测试结果，比如功能测试 56% 通过。如果所有场景都能通过（有些情况下可以将该标准从 100% 降至 90% 左右），则这个构建的质量是"可用"的，这意味着这个版本可以给用户使用了。在这种情况下，客户、合作伙伴可以得到这样的版本，即"技术预览版"或"社区预览版"。

但请注意，"可用"并不是指软件的所有功能都没有问题，而是指在目前的用户场景中，按照场景的要求进行操作都能得到预期的效果。但在目前还没有定义的用户场景中，程序质量如何还不得而知。例如，在某一场景中，规定用户可以在最后付款前取消操作，回到上一步，如果一个测试人员发现在多次反复提交 / 取消同一访问后，网页出现问题，这并不能说明用户场景失败。当然，对于这个极端的 bug，也必须找出原因并适时修正。

如果构建通过了验收测试，就表示该构建被测试团队"接受了"。同时，还有对系统各个方面进行的"验收"测试，如系统的全球化验收测试，或者针对某个语言环境、某个平台做的验收测试。

验收测试的标准有两种。一种是规定测试策略和应达到的目标：白盒测试一般可规定以完全覆盖为标准，语句覆盖和判定覆盖的覆盖率达 100%；黑盒测试可结合程序的实际情况选择一种或几种方法来设计测试用例，当把所有测试用例全部用完后，测试便可结束。一种是规定至少要检出的错误数量：如果已经积累了丰富的测试经验，可以把查出的预定数量的错误作为某类应用程序的测试终止标准。

10.3　软件测试的类型

10.3.1　功能测试

软件产品必须具有一定的功能，为用户提供服务。如果只有时间做一种类型的测试，那一定是功能测试。

功能测试一般是在整个软件产品开发完成后，通过直接运行软件的方式，对前端（用户界面）的输入和输出功能进行测试，以检验软件是否能正常使用各项功能、业务逻辑是否清楚、是否满足用户需求。

功能测试只有在系统开发完成后才进行，留给测试人员的工作时间往往比较少。功能测试所涉及的软件产品可能是 Web 程序、手机 App，也可以是微信小程序等。

10.3.2　接口测试

接口通常是指前端和后端进行沟通交互的桥梁。接口测试可以使测试提前。测试人员可以在图形化界面没有开发完成之前就开始测试，以便提前发现问题。通常，软件后台接口开发基本完成后，就需要进行接口测试了。

接口测试除了可以将测试工作前置外，还可以解决下列问题。比如，在用户注册功能中，需求规定用户名为 6 ~ 18 个字符，可以包含字母（区分大小写）、数字和下划线。在对用户注册功能进行测试时，若输入 20 个字符或输入特殊字符，可以针对软件前端进行功能校验，但可能无法针对软件后端进行功能校验。如果有人通过抓包绕过前端校验直接将非法数据发送到后端，而用户名和密码未在后端做校验，就可以随便输入。所以有必要进行接口测试。

接口测试可以发现很多在前端页面上操作时发现不了的 bug，也可以检查系统的异常处理能力。相对于 UI 测试，接口测试更加稳定，更容易实现自动化持续集成，降低人工回归测试的人力成本与时间成本，缩短测试周期，支持软件系统后端的快速版本发布需求。

例如，对一个注册接口进行测试，需要提供接口文档，给出接口的地址、方法、参数和返回值。测试时，通过超文本传输协议（HTTP）将设计好的测试数据发送到接口，验证返回的数据内容是否符合预期。一般可使用 Postman、JMeter 等工具。

10.3.3　性能测试

在功能测试通过后、软件系统上线运行前，还需要对软件系统进行性能测试，用来衡量系统占用资源和系统响应、表现的状态等。例如电商的"双十一"活动，性能测试至关重要。

如果系统用完了所有可用的资源，其性能就会明显下降，甚至死机。系统操作性能不仅受到系统本身资源的影响，也受到系统内部算法、外部负载等多方面的影响，如内存泄漏、缺乏高速缓存机制及大量用户同时发送请求等。

性能测试通过模拟生产运行的业务压力或用户使用场景，测试系统的性能是否满足生产性能的要求。其目的是为软件产品的使用者提供高质量、高效率的软件产品。性能测试的定义是：在一定的负载情况下，考察系统的响应时间等特性是否满足特定的性能需求。对于基于网络架构的系统，当众多终端用户对系统进行访问时，用户越多，服务器需要处理的客户请求也越多，从而形成负载。对于一个应用系统，需要监控的性能指标主要有 3 点。

- 响应时间，反映完成某个业务所需要的时间。例如，从点击"登录"按钮到登录完成后返回登录成功页面共需要 1 秒，那么登录操作的响应时间就是 1 秒。在性能测试中，通过事务函数来实现对响应时间的统计。事务是指做某件事情的操作，事务函数会记录开始做这件事情和做完该事情的时间差，也称为事务响应时间。
- 吞吐量，反映单位时间内能够处理的事务数目，也称为每秒事务数。例如，一个用户登录需要 1 秒，若系统同时支持 10 个用户登录且响应时间是 1 秒，那么系统的吞吐量就是 10 个用户 / 秒。
- 服务器资源占用，反映负载下系统资源的利用率。服务器资源（如 CPU、内存、Cache 等）的占用率越低，说明系统越优秀。

终端用户最关心的指标是响应时间。调查数据表明，对一个用户来说，如果访问某系统的响应时间小于 2 秒，那么用户就觉得系统很快，比较满意；如果访问某系统的响应时间为 2～5 秒，那么用户也可以接受，但对速度有些不满；如果访问某系统的响应时间大于 10 秒，用户将无法接受。

要得到真实的性能数据，离不开性能分析工具和性能测试工具的支持。下面将具体介绍这两种工具的相关概念、原理和过程。

1. 性能分析工具

让自己的程序又快又好，最好比别人的程序快一个数量级，是每一个程序员的梦想和追求。性能分析工具能很快找到程序的性能瓶颈，从而有的放矢地改进程序。使用性能分析工具可以两步走：第一步，要确保编译的程序是 release 版本；第二步，有两种分析方法，即采样（sampling）或代码注入（instrumentation）。

- 采样，是当程序运行时，性能分析工具时不时地看看该程序运行在哪一个函数内，并记录下来。程序结束后，性能分析工具就会得出一个关于程序运行时间分布的大致印象。这种方法的优点是不需要改动程序，运行速度较快，可以很快找到瓶颈，但是不能得出精确的数据，也不能准确表示代码中的调用关系树（call tree）。

- 代码注入，是将检测的代码加入每一个函数中，这样程序的一举一动都被记录在案，程序的各个性能数据都可以被精准地测量。这种方法的缺点是程序的运行时间会大大加长，会产生很大的数据文件，相应也会增加数据分析的时间。同时，注入的代码也影响了程序真实的运行情况。

当用户看到一个程序没有反应时，用户并不清楚该程序此时是在运行自己的代码还是被调度出去了，或者操作系统此时正在忙别的事情。一般做法是：先用采样的方法找到性能瓶颈所在，然后对特定的模块用代码注入的方法进行详细分析。对程序进行性能分析时，要弄清楚几个名词，如表 10.3 所示。

表 10.3　性能分析中相关名词的含义

相关名词	含义
调用者（caller）	在函数 Foo() 中调用 Bar()，Foo() 就是调用者
被调用者函数（callee）	在函数 Foo() 中调用 Bar()，Bar() 就是被调用者函数
调用关系树（call tree）	从程序的 Main() 函数开始，调用者和被调用函数就形成了一个树形关系——调用树
消逝时间（elapsed time）	从用户的角度来看程序运行所花费的时间
应用程序时间（application time）	应用程序占用 CPU 的时间，不包括 CPU 在核心时态花费的时间
本函数时间（exclusive time）	所有在本函数花费时间，不包括被调用者使用的时间
所有时间（inclusive）	包含本函数和所有调用使用的时间

2. 性能测试工具

用户使用软件时，不仅希望软件能够提供一定的服务，还要求服务的质量要达到一定的水平。软件的性能是这些"非功能需求"或者"服务质量需求"的一部分。因此性能测试要验证软件在设计负载内能否提供令用户满意的服务质量，涉及如下两个概念。

- 设计负载。首先要定义什么是正常的设计负载。从需求说明出发，可得出系统正常的设计负载。例如一个购物网站，正常的设计负载是每分钟承受 20 次客户请求。
- 令用户满意的服务质量。要定义什么样的质量是令用户满意的。比如，同一个购物网站，用户满意的服务质量可以定义为每个用户的请求都能在 2 秒钟内返回结果。

还可以对以上两点逐步细化。

- 设计负载的细化。前面只提到"承受 20 次客户请求"，那客户的请求可以按请求发生的频率来分类，比如用户登录（10%）、用户查看某商品详情（50%）、用户比较两种商品（10%）、用户查看关于商品的反馈（20%）、用户购买商品、订单操作（5%）、所有其他请求（5%）。
- 服务质量的细化。有些请求是要对数据进行"写"操作，可以要求慢一些，比如"用户下订单，购买商品"，对这一服务质量，请求可以放宽为 5 秒钟，甚至更长。

除了用户体验到的"2 秒钟页面刷新"目标外，性能测试还要测试软件内部各模块的性能，这要求软件的模块能报告自身的各种性能指标并表现出来。

和其他测试不同，性能测试对硬件有固定的要求，而且每次测试需要在相同的机器和网络环境中进行，这样才能避免外部随机因素的干扰，得到精准的效能数据。现实的环境有如下两方面：一是现实的静态数据，比如数据库中的各种记录，如果要模拟一个实际运行的商业网站，除了一定数量的用户和商品记录之外，还要模拟在运行一段时间后产生的交易记录；二是现实的动态数据，这就是负载，现实中总会有一些人在同时使用这一个系统。

性能测试中要考虑到"负载"，可以分为两种情况：零负载，即只有静态数据，在这种情况下测试的结果应该是稳定的，可以不断收集数据进行回归测试；加上负载，即根据具体情况可以分负载等级进行测试。

同时，客户可能会问，"如果我的系统慢了，怎么办？是增加机器的数量，还是提高每个机器的处理能力？"因此，性能测试的结果应该成为"用户发布指南"的一部分，为用户发布和改进系统提供参考。

在进行性能测试的过程中，可以得到系统性能和负载的一个对应关系，这时可以看到能维持系统正常功能的最大负载是多少。如果负载足够大或者过分大，那就是压力测试。严格说来，压力测试不属于性能测试。压力测试要验证的问题是：软件在超过设计负载的情况下是否仍能返回正常结果，没有产生严重的副作用或崩溃。

怎样增加负载呢？对于网络服务软件来说，主要考虑以下两个方面。

- 沿着用户轴延长。以刚才的购物网站为例，正常的负载是每分钟 20 个请求，如果有更多的用户登录，那负载就会变成每分钟 30 个请求、每分钟 40 个请求、每分钟 100 个请求或更高。
- 沿着时间轴延长。网络的负载有时间性，负载压力的波峰和波谷相差很大，如果每时每刻负载都处于峰值，程序会不会垮掉？即沿着时间轴延长。一般要模拟 48 小时的高负载才能认为系统通过测试。

与此同时，可以减少系统可用的资源来增加压力。注意，压力测试的重点是验证程序不崩溃或产生副作用，即在超负载的情况下，测试程序是否仍能正确地运行，而不会死机。在给程序加压的过程中，程序中的很多"小"问题就会被放大，暴露出来。最常见的问题是：内存/资源泄漏，在压力下会导致程序可用的资源枯竭，最后崩溃；一些平时认为"足够好"的算法在实现中会出现问题；进程/线程的同步死锁问题，在压力下会发生一些小概率事件，看似完备的程序逻辑也会出现问题。

10.3.4　安全测试

安全测试用来测试系统和数据的安全程度，包括功能使用范围、数据存取权限等受保护和受控制的能力。将数据与系统分离、分别设置系统权限和数据权限等都可以提高系统的安全性。

1. SQL 注入漏洞

SQL 注入（SQL Injection）漏洞是 Web 层最高危的漏洞之一，主要是由于开发人员在构建代码时未对输入边界进行过滤或过滤不足，使攻击者可以通过合法的输入点提交一些精心构造的 SQL 语句来欺骗后台数据库执行，导致数据库信息泄露。

防范 SQL 注入漏洞需要从代码入手。首先在前端页面中，实行最小输入原则，限定输入长度和类型，并只能输入合法数据，拒绝所有其他数据正则表达式，客户端和服务器端都必须做验证；其次在数据库中，不允许在代码中直接拼接 SQL 语句，存储过程中不允许出现 exec、exec sp_executesql，使用参数化查询方式来创建 SQL 语句，对参数进行关键字过滤，并对关键字进行转义；最后在代码审查中查找 SQL 注入漏洞，不同编程语言可能存在不同查询关键字。

2. 跨站脚本漏洞

跨站脚本（Cross Site Scripting，XSS）漏洞是指攻击者通过构造脚本语句使输入的内容被当作 HTML 的一部分来执行，当用户访问到该页面时，就会触发该恶意脚本，从而达到获取用户敏感数据、Cookie 数据、键盘鼠标消息、摄像头录像等内容的非法目的。XSS 漏洞发生在 Web 前端，主要对网站用户造成危害，但不直接危害服务器后台数据。

XSS 漏洞形成的原因在于没有严格过滤输入 / 输出、在页面执行了 JavaScript 等客户端脚本。如果要防御 XSS 攻击，需要过滤敏感字符，这一过程非常复杂，很难识别、区分正常字符和非正常字符。可以对存在跨站脚本漏洞的页面参数输入内容进行检查、过滤，对页面输出编码，也可以使用 XSS 防护框架。

3. 跨站请求伪造（CSRF）

跨站请求伪造（Cross-Site Request Forgery, CSRF）是一种对网站的恶意利用，通过伪装成受信任用户的请求来利用受信任的网站。CSRF 漏洞不太流行，难以防范，比 XSS 漏洞更具危险性。CSRF 攻击者能够使用网站合法用户的账号发送邮件，获取被攻击者的敏感信息，甚至盗走被攻击者的财产。

以网上银行为例，当用户登录网银后，浏览器和可信的站点之间建立了一个经过认证的会话。之后所有通过这个会话发送的请求都被视为可信的动作，如用户的转账、汇款等操作。当用户在一段时间内没有进行操作时，这个会话可能会断开，此时用户再次进行转账、汇款等操作，会提示用户"身份已过期""请重新登录""会话已结束"等信息。CSRF 攻击就建立在这个会话之上。

当用户登录网上银行正进行转账业务时，攻击者（可能是其 QQ 好友）发来一条带 URL 的消息，这条消息是攻击者精心构造的转账业务代码，且与用户登录的是同一家网上银行。用户没有仔细查看该 URL，一旦点击，其银行账户中的余额就可能被盗。例如，原先用户提交的请求是：http://www.***.com/pay.jsp?user=xxser&money=1000。而攻击者仅需改变一下 user 参数和 money 参数的取值，就可以完成一次"合法"的攻击，代码是：http://www.***.com/pay.jsp?user=hacks&money=10000。

要预防 CSRF 攻击，需要在网站的关键部分增加一些操作，比如验证用户提交数据的 Referer 信息；对关键操作增加 Token 参数，其值必须随机，每次都不同；设置会话过期机制，例如 10 分钟内用户无操作，则自动退出登录；修改敏感信息时，需要对用户身份进行二次认证，如修改账号、支付操作等。

4. 文件上传漏洞

文件上传漏洞是指程序员在用户文件上传功能方面的控制不足或存在处理缺陷，导致用户可以越过其本身权限向服务器上传可执行的动态脚本文件。这些上传的文件可以是木马、病毒、恶意脚本或 WebShell 等。这种攻击最为直接和有效。如果服务器对上传文件的处理逻辑做得不够安全、周密，会导致严重的后果。

防御文件上传漏洞有以下手段：在服务器上存储用户上传文件时，对文件进行重命名；检查用户上传文件的类型和大小；禁止上传危险文件类型，如 .jsp、.exe、.sh、.war、.jar 等；检查允许上传的文件扩展名白名单，非白名单不允许上传；上传文件的目录必须是 HTTP 请求无法直接访问到的，若需访问上传目录，必须上传到其他和 Web 服务器不同的域名下，并设置该目录为不可执行。

对于以上各种安全漏洞，目前有一种已经被证明是非常有效的发现软件安全漏洞的技术，称为模糊测试。模糊测试需要在目标程序中注入意外或畸形的数据，以便触发输入错误处理，例如可利用的内存损坏。为了创建模糊测试用例，一个典型的模糊测试器将会改变现有的样本输入，或者根据定义的语法或规则集生成测试用例。一种更有效的模糊方法是覆盖引导的模糊测试，根据程序执行路径为测试用例生成更有效的输入数据。覆盖引导的模糊测试会尝试最大化程序的代码覆盖率，以便测试程序中存在的每个代码分支。

随着一些覆盖引导模糊工具的开源，如 American Fuzzy Lop（AFL）、LLVM LibFuzzer 和 Honggfuzz，使用覆盖引导的模糊测试技术变得非常简单。用户不再需要掌握深奥的技术，或者花费无数个小时编写测试用例生成器规则，或者收集覆盖目标所有功能的输入样本。在最简单的情况下，用户可以使用不同的编译器编译现有的工具或者分离出用户想要的模糊测试功能，只需编写几行代码，然后编译并运行 Fuzzer。Fuzzer 将每秒执行数千甚至数万个测试用例，并从目标的触发行为中收集一组结果。

10.4　软件的纠错

测试是发现软件失效的过程，而调试是定位软件错误并将其修复的过程。在得到测试报告后，需要有大量的时间和精力花在软件纠错（调试）上，通常的做法是：首先进行错误假定；然后进行错误验证，若定位成功，则进入修正错误环节，否则回退到上一步，重新进行错误假定；修正错误后，还需要进行回归测试，若 bug 未消除，则需要回退到第一步，重新进行错误假定。

10.4.1　常用的调试技术

调试是一项非常困难的工作，也是最耗时间的。这是由于：错误可能是偶然出现的，难以复现；错误依赖于很久以前的某个系统状态或某个操作；造成软件失效的现象和根源可能并不在本地主机上；外部表现和内容结构、运行逻辑之间的关系往往并不清晰；软件的一些新变化（新功能、新修复等）可能会掩盖错误。

常用的纠错策略有凑试法、跟踪法和推理法，凑试法、跟踪法适用于小程序，推理法大小程序均适用。

- 凑试法根据在测试中暴露的错误征兆，首先设置一个可疑区，然后采用一些简单的纠错手段（例如在程序中插入打印语句），进一步获取与可疑区有关的信息，借以肯定或者修改原来的设想。
- 跟踪法让有错的程序分步执行，即每执行完一条语句，就暂时停止以检查执行的结果，确认正常后再继续执行。跟踪法分为正向跟踪法和反向跟踪法（回溯法）。
- 推理法分为归纳法和演绎法。归纳法是从个别到整体的推理过程。它从收集个别故障症状开始，分析各种症状的相互关系，接着就有可能将它们归纳为某一假想的错误，如果这一假想错误被证实，就找到了真实的病根。演绎法是从一般到特殊的推理过程。根据测试获得的错误症状，可以先列出一批可能的病因，接着在这一大范围的设想中，逐一排除依据不足或其他测试结果有明显矛盾的病因，然后对剩下的一种或数种病因作详细的鉴别，从而确定真正的病因。

常用的纠错技术有插入打印语句、设置断点、掩盖部分程序、蛮力纠错等。还有一些启发式调试技术，比如在构建阶段理解错误信息，或者在运行阶段先想再写、寻找类似的 bug、分而治之、加入更多的内部测试、显示输出、检查状态、使用调试器、关注最近的变化等。

10.4.2　现有的自动错误定位方法

目前调试技术正在从手工调试向自动调试发展，包括自动定位错误、自动验证错误、自动修复错误等一系列研究工作。本节主要关注自动错误定位方法。

在现有研究中，自动错误定位有三类方法：基于切片的方法，通常定位范围偏大；基于模型的方法，优雅但适用条件复杂，效果仍有待提高；基于测试的方法，使用测试信息来辅助调试，实用性强，效果好。

基于切片的方法有一些优点：描述了软件失效产生的上下文，并且所需测试用例较少，通常只需要提供失效测试用例。但这种方法也存在缺点：不提供语句的可疑程度描述，切片规模仍然可能很大，导致在切片中观察程序行为的代价较大。

基于模型的方法推导期望的程序行为模型，并通过检测失效执行对期望行为的违背情况识别错误行为。Jose 等人开发了 BugAssist 工具（其输入是一个源程序，需要人工为该程序插桩断言，用以规格说明程序恒定满足的正确行为），将错误定位问题转换为"最大可满足"问题。首先使用边界模型检验获得测试执行的边界，并将程序的边界语义编码为布尔表达式；然后对失效执行创建一个不可满足表达式；最后使用"最大可满足"规则，查找可以同时满足该表达式的最大短语集合，将其输出为可能的失效根源。

基于模型的方法的优点是结果准确，并能提供期望的行为状态或失效执行的违背情况描述，有助于理解和修正错误；缺点是需要指定断言，而确定程序中恒定满足的属性分析过程比较复杂，特别是对于复杂系统而言，基于模型的方法形式化模型逻辑推理的复杂度较高、开销很大。

基于测试的方法主要有 Delta 调试、基于频谱的错误定位。

下面介绍基于频谱的错误定位方法，如图 10.3 所示。该方法通常的流程是：设计若干测试用例，作为被测软件的输入；然后查看测试结果，将不同的结果所对应的执行频谱记录下来；进一步通过比较分析，确定可疑的输入片段和代码片段。所谓频谱，是指各语句是否被执行到而留下的记录。

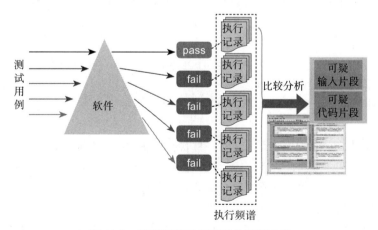

图 10.3　基于频谱的错误定位流程示意

如图 10.4 所示，有一段代码，其功能是寻找 3 个数的中间数；在执行了 6 组测试用例后，得到不同的输出结果，其中前 5 组是成功的，而第 6 组失败了；各测试用例在执行过程中覆盖的语句也有所不同；可以使用若干可疑度计算公式来得到各语句存在缺陷的概率值，并使用不同的颜色来进行可视化，如式（10.1）所示；最终可以确定语句 7 中存在错误，从而成功定位缺陷。

$$color(s) = low\ color(red) + \frac{\%passed(s)}{\%passed(s) + \%failed(s)} * color\ range \qquad (10.1)$$

$$bright(s) = max(\%passed(s), \%failed(s))$$

		测试用例					
mid(){ int x, y, z, m;		3.3.5	1.2.3	3.2.1	5.5.5	5.3.4	2.1.3
1:	read ("Enter 3 numbers: ",x, y, z);	●	●	●	●	●	●
2:	m=z;	●	●	●	●	●	●
3:	if (y < z)	●	●	●	●	●	●
4:	if (x < y)	●	●			●	●
5:	m=y;			●			
6:	else if (x < z)	●				●	●
7:	m=y;						
8:	else				●	●	
9:	if (x < y)				●	●	
10:	m=y;				●		
11:	else if (x > z)					●	
12:	m=x;						
13:	print("Middle number is:",m);	●	●	●	●	●	●
}	Pass/Fail status		P	P	P	P	P

图 10.4　基于频谱的错误定位示例

基于频谱的覆盖分析方法通过对比失效执行和成功执行的程序元素（如语句、谓词、分支、基本块）的覆盖信息，定位可疑代码。其主要思想是：如果某个程序元素被较多的失效执行覆盖，却很少被成功执行覆盖，则该程序元素很可能含有缺陷。该方法通常包含如下步骤：

1）执行测试用例，收集测试用例执行过程中的覆盖信息（即哪些程序元素被执行）以及测试用例的执行结果（成功/失效）；

2）统计分析失效执行和成功执行的程序元素覆盖信息，采用预先定义的度量公式，例如式（10.1），计算各个语句的可疑度；

3）将语句按照可疑程度由高到低排序，可疑度越高、排序越靠前，则越可能是缺陷语句。

现有研究成果表明覆盖分析方法具有一些优点：提供语句的可疑程度描述，由于不需要形式化建模，计算复杂度低，适于分析大规模程序。但该方法也存在一些问题，列举如下：

- 通常只能揭示统计关联而不能充分分析程序元素间的相互影响。当软件错误涉及多个程序元素间复杂交互的情况时，可能定位不到错误语句。
- 通常只检测可疑程序语句或谓词，缺少对错误行为状态的描述，需要由开发人员进一步判定是否存在错误。由于错误可能起源于失效点之前的任何位置，因此仅通过孤立的可疑语句或谓词来理解软件错误的产生原因是很困难的。
- 对测试用例的质量要求较高。如果测试用例选择不当，冗余测试用例或者巧合正确的测试用例，可能降低错误定位的精度和效率。

另外，程序插桩技术在覆盖分析中的使用非常普遍，以下通过示例来说明如何插桩以及实施的效果。如图 10.5 所示，最简单的方式是在源代码中增加语句来输出相关语句的被执行情况。若给定参数 n=3、nums={8, 20, 13}，那么插桩后的程序会输出 {2, 3, 4, 5, 9, 3, 4, 6, 7, 9, 3, 4, 6, 9, 3, 11} 作为程序的执行路径，对应于原始程序被执行的语句行号。

源代码
```
1   void findmaxIndex(int n, int* nums) {
2     int i = 0, maxIdx = -1;
3     while (i < n) {
4       if (maxIdx == -1) {
5         maxIdx = i;
6       } else if (nums[i] >= nums[maxIdx]) {
7             maxIdx = i;
8       }
9       i++;
10    }
11    printf("%d", maxIdx);
12  }
```

插桩后的代码
```
1   void findmaxIndex(int n, int *nums) {
2     int i = 0, maxIdx = -1;
3     fprintf(traceFile, "2\n");
4     while (fprintf(traceFile, "3\n"), i < n) {
5       if (fprintf(traceFile, "4\n"), maxIdx == -1){
6         maxIdx = i;
7         fprintf(traceFile, "5\n");
8       } else if (fprintf(traceFile, "6\n"),
              nums[i] >= nums[maxIdx]) {
9             maxIdx = i;
10            fprintf(traceFile, "7\n");
11      }
12      i++;
13      fprintf(traceFile, "9\n");
14    }
15    printf("%d", maxIdx);
16    fprintf(traceFile, "11\n");
17  }
```

图 10.5　程序插桩技术示例

10.5　面向对象测试与敏捷测试

10.5.1　面向对象测试

面向对象测试与传统测试不同：面向对象测试包含对 OOA 和 OOD 模型的复审，以便及早发现错误；面向对象软件是基于类 / 对象的，而传统测试是基于模块的。面向对象软件的测试策略有：

- 面向对象软件的单元测试，最小的可测试单元是封装起来的类和对象，不能孤立地测试单个操作，而应该把操作作为类的一部分来测试。
- 面向对象软件的集成测试，包括基于线程的测试（用于集成系统中对一个输入或一个事件做出回应的一组类，多少个线程就对应多少个类组，每个线程被集成并分别测试）和基于使用的测试（从相对独立的类开始构造系统，然后集成并测试调用该独立类的类，一直持续到构造完整的系统）。
- 面向对象软件的确认测试与系统测试，忽略类连接细节，主要采用传统的黑盒法对面向对象分析阶段的用例所描述的用户交互进行测试，同时面向对象分析阶段的对象 - 行为模型、事件流图等都可以导出 OO 测试的测试用例。

面向对象测试的测试用例设计需要考虑：继承的成员函数需要测试；子类测试用例可以参考父类测试用例。

10.5.2　敏捷测试

敏捷测试是遵循敏捷宣言的一种测试实践。敏捷宣言，也叫敏捷软件开发宣言，正式宣布了四种核心价值，可以指导迭代的、以人为中心的软件开发方法。敏捷宣言强调的敏捷软件开发的四个核心价值是：个体和交互高于流程和工具；可用的软件高于详尽的文档；客户合作高于合同谈判；响应变化高于遵循计划。注意：在每对比较中，后者并非全无价值，而是更看重前者。

因此，敏捷测试有如下特点：强调从客户角度进行测试；重点关注迭代测试新的功能，而不再强调测试阶段（即划分为单元测试、集成测试等）；尽早测试，不间断测试，具备条件即测试；强调持续反馈，测试的结果、过程、问题需要尽可能快速地通知到相关人员；预防缺陷重于发现缺陷，给出质量改进的建议，保证软件质量。

由此可见，敏捷测试和传统测试有很大的不同，具体的对比如表 10.4 所示，在软件质量的守护者、变更管理、计划和进展、文档情况、入口/出口标准、自动化测试、测试流程、测试和开发的关系等方面都存在差别。

表 10.4 传统测试和敏捷测试的对比

对比方面	传统测试	敏捷测试
软件质量的守护者	测试是质量的最后保护者	开发和测试人员都有责任
变更管理	严格的变更管理	变更可接受，拥抱变更
计划和进展	预先的计划和细节的准备	计划随着进展时常调整
文档情况	重量级文档	只需要绝对必要的文档
入口/出口标准	各阶段测试出入口标准严格	各迭代之间没有明显的标准
自动化测试	主要在回归测试中进行	所有阶段、所有人都需要做
测试流程	严格依赖流程执行	不再需要严格执行
测试与开发的关系	相对独立	无缝隙合作

典型的敏捷开发和测试的主要活动与对应关系如表 10.5 所示。主要由三部分构成，即从最初的用户故事设计和发布计划，到几次 Sprint 周期的迭代开发和测试，再到最后的产品发布阶段。每个时间段都有相应的测试活动。通常 Sprint 周期被分成两类：特征周期（Feature Sprint）和发布周期（Release Sprint）。特征周期主要涉及新功能的开发和各类测试，发布周期则会结合计划，确定新版本功能，然后对最新的功能进行测试。

表 10.5 敏捷开发和测试的主要活动与对应关系

敏捷开发的主要活动	测试活动
用户故事设计	寻找隐藏的假设
发布计划	设计概要的验收测试用例
迭代 Sprint	估算验收测试时间
编码和单元测试	估算测试框架的搭建
重构	详细设计验收测试用例
集成	编写验收测试用例
执行验收测试	重构验收测试
Sprint 结束	执行验收测试
下一个 Sprint 开始	执行回归测试
发布	发布

在迭代的 Sprint 周期中，开发部分可以根据传统步骤分成编码和单元测试、重构和集成，其中重构和集成是敏捷开发的 Sprint 迭代中不可忽视的任务。如果在新的 Sprint 周期中

要对上次的功能加以优化和改进，必然离不开重构和集成。

在每个 Sprint 周期结束前，测试团队将提交针对该 Sprint 周期或者上一个 Sprint 周期中已完成的功能的验收测试。在实际项目中，测试团队的进度通常会晚于开发团队。开发团队可以运行验收测试，以验证所开发的功能目前是否符合预期，这个预期也是在迭代中不断变化和完善的。当产品的所有功能得以实现，测试工作基本结束后，就进入了发布周期。此时，测试团队的任务相对较多。

1. 探索式测试（Ad hoc Test，Exploratory Test）

"Ad hoc"原意是指"特定的，一次性的"。"特定"的测试或"探索式"的测试是指为了某一个特定目的而进行的测试，且就这一次，以后一般也不会重复测试。在软件工程的实践中，"Ad hoc"大多是指随机进行的、探索性的测试。

探索式测试更能激发测试人员的创造性和工作乐趣，增加发现新的或较深入 bug 的可能性，能够在较短时间内找到更多 bug，并对被测系统做出快速的评估。探索式测试有利于更加有效地实施自动化，更适合敏捷项目。但探索式测试也有一些不足：在测试管理上有局限性，较难协调和控制；对于 bug 的重复利用和重现作用有限；对测试人员的测试技能和业务知识深度的依赖较大；只有在被测系统已经完全可用的前提下才更有作用；探索式测试的生产率很难定义；较难进行自动化，主要依靠测试人员。探索式测试的流程是不可重复的，因为它的测试都是"特定"测试，无法重复。这使探索式测试不能自动化，达不到 CMMI 二级（可重复级）。

作为管理人员，如果发现太多的 bug 是在探索式测试中找出来的，那就要看看测试计划是否基于实际的场景、开发人员的代码逻辑是否完善等。同时，要善于把看似探索式的测试用例抽象出来，囊括到以后的测试计划中。因此，探索式测试太多是团队管理不佳的标志，因为探索式测试是指那些一时想到要做但以后并不打算经常重复的测试。

微软的 Bug Bash 活动，或者叫 Bug Hunt，就是大家一起来找 bug 的活动。一般是安排一段时间（如一天），这段时间里所有测试人员（有时也加入其他角色）都放下手里的事情，专心找某种类型的 bug。结束时，统计并奖励找到最多和最厉害的 bug 的员工。一般情况下是全体动员探索式测试，但并不是全体人员用键盘或鼠标一通乱敲乱点，大扫荡的内容也应该事先安排好。

这种活动如果运用得当，会带来以下功效：鼓励大家做探索式的测试，开阔思路；鼓励测试队伍学习并应用新的测试方法。当然也有一些副作用：扰乱正常的测试工作；如果过分重视奖励，会出现一些数量至上、滥竽充数的做法。

因此有必要提醒两点：一定要让"bug 大扫荡"有明确的目标和技术支持；一定要让表现突出的个人介绍经验，让其他成员学习。要记住，最好的测试是能够防止 bug 出现的。

局部探索式测试辅助测试人员在测试执行过程中即时做出决定，注重在测试中如何做抉择、应注意的测试细节等。其重点是把测试经验、专业知识、软件构建和运行环境结合在一起，做出正确的决定。局部探索式测试的五大要素为输入、状态、代码路径、用户数据和执行环境，分别介绍如下。

（1）输入

输入是指由环境产生的一种刺激导致被测试的应用程序有所响应。输入有接收输入、产生输出、存储数据、进行运算四个任务，测试时一般从输入顺序、输出内容、输出异常这几个角度考虑测试要点。输入时要注意的细节有：

- 由于开发人员喜欢编写正常功能代码，不喜欢编写错误处理代码。测试中应关注在错误输入发生时应用程序的处理机制。
- 仔细阅读每一条错误提示信息，使用提示信息来引导测试深入。
- 对于输入筛选器，检查是否实现了正常的功能、是否可以绕过屏蔽器等。
- 对于空泛的通用错误提示信息，要反复测试相关模块，继续使用刚才引发异常的输入数据或者小修改，查看程序运行状况。
- 区分合法输入和非法输入、常规输入和非常规输入、一般字符和特殊字符。
- 默认输入和用户输入，可进行默认值的删除，留下一个空白字段，查看程序处理机制。
- 学会使用输出指导输入。

（2）状态

单个或一些输入会被软件"记住"，可能被存储于软件的内部数据结构中。在选择下一个输入时，必须考虑重用过的那些输入所造成的累积效应。软件的一个状态就是状态空间中的一个点，由所有内部数据结构的取值来唯一确定。状态有两种：临时状态，指运行时有效、阶段有效；永久状态，指数据库保存、文件保存。软件状态的复杂性在于它可以牢记已经处理过的输入，并牢记从前发生过的状态叠加效果。

有如下建议：使用状态信息来帮助寻找相关的输入；使用状态信息来辨识重要的输入序列。当一个输入导致状态信息被更新时，紧接着再多次使用同样的输入会导致一连串的状态变化。通过观察被测应用程序中状态的累积程度，重复使用相同或不同的输入来检验这种累积是否会带来副作用。

状态分为临时和永久状态，运行时有效、阶段有效是临时状态，而数据库保存、文件保存是永久状态。状态可以帮助我们更加有效地确定测试的输入和输出。

（3）代码路径

代码路径是指对代码的覆盖，和传统软件测试一致。

（4）用户数据

用户数据是指真实用户数据，尽可能模拟真实的环境，构造合理。注意的细节包括：

- 测试中要在很短的时间内模拟产生实际使用时的大量数据；
- 尽量逼真地模拟用户数据的相互关系和结构，注意"用户隐私"的问题。

（5）运行环境

运行环境指操作系统、系统组网的网络拓扑、第三方系统、配置数据、运行系统的硬件设备等。

2. 测试对象与具体应用程序的关系

使用的操作系统和当前的配置构成了运行环境。Whittaker 把全局探索式测试叫作漫游测试，把测试对象比喻成将要在其中旅游的一个城市。根据要访问城市各区域的不同目的，把城市分为商业区、历史区、娱乐区、旅游区、旅馆区和破旧区。

（1）商业区测试类型

对于测试来讲，商业区是指软件的启动及关闭代码之间的部分，包含了用户所要使用的软件特性和功能，侧重于测试对象的主要功能及特性。

主要测试方法有指南针测试法、卖点测试法、地标测试法、极限测试法、快递测试法、深夜测试法和遍历测试法。

（2）历史区测试类型

历史区指遗留的代码或者在前几个版本就已经存在的软件特性，也指那些用于修复已知缺陷的代码，侧重于老的功能和缺陷修复代码。相应的方法有：恶邻测试法，对 bug 扎堆的地方进行遍历测试法及详细测试；上一版测试法，即检查那些在新版本中无法再运行的测试用例，以确保产品没有遗漏必需的功能；博物馆测试法，重视老的可执行文件和遗留代码。

（3）娱乐区测试类型

娱乐区测试指测试那些辅助特性，包括：配角测试法，测试中调节自己的测试注意力，使测试细化、具体，确保配角得到应有的重视；深巷测试法，测试最不可能被用到或是最不吸引用户的特性；通宵测试法是测试软件的长时间运行后各功能模块是否正常，类似于稳定性测试。

（4）旅游区测试类型

旅游区测试是指快速访问测试对象的各种功能，类似于遍历测试法，包括：收藏家测试法，收集执行一个测试点后的所有输出，确保能观察到软件生成的任何一个输出；长路径测试法，确定测试目标，在到达目的地之前尽量多地在应用程序中穿行，把埋在应用程序最深处的界面作为测试目标；超模测试法，即 GUI 测试；测一送一测试法，测试同一个应用程序多个拷贝的情况，测试程序同时处理多个功能要求时是否正常，各功能之间同时处理时是否会相互影响；苏格兰酒吧测试法，花一些时间参与用户之间的讨论，深入了解测试对象所处的行业信息。

（5）旅馆区测试类型

旅馆区测试类型是指测试那些经常被忽略和测试计划中较少描述的次要及辅助功能，包括：取消测试法，即启动相关操作，然后停止它，查看测试对象的处理机制及反应，如针对 ESC 键、取消键、回退键、Shift+F4，关闭按键或者彻底关闭程序（从任务管理器中结束进程），重复同一个操作；懒汉测试法，即做尽量少的实际工作，让程序自行处理空字段及运行所有默认值，这类似于深夜测试法。

（6）破旧区测试类型

破旧区测试类型是指输入恶意数据、破坏软件、修改配置文件等。可以做一个破坏者，测试各种异常情况；也可以采用反叛测试法，即输入最不可能的数据或者已知的恶意输入，又分为逆向测试法、歹徒测试法和错序测试法；还可以采用强迫症测试法，即进行重复测试。

测试中运用上述方法，可以使测试更有趣、更有针对性和指导性。确定测试对象，哪个对象用哪个测试法，将测试对象功能与测试技术方法结合起来，达到匹配平衡。特别是针对升级版本项目，要给予持续关注，刚开始时运用各种测试法，然后跟踪，找出各模块哪个测试法最有效。以发现的 bug 数来衡量测试法的有效程度，这样在接下来的版本测试中，可以更有效、更有针对性地执行测试方法，提高测试质量和效率，再辅以其他测试法提高测试覆盖率。这需要测试人员的用心观察和总结。

10.6　测试工作中的文档

在测试工作中，各类人员都有很多文档要写，但在敏捷模式中，要坚决避免为了写文档而写文档，要写真正有用的、重要的文档。在计划阶段，需要制订测试计划，特别是测试总纲，还要写测试设计说明书（Test Design Specification, TDS）、测试用例（test case）、错误报告（bug report）和测试报告（test report）。它们之间的关系如图 10.6 所示。

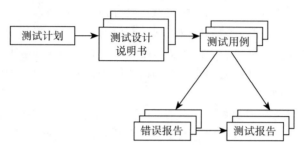

图 10.6　各类测试文档之间的关系

测试计划和测试总纲主要说明产品是什么、要做什么样的测试、时间安排如何、谁负责什么方面、各种资源在哪里等。各类测试文档的具体说明如下。

1. 测试设计说明书

测试设计说明书主要用于告知测试人员如何设计测试。对于一个功能或相关联的一组功能，TDS 主要描述下列内容：

- 功能是什么？
- 需要测试哪些方面？有没有预期的 bug 比较多的地方？
- 如何去测试？确定采用的具体测试方法、测试自动化、测试数据等。
- 功能如何与系统集成？如何进行这方面的测试？
- 何时结束测试？

功能实现之前，应该就要根据功能的规格说明写好 TDS，并通过同事复审。

2. 测试用例

测试用例描述了如何设置测试前的环境、如何操作、预期的结果是什么等信息。一个功能的所有测试用例合称为这个功能的测试用例集（test suite）。

对于一个功能，用户可能的输入千差万别，没有必要写成千上万个测试用例，可以把各种情况归纳到几个类别中，即进行等价类划分。设计测试用例有好几种方法，互相补充，帮助测试人员有效生成测试用例，比如等价类划分、边界值分析、常见错误等。例如，网页上用户的登录情况可归为以下两类。

- 正确输入（用户输入了合法且正确的用户名和密码），预期结果是用户能够正常登录。又分为：用户名有多种情况（数字、字母、中文）；用户登录"记得我的账户和密码"功能可以正常使用；用户的密码是否隐式显示，或者在不同模块中转送（明文密码会导致诸多安全性问题）。
- 错误输入，预期结果是系统能给出相应的提示。又分为：用户名不存在；用户名含有不符合规定的字符（控制字符、脚本语句等）；用户名存在，但密码错误（具体测试时可以输入空字符串、超长字符串、大小写错误的字符等）。

3. 错误报告

在测试中，如果发现了问题，就要报告。在一定规模的软件项目中，一份好的错误报告至少要满足以下几点：bug 的标题要能简要说明问题；bug 的内容要写在描述中，包括测试的环境和准备工作、测试的步骤（清楚地列出每一步做了什么）、实际发生的结果、根据规格说明和用户的期望应该发生的结果。如有其他补充材料，例如相关联的 bug、输出文件、日志文件、调用堆栈的列表、截屏等，应保存在 bug 对应的附件或链接中；还可以设置 bug 的严重程度、功能区域等，这些都可以记录在不同的字段中。

下面是列举的一个 bug 报告。

标题：崩溃了

内容：我今天浏览购物网的时候，发现网站崩溃了。

这个 bug 报告对问题的描述太过笼统，开发人员根本无从下手。一个好的 bug 报告应该是这样的：

标题：购物网站的某个具体页面（URL），在回复中提交大于 100KB 文字时会出错

内容有以下几点。

环境：在 Windows XP 下，使用 IE7；允许 Cookie；网站的版本是 1.2.40。

重现步骤：

1）用用户名和密码登录。这一用户在系统中是一般用户。

2）到某一产品页面（链接为……）。

3）选中一个帖子，例如帖子号为 579。

4）回复帖子，在内容中粘贴 100KB 的文字内容（文本内容见附件）。

结果：

网站出错，错误信息为：[略]

预期结果：

网站能完成操作，或者提示用户文本内容过大。

[在附件中加入 100KB 的文本文件]。

测试人员还可以附上其他分析，团队应该鼓励测试人员追根溯源。如果测试人员发来这样的 bug 报告，开发人员就能够重现这一问题，从而有效地分析和解决问题。

4. 测试修复，关闭缺陷报告

当开发人员修复了一个缺陷并嵌入代码后，一个新的构建就会包含这个修复（bug-fix）。测试人员需要验证修复，并且搜寻有无类似的缺陷，验证修复会不会导致其他问题（回归、退化），了解修复的影响（是只修改一个简单的显示文字，还是修改了内部算法），并且检查系统的一致性是否受到影响（例如，修改了默认的 / 是 / 否 / 取消 / 选择次序，要检查整个产品中其他的对话框是否遵循同一模式）。

在完成测试之后，测试人员可以关闭缺陷报告，同时在"历史（History）"一栏内说明验证是怎么做的。

当测试人员验证了一个 bug 被正确修复之后，还要考虑是否将该 bug 变成一个测试用例，保证以后的测试活动中会包括该 bug 描述的情况。这一点非常重要。

5. 测试报告

在一个阶段的测试结束后，我们要报告各个功能测试的结果，这就是测试报告。只需简单地列出一些数字即可，例如对于某一功能，要收集下列数据：有多少测试用例通过 / 失败 / 未完成？有多少测试用例之外的 bug？

将所有功能的测试报告相加就能得到整个项目的测试统计信息。这样的信息能帮助我们

从宏观上了解还有多少事情没办完，各个功能相对的质量如何。

作业

1. 贯彻"做中学"的思想，动手实现项目，和别人的实现效果相比较，分析产生差距的原因。
2. 实现一个简单而完整的工具（比如四则运算或者单词词频统计）；进行单元测试、集成测试，在实现上述程序的过程中使用相关的工具。进行个人软件过程（PSP）的实践，逐步记录自己在每个软件工程环节花费的时间。练习提交代码到源代码管理；做完一个功能，实现一个算法，就提交一次。
3. 软件中为什么会存在安全漏洞？如何查找 CSRF 漏洞？
4. 软件调试和软件测试有什么区别？
5. 现有研究中，有哪些软件自动错误定位技术？
6. 敏捷测试与传统测试有哪些区别？
7. 无人驾驶汽车正处于研发阶段，主要依赖于深度学习来识别路况并及时做出判断，目前还存在很多问题。请你从软件质量保障的角度谈谈如何实现机器学习模型的测试，包括用例的设计生成、覆盖率的要求、预期输出等。

第11章

软件测试实战

可以从多个方面展开测试，比如：视角可能是开发者、提供者或用户；内容可能包括功能、性能、可用性或安全性；过程可以从测试需求、用例生成、用例执行、结果分析等依次进行，后续还包括错误定位、缺陷重现、缺陷修复等任务。本章以 Web 应用为例，具体介绍软件测试的角度、内容和过程，并介绍 Web 应用的自动化测试。

11.1　Web 应用特性相关的测试角度

从测试的角度看，Web 应用软件的以下特点会导致 Web 应用软件的测试有别于其他软件的测试：Web 应用软件是基于无连接协议 HTTP 的，分布、异构；内容驱动，开发周期短、演化频繁，具有交互、动态特性；用户数量巨大，在安全性、美观性等方面的要求较高。

如图 11.1 所示，Web 应用的软件架构分为三层：表示层、业务逻辑层和数据层。由于 Web 应用软件通常采用多层的结构，因此在测试的时候，最好也采用分层的策略，即表示层的重点是 HTML 文档结构和客户端程序，其中包括排版结构、链接结构、客户端程序、浏览器兼容性测试；业务逻辑层主要关注其包含的业务逻辑，可分为对单个程序的测试和对一组程序的测试；数据层主要包括对数据完整性的测试以及大数据量下对数据库操作的性能、压力测试。另外，由于单独对每一层进行测试并不充分，因此测试时还需要考虑层与层之间的集成测试。

Web 应用特性对自动生成 Web 应用测试用例以及测试造成了诸多影响，具体表现在以下 4 个方面。

1. 和传统软件相比，Web 应用有哪些不同

先介绍几个 Web 术语。一个浏览器屏幕上展现的数据即为一个 Web 页，Web 页可以是静态的 HTML 文件，也可以是动态生成的。一组互相有关联的 Web 页称为 Web 站点；部署在 Web 站点上的程序即为 Web 应用，通过 URL 来访问，是基于组件的、并发/分布的、存储在服务器上随时可能被更新且有用户交互，其用户界面是用 HTML 编写的，用户通过 HTTP 请求/响应实现交互。

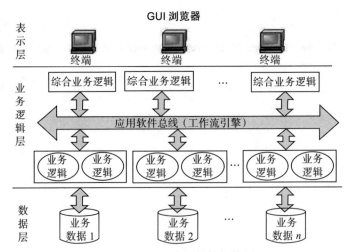

图 11.1　Web 应用软件架构图

一个典型的 Web 应用执行时包括以下步骤：首先在服务器的 8080 端口收到请求，然后将 HTTP 请求发送到 Web 服务器端，再向容器引擎发送请求对象，向程序组件生成线程 / 函数方法，后续将依次返回结果到容器引擎、Web 服务器和服务器，以及返回到客户端。

Web 应用中有 3 个问题需要特别留意，即控制流、状态管理和变量范围、并发，以下分别进行说明。

（1）控制流

传统的控制流分为以下三类情形：一是过程式语言，有方法 / 函数调用和条件语句（如 if、while、for、repeat-until 和 switch 等），通过静态方式引入，即编译前导入其他代码；二是面向对象语言，由多态实现动态绑定；三是客户端 / 服务器，有消息传递机制。

Web 应用的控制流包括以下几部分：一是传统的控制流机制，即服务器和客户端上的软件可以和传统的控制流一样处理，从客户端到服务器以及从服务器到别的服务器的同步信息传递（HTTP），还有客户端的事件处理机制；二是新的控制流机制，包括客户端到服务器的异步消息传递（AJAX），还有从一个服务器组件到另一个不返回的传递控制（Forward）、要求客户端发送请求到别的地方的重定向（Redirect）、用户进行 URL 改写、将控制传递到别的组件后的无参数返回（动态引入）、允许动态添加和使用新的组件的反射机制（动态绑定）。

这样导致的后果是传统的控制流图无法对 Web 应用执行中最本质的部分建模，UML 图也无能为力，大多数开发者只是学习语法，而并非这些新的控制联系背后的概念。这使很多应用的设计很差，进而产生很多难以理解的软件错误。

（2）状态管理和变量范围

首先说明会话（session）的概念，session 是指一系列客户端和服务器之间相关的交互。跟踪 session 是指在多个 HTTP 请求中保持数据。这对于维护状态非常关键，因为我们很熟悉传统过程式编程和面向对象编程的上下文，但 Web 带来了独特的限制：HTTP 协议是无状态的，Web 是分布式的。

C 程序设计语言使用全局变量和局部变量来处理状态，并设定层的范围。这些机制有两个简单、脆弱的假设：软件组件共享物理内存；程序运行到使用活动内存完成。但 Web 应用中不存在这样的假设，因为软件组件是分布的，而且 HTTP 协议本身是无状态的。为了在 Web 应用中保持状态，我们需要用不同的方法来存储和访问变量和对象。在 Web 应用中进行公共访问和参数传递是不可能的。

因此 Web 应用使用 session 对象来实现数据共享：一个程序组件可以存储 session 对象的值，另一个组件可以获取、使用和修改这个值。

总之，状态管理和状态流对任何程序都很重要，尤其在 Web 应用中，状态管理是最容易导致软件错误的。

（3）并发

在 Web 应用中，多个用户经常同时访问同一个应用，会产生并发故障。可将软件组件对象看作线程，线程间会共享一些变量，容易产生读写冲突。程序员有责任避免这些问题。但现状是大多数程序员对并发的认知很少，也缺乏处理并发问题的经验，很可能是第一次遇到并发问题，也意识不到潜在的并发缺陷。这也是导致 Web 应用故障的主要原因。

2. Web 应用测试会带来哪些研究挑战

Web 应用是异构、动态的，并且需要满足很高的质量属性。如果 Web 站点和应用的质量不高，会对用户造成较大的影响。因而 Web 应用需要更好的构建和更充分的测试。Web 站点软件是极度松散的耦合，通过 Internet 联系在一起，空间上是隔离的，并且通过不同的硬件和软件应用耦合。Web 软件服务提供动态改变的控制流，表现在可以根据用户请求动态生成 Web 页面。要在一个 Web 应用中找到所有的页面是一件不切实际的任务。

测试 Web 应用面临以下困难：传统的控制流图和函数调用图不再适用；状态行为很难建模和表述；所有的输入都需要通过 HTML 界面，这意味着低控制性；很难得到服务器端的状态，如内存、文件和数据库，这表示低可观测性；不清楚哪些逻辑断言是有用的；没有针对 Web 软件变异操作的模型。

3. 客户端的走查测试

客户端的走查测试即验证用户输入，以决定能否用软件来处理这些输入。在开始处理输入前，明智的做法是先检查输入的有效性。相应的程序应该如何识别并处理这些无效输入呢？

由于 Web 应用是由用户输入驱动的，因此输入验证对其能否成功非常重要。如果输入空间可以用语法来描述，那么就可以用解析器来自动检查其有效性。但这样的情况很罕见，另外写一个输入检查器相对简单，但也不能保证检查器中没有错误。表示输入域的困难在于目标域往往是不规则的，难以精确表达，会隐藏很多软件错误。

Web 应用通常是将用户界面上的有效输入域编码为很多规则。用户可以查看、保存、修改、重新加载 HTML 文件。比如 SQL 注入攻击，在输入中夹带了非法字符，而走查测试就适用于检测这类攻击。

在客户端验证输入数据如同让你的对手在剑术比拼中握住你的盾牌。走查测试设计用例需要违反约束，提高测试的自动化程度，检查鲁棒性，评估安全性。需要分析 HTML 文件以提取每个表单元素，并对 HTML 和 JavaScript 中的约束建模。数据生成的规则包括客户端约束、典型的安全攻击以及常见的输入错误。

4. 服务器端的原子部分建模

Web 应用中部分程序是动态生成的，这些动态页是根据用户请求生成的，不同的用户可能看到不同的程序。对于控制流，用户可能做一些出乎意料的改变，比如通过后退按钮、重写 URL 以及刷新来实现非 HTML 链接的跳转，这些潜在的控制流无法以静态方式获得。

很多在非 Web 应用上使用的测试规则是基于静态控制流图的，比如边覆盖、数据流、逻辑覆盖、切片、变动影响分析等。但静态控制流图对 Web 应用并不适用。为此首先定义原子部分：如果将一个带属性的 HTML 原子部分发送给用户，则其可能包含 JavaScript 并且是所有的属性或不含属性。一个 HTML 文件即为一个原子部分。内容变量是提供数据给原子部分的程序变量。原子部分可以为空。

将原子部分组合起来可以表示程序能生成的所有界面，与使用 CFG 来表示一个单元中的所有路径非常类似。有四种组合方式：顺序 (p1 · p2)、选择 (p1|p2)、循环 (p1*) 和聚合 (p1{p2})。可以自动生成组合部分。

再考虑将动态交互建模，有 3 种类型的跳转，即 HTML 链接跳转、组合部分跳转和操作跳转（包括后退按钮、刷新按钮、URL 重写、从缓存中重新加载）。在此基础上进行组件间的建模，即将整个 Web 应用表示为一个图，节点是 Web 组件，边是跳转（包括静态链接、动态链接和前进链接，链接上的信息可以是 HTTP 请求的类型或者作为参数被传递的数据）。当前状态是静态变量和 session 信息。

测试可以划分成组件内测试和组件间测试两个等级，考虑 Web 软件组件和组合部分之间的跳转序列。组件间的 Web 应用测试可以分为以下 5 种：①检查静态链接跳转，为每个表单生成一个测试，可依照以往的测试准则进行；②在①的基础上进行两个扩展，输入带 URL 重写的值，并为每个表单进行多次测试；③检查操作跳转，从非初始化且没有后续跳转的页面开始；④综合①和③；⑤在④的基础上测试每个从最终页出去的跳转。通过这样的方式来进行测试。

通过划分原子部分对 Web 应用进行基础性建模，进而可以将其应用到软件演化、设计建模或评估、变动影响分析（切片）、Web 应用组件耦合等各个方面。

11.2　Web 网站测试的内容

基于 Web 的系统测试与传统的软件测试既有相同之处，也有不同的地方，对软件测试提出了新的挑战。基于 Web 的系统测试不但需要检查和验证是否按照设计的要求运行，而且要评价系统在不同用户的浏览器端的显示是否合适，更需要从最终用户的角度进行安全性和可用性测试。通常 Web 网站测试的内容包含以下方面：功能测试，性能测试，安全性测试，可用性 / 易用性测试，配置和兼容性测试，数据库测试，代码合法性测试，完成测试。

目前 Web 应用测试面临的挑战主要有：大量用户带来的技能差异大的问题，因为具有各种不同的浏览器、操作系统和设备，所以用户联网的速度差异也较大；用户环境相关的问题，比如外部链接指向第三方服务或数据库，需要计算税费、确定运输价格、完成财务交易、追踪用户行为等；安全性问题，由于网站是开放的，因此安全问题很多；配置测试环境的困难很多，需要进行浏览器兼容性测试。

在测试 Web 应用时，要先明确应用的用途，比如是帮助用户编辑照片、发送票据还是联系朋友或跟踪社交媒介等；测试内容通常需要着眼于功能、可用性、安全性以及性能这四大方面。

11.2.1　功能测试

Web 应用功能测试是指根据产品特性、操作描述和用户方案测试产品的特性和可操作行为，以确定其满足设计需求，主要针对功能错误或遗漏、界面问题、软件处理性能错误、数据及访问错误、初始化及终止错误。现在有海量的功能测试工具，如商业工具 QTP 等以及开源工具 Selenium 等。

功能测试主要用于测试 Web 应用软件是否履行了预期功能，包括针对单个网页的内容测试、链接测试、表单测试和 Cookies 测试，也包括针对整个网站的特定功能测试、数据库测试、设计语言测试等。

- 内容测试。内容测试用于检测 Web 应用系统提供信息的正确性、准确性和相关性。正确性是指信息是真实可靠的还是胡编乱造的；准确性是指网页文字表述是否符合语法逻辑或者是否有拼写错误；相关性是指能否在当前页面找到与当前浏览信息相关的信息列表或入口。内容测试示例如图 11.2 所示，在当当网主页上进行功能测试，具体包括搜索框功能测试 (搜索某种类别的商品，比如关键字为 "软件工程"，能够列出含有指定关键字名称的图书) 和鼠标滑过功能测试 (鼠标滑过每个商品时能够显示相应的商品名称)。

图 11.2　网页内容测试示例

- 链接测试。链接使用户可以从一个页面跳转到另一个页面，是 Web 应用系统的主要特征，它是在页面之间切换和为用户导航到某些页面的主要手段。链接测试需要验证 3 方面的问题：用户点击链接后是否可以顺利打开所要浏览的内容；所链接的页面是否存在；保证没有孤立页面，即没有链接指向该页面。链接测试可以手动进行，也可以使用工具进行。

- 表单测试。用户给 Web 应用系统提交信息需要使用表单操作。表单测试主要模拟表单提交过程，检测其准确性，通常考虑以下问题：表单提交应当模拟用户提交，验证是否完成功能；测试提交操作的完整性，以校验提交给服务器信息的正确性；验证数据的正确性和对异常情况的处理能力，注意是否符合易用性要求；有数据校验问题，即根据给定规则对用户输入进行校验，保证这些校验功能正常工作。

- Cookies 测试。Cookies 通常用来存储用户信息和用户在某些应用系统上的操作序列，当一个用户使用 Cookies 访问某一应用时，Web 服务器将发送有关用户信息，并把该信息以 Cookies 形式存储在客户端计算机上，可以用来创建动态和自定义页面或者存储登录等信息。Cookies 测试可以通过禁用、编辑、删除、破坏、加密 Cookies 等各种方式进行，也包括测试不同网站和浏览器中 Cookies 的行为。

- 特定功能测试。测试人员还需要对 Web 网站特定的功能需求进行验证。需要强调的是：应该从客户或用户的角度进行评判，而不是从产品本身呈现的角度进行评判。
- 数据库测试。数据库在 Web 应用技术中起着很重要的作用，它为 Web 应用系统的管理、运行、查询和实现用户对数据存储的请求等任务提供空间。在 Web 应用中，最常用的数据库类型是关系型数据库，可以使用 SQL 对信息进行处理。常见的数据库错误有：数据一致性错误，主要由用户提交的表单信息不正确而造成；输出错误，主要由网络速度或程序设计问题等引起。测试人员在了解数据库结构和设计内容之后，可以采用破坏性手段或在并发环境下检查数据的完整性和一致性。
- 设计语言测试。Web 设计语言版本的不同也会引起客户端或服务器端比较严重的问题，例如使用哪种版本的 HTML 等。此外，使用 Java、JavaScript、ActiveX、VBScript 或 Perl 等开发的应用程序也要在不同的版本上进行验证。

另外，兼容性测试也非常关键，需要测试在不同的平台、浏览器、分辨率以及打印机等外部设备上的效果。平台是指操作系统，目前常见的操作系统有 Windows、UNIX、Mac OS、Linux 等；浏览器是 Web 系统客户端最核心的软件，来自不同厂商的浏览器对 Java、JavaScript、ActiveX、plug-ins 或不同的 HTML 有不同的支持，并且有些 HTML 命令或脚本只能在某些特定的浏览器上运行；分辨率测试应检查页面版式在不同分辨率模式下是否显示正常、字体大小是否适合浏览、文本和图片是否对齐等；由于用户可能将网页打印下来，因此需要验证网页打印是否正常，有时在屏幕上显示的图片和文本的对齐方式与打印效果不一样，测试人员至少需要验证订单、确认页面打印是正常的。

几乎所有的用户都期望自己使用的 Web 应用功能准确、迅速、一致。需要全面测试的常见功能元素如下。

- 表单，无论是反馈调查、创建任务计划，还是订阅新闻，都需要用到表单。需要检查表单的提交操作是否正常，是否能够提交链接并把它提交到数据中，所有字段是否能够接收输入的内容等。
- 文件操作和计算，涉及图像和文档的上传、编辑、计算功能和正确的输出值。要确保能预计有多少用户会使用该应用，并尽可能地针对他们进行调节。另外，要考虑如何使该 App 更有效地计算并显示出结果，给用户提供更加流畅的用户体验。
- 搜索，如果该应用允许用户搜索内容、文档或文件，那么就要保证应用中的搜索引擎能够索引这些信息并定期更新，以便能够让用户实现快速查找，并根据查找条件快速显示相关结果。
- 媒体播放组件，测试音频、视频、动画和互动媒体播放组件（如游戏和图形工具）的时候，这些组件应该像预期的功能效果一样，并且在加载和运行时不能影响（暂停或减缓）其他应用的运行。
- 脚本和类库，确保脚本（比如图像显示或 AJAX 页面加载）在各种浏览器之间是相互兼容的，因为不同的用户可能会使用不同的浏览器访问该应用，同时可以测量不同浏览器的加载时间来进行性能优化。如果脚本只能和某些浏览器相互兼容，那么就要确保应用中的其他组件有更好的性能，这样所有的用户就能得到最好的应用体验。

最后要全面检查 Web 应用其他组件的功能，包括提示系统、用户配置文件和管理仪表板等。

11.2.2　可用性测试

Web 应用的可用性主要体现在导航、图形、外观等方面：要求导航尽量简明、结构清晰、风格统一；使用图形等信息要有明确目的，要保证信息的正确性、精确性和相关性；外观是人们对网站的整体印象，由实际用户评议。

网页导航是指通过一定的技术手段，为网页的访问者提供一定的途径，使其可以方便地访问到所需的内容。表现为网页的栏目菜单、辅助菜单、其他在线帮助等形式。网页导航在不同的用户接口控制之间出现，例如按钮、对话框、列表和窗口等，或在不同的连接页面之间。可以通过考虑下列问题，判断是否易于导航：导航是否直观？ Web 系统的主要部分是否可通过主页存取？ Web 系统是否需要站点地图、搜索引擎或其他的导航帮助？

在一个页面上存放太多的信息往往得到与预期相反的效果。Web 应用系统导航的帮助要尽可能地准确，因为 Web 应用系统的用户趋向于目的驱动，他们会很快地浏览一个 Web 应用系统，看是否有满足自己需要的信息，如果没有，很快就会离开。很少有用户愿意花时间去熟悉一个 Web 应用系统的结构。

导航的另一个重要作用是使 Web 应用系统的页面结构、导航、菜单、连接的风格一致。确保用户凭直觉就能知道 Web 应用系统中是否还有内容，内容在什么地方。Web 应用系统的层次一旦确定，就要着手测试用户导航功能，让最终用户参与这种测试，效果将更加明显。

在 Web 应用系统中，适当的图片和动画既能起到广告宣传的作用，又能起到美化页面的功能。一个 Web 应用系统的图形可以包括图片、动画、边框、颜色、字体、背景、按钮等。图形测试的内容有：

- 要确保图形有明确的用途，图片或动画不要胡乱地堆在一起，以免浪费传输时间。Web 应用系统的图片尺寸要尽量小，并且要能清楚地说明某件事情，一般都链接到某个具体的页面。
- 验证所有页面字体的风格是否一致。
- 背景颜色应该与字体颜色和前景颜色搭配。
- 图片的大小和质量也是一个很重要的因素，一般采用 JPG 或 GIF 压缩。
- 用户界面内容测试用来检验 Web 应用系统提供信息的正确性、准确性和相关性。
- 信息的正确性是指信息是可靠的还是误传的。例如，在商品价格列表中，错误的价格可能引起公司财政问题甚至导致法律纠纷。
- 信息的准确性是指是否有语法或拼写错误。这种测试通常使用一些义字处理软件来进行，例如使用 Microsoft Word 的"拼写和语法"功能。
- 信息的相关性是指是否在当前页面找到与当前浏览信息相关的信息列表或入口，也就是一般 Web 站点中所谓的"相关文章列表"。

整体界面是指整个 Web 应用系统的页面结构设计，是给用户的整体感觉。对整体界面的测试过程是一个对最终用户进行调查的过程。一般 Web 应用系统采用在主页上做调查问卷的形式，来得到最终用户的反馈信息。

对所有的可用性测试来说，都需要有外部人员（与 Web 应用系统开发没有联系或联系很少的人员）的参与，最好是最终用户的参与。以下是可用性检查列表。

- 导航：主页面上的导航链接以及返回主页面的链接都应该凸显出来，并指向正确的目标页面。
- 可访问性：尽最大可能确保你的 Web 应用易于操作和使用，尤其是对有视力障碍或行为障碍的人，简易的使用步骤是最受欢迎的。
- 跨浏览器测试：用户很有可能会从多种浏览器和操作系统中访问你的站点，所以你需要尽可能多地测试这些浏览器和操作系统组合，以确保你的 Web 应用能够按照计划运行，为更多的用户提供一致的体验。
- 错误消息和警告信息：你的 Web 应用在某种程度上一定会崩溃，但这不是你的错。你所要做的就是：当用户遇到例如 404 错误或无法成功上传资料的问题的时候，要确保应用程序中显示的消息是描述性的、对用户来说是有助于解决问题的。
- 帮助和文档：并不是所有的用户在使用你的 Web 应用时都能感觉很顺畅，有些用户在刚开始的几次可能需要帮助；而其他人即使很熟悉这款产品，也可能在使用过程中遇到一些问题。这时候你需要运行你的应用，检查文档，确保在任何模块或页面中都有渠道让用户快速获得帮助信息。
- 布局：测试你的 Web 应用，以确保它能够在尽可能多的浏览器和不同分辨率的屏幕中正确、一致地显示。

还可以继续检查所有的动画和交互操作（例如拖放特性和模态窗口）、字体和字形（尤其是 Web 字体），还有前端性能（页面渲染速度、图片和脚本加载时间）等。

11.2.3　安全性测试

安全性测试是对软件产品进行测试，以确保其符合产品安全需求和质量标准，从而全面保障整个系统的安全。可与之相提并论的渗透测试，是指通过模拟对软件系统的恶意攻击行为来评估系统安全性，类似于黑客攻击，目的在于攻破系统，找到薄弱点。

OWASP 网站（著名的安全开源项目）上每年都会发布 Top 10 安全漏洞，一般包括注入漏洞、失效的身份认证和会话管理、跨站脚本、不安全对象的直接引用等。常用的安全测试工具有 AppScan、WebInspect 等。

大多数 Web 应用都会从用户那里获取并存储数据，包括用户的个人信息、计费信息和工作 / 个人文件——这些数据都是用户在信任应用安全性的基础上才会输入的，所以 Web 应用应该做到这几点：对私人数据进行加密；在授予访问权限之前坚持进行身份验证，并对数据访问进行限制；确保数据完整性，尊重用户的要求。

黑客可以在任何时间、任何地方攻击应用，如果能熟悉 Web 应用漏洞的种类以及黑客常用手段，那将是一个很好的避免被攻击的方法。攻击 Web 站点和应用的方法通常包括 SQL 注入、跨站脚本攻击和 DDoS（分布式拒绝服务）攻击。

一定要对常见的、容易引起安全漏洞的编程错误进行测试，它们可能会让 Web 应用存在潜在的危险。这些常见的编程错误包括：缺少认证检查、使用硬编码凭证、没有加密敏感数据、没有锁定 Web 服务器目录访问。

除了对上述内容进行测试以外，还可以寻求安全专家的帮助，或者寻找一些专门针对安全测试的自动化工具。以下具体介绍两种安全攻击方法以及如何对其进行防范、测试。

1. SQL 注入

SQL 注入是指通过把 SQL 命令插入 Web 表单，提交或输入域名或页面请求的查询字符串，最终达到欺骗服务器执行恶意 SQL 命令的目的。具体来说，它是利用现有应用程序，将恶意的 SQL 命令注入后台数据库引擎执行。可以通过在 Web 表单中输入 (恶意)SQL 语句，得到一个存在安全漏洞的网站上的数据库，而不是按照设计者的意图去执行 SQL 语句。主要原因是程序没有细致地过滤用户输入的数据，致使非法数据侵入系统。

如何进行 SQL 注入测试？首先找到带有参数传递的 URL 页面，如搜索页面、登录页面、提交评论页面等。对于未明显标识在 URL 中传递参数的，可以通过查看 HTML 源代码中的 FORM 标签来辨别是否还有参数传递，在 <FORM> 和 </FORM> 标签中间的每一个参数传递都有可能被利用。其次，在 URL 参数或表单中加入某些特殊的 SQL 语句或 SQL 片段，如在登录页面的 URL 中输入 http://domain/index.asp?username=HI' or 1=1--。

根据实际情况，SQL 注入请求可以使用以下语句：' or 1=1- -，" or 1=1- -，or 1=1- -，' or 'a'='a，" or "a"="a，') or ('a'='a。

在登录进行身份验证时，通常使用如下语句来验证：

sql=select * from user where username='username' and pwd='password'

如输入 http://duck/index.asp?username=admin' or 1='1&pwd=11，SQL 语句会变成：

sql=select * from user where username= ' admin ' or 1='1' and pwd='11'

此时 ' 与 admin 前面的 ' 组成了一个查询条件，即 username='admin'，后续语句将按下一个查询条件来执行。接下来是 or 查询条件，or 是一个逻辑运算符，在判断多个条件的时候，只要有一个条件成立，等式就成立，后面就不再对 and 进行判断。这样就绕过了密码验证，只使用用户名就可登录。

进一步验证是否能入侵成功或出错的信息是否包含关于数据库服务器的相关信息；如果能，说明存在 SQL 安全漏洞。如果网站存在 SQL 注入的危险，有经验的恶意用户还可能猜出数据库表和表结构，并对数据库表进行增、删、改等操作，这样造成的后果是非常严重的。

如何预防 SQL 注入？从应用程序的角度：要重视转义敏感字符及字符串，SQL 的敏感字符包括"exec""xp_""sp_""declare""Union""cmd""+""//""..""；""'""--""%""0x""><=!-*/()|"和"空格"；屏蔽出错信息，阻止攻击者知道攻击的结果；在服务器端正式处理之前检查提交数据的合法性，合法性检查主要包括数据类型、数据长度、敏感字符的校验；最根本的解决手段是在确认客户端的输入合法之前，服务器端拒绝进行关键性的处理操作。

从测试人员的角度：在程序开发前（即需求阶段），有意识地将安全性检查应用到需求测试中，例如对一个表单需求进行检查时，一般检验几项安全性问题，即需求中应说明表单中某一字段的类型、长度以及取值范围（主要作用是禁止输入敏感字符）；需求中应说明若超出表单规定的类型、长度以及取值范围，应用程序应给出不包含任何代码或数据库信息的错误提示；在执行测试过程中，也需要对上述两项内容进行测试。

SQL 注入产生的原因通常有：不当的类型处理，不安全的数据库配置，不合理的查询集处理，不当的错误处理，转义字符处理不当，多个提交处理不当。

因此，永远不要信任用户的输入，可以通过正则表达式对用户输入进行校验，或限制长度；对单引号和双引号进行转换；永远不要使用动态拼装 SQL，可以使用参数化的 SQL 或者直接使用存储过程进行数据查询存取；永远不要使用管理员权限的数据库连接，为每个应用使用单独的权限有限的数据库连接；不要直接存放机密信息，加密或者对密码和敏感的信息进行哈希；应用的异常信息应该给出尽可能少的提示，最好使用自定义的错误信息对原始错误信息进行包装。

2. 跨站点脚本（XSS）攻击

用户在浏览网站、使用即时通信软件甚至在阅读电子邮件时，通常会点击其中的链接。攻击者通过在链接中插入恶意代码，就能够盗取用户信息。攻击者通常会用十六进制或其他编码方式将链接编码，以免用户怀疑它的合法性。网站在接收到包含恶意代码的请求之后会产生一个包含恶意代码的页面，而这个页面看起来就像网站应当生成的合法页面。许多流行的留言本和论坛程序允许用户发表包含 HTML 和 JavaScript 的帖子，假设用户甲发表了一篇包含恶意脚本的帖子，那么用户乙在浏览这篇帖子时，恶意脚本就会执行，盗取用户乙的会话信息。

如何进行 XSS 测试？首先，找到带有参数传递的 URL，如登录页面、搜索页面、提交评论页面、发表留言页面等；其次，在页面参数中输入如下语句（如 JavaScript、VBScript、HTML、ActiveX、Flash）来进行测试：

```
<script>alert(document.cookie)</script>
```

再次，当用户浏览时，便会弹出一个警告框，显示的内容是浏览者当前的 cookie 串，这就说明该网站存在 XSS 漏洞。如果注入的不是以上简单的测试代码，而是一段经过精心设计的恶意脚本，当用户浏览此帖时，cookie 信息就可能被攻击者获取，此时浏览者的账号就很容易被攻击者掌控。

那么如何预防 XSS 漏洞？

从应用程序的角度：对 JavaScript、VBScript、HTML、ActiveX、Flash 等语句或脚本进行转义；在服务器端正式处理之前，检查提交数据的合法性，合法性检查包括三项，即数据类型、数据长度、敏感字符的校验；最根本的解决手段是在确认客户端的输入合法之前，服务器端拒绝进行关键性处理操作。

从网站开发者的角度：输入验证，某个数据被接受为可被显示或存储之前，使用标准输入验证机制，验证所有输入数据的长度、类型、语法以及业务规则；输出编码，数据输出前，确保用户提交的数据已被正确进行实体编码，建议对所有字符进行编码而不局限于某个子集；明确指定输出的编码方式，不允许攻击者为你的用户选择编码方式（如 ISO 8859-1 或 UTF 8）；注意黑名单验证方式的局限性，仅仅查找或替换一些字符（如"<"">"或类似"script"的关键字），很容易被 XSS 变种攻击绕过验证机制；警惕规范化错误，验证输入之前，必须进行解码及规范化，以符合应用程序当前的内部表示方法，确定应用程序对同一输入不做两次解码。

从测试人员的角度：分别从需求检查和执行测试过程两个阶段来完成 XSS 检查：在需求检查过程中，对各输入项或输出项进行类型、长度以及取值范围进行验证，着重验证是否对 HTML 或脚本代码进行了转义；执行测试过程中，也应对上述项进行检查。

从网站用户角度：建议在浏览器设置中关闭 JavaScript；如果使用 IE 浏览器，可以将安全级别设置到"高"；增强安全意识，只信任值得信任的站点或内容；可以通过一些检测工具进行 XSS 漏洞的检测。

11.2.4   性能测试

性能测试包括负载测试、压力测试、稳定性测试等。负载测试是指测试过程中逐步增加负载，并且记录下被测系统的性能表现，最终确定系统在正常指标范围下的最大负载；压力测试是指测试系统在极限情况下的表现，即确定系统在什么压力下会导致系统失效、不能正常运行，从而确定系统所能承受的最大极限；稳定性测试以稍大于正常业务量的负载对系统进行持续长时间的测试，以确定系统在较长时间内的稳定性情况。性能测试必须借助已有工具进行，如 LoadRunner、JMeter 等。

软件性能是一种非功能特性，它关注的不是软件是否能完成特定功能，而是完成功能时所展示出的及时性、稳定性、安全性、兼容性、可扩展性、可靠性等。一般来说，软件性能指标有响应时间、容量和数据吞吐量、系统资源利用率等。其中，响应时间是用户的关注点，容量和数据吞吐量是业务处理方面的关注点，而系统资源利用率是开发的技术关注点。

Web 应用性能测试中比较常见的度量指标有响应时间（response time）、事务时间（transaction time）、工作负载（workload）、系统吞吐量（throughput）、每秒事务量（transactions per second）、每秒点击数（hits per second）、等待（latency）和系统资源利用率（resource utilization）等。

其中，用户数是一项典型的性能指标，可以细分为注册用户数、在线用户数和并发用户数。其中，注册用户数是所有在系统中注册的用户的数目；在线用户数是所有正在访问系统（不一定做操作）的用户数目；并发用户数是在某一给定时间内某个特定时刻进行会话操作的用户数。在实践中，在线用户数可能是注册用户数的 20%，而并发用户数可能是在线用户数的 30%。由于注册用户可能长时间不登录网站，使用注册用户数作为性能指标会造成很大的误差。性能测试更多关心的是并发用户数。

响应时间是一项重要的性能指标，是指从客户端发出请求到获得响应的整个过程所经历的时间。如图 11.3 所示，$C1$ 为预处理时间，$N1$ 是从客户端发出、经网络到 Web 服务器的时间，$A1$ 是 Web 服务器对请求进行处理的时间，$N2$ 是从 Web 服务器发出到数据库服务器的时间，$A2$ 是数据库服务器对请求进行处理并返回的时间，$N3$、$A3$、$N4$、$C2$ 分别是从数据库服务器经过网络、Web 服务器到客户端返回处理结果的时间。从用户角度来看，响应时间 $=(C1+C2)+(A1+A2+A3)+(N1+N2+N3+N4)$；从系统角度来看，响应时间 $=(A1+A2+A3)+(N1+N2+N3+N4)$。

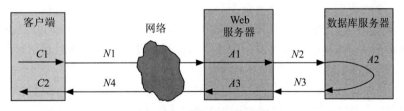

图 11.3　响应时间的计算

吞吐量和资源利用率是从系统资源管理角度关注的指标。吞吐量（throughout）是指单位时间内系统处理的客户请求的数量，直接体现软件系统的性能承载能力。从业务角度来看，吞吐量可以用请求数 / 秒、页面数 / 秒、访问数 / 秒或处理业务数 / 小时等来衡量。资源利用率指系统资源的使用程度，比如服务器 CPU 利用率、内存利用率、磁盘利用率、网络带宽利用率等。一般由"资源实际使用 / 总的资源可用量"表示，如 CPU 利用率 68%、内存利用率 55% 等。

性能测试的一般方法是采用录制 / 回放技术，录制真实用户的访问行为，生成对应的脚本，在一定的控制下，对待测系统进行脚本的自动回放，即模拟成千上万的用户并发执行 Web 应用访问中的关键业务，记录各种用户访问数量下的服务器响应情况，从而完成对 Web 应用程序性能的测试，并针对所发现问题对系统性能进行优化。性能测试有两种主要类型：负载测试和压力测试。

- 负载测试是通过逐渐增加系统负载，比如不断增加模拟用户的数量，来观察不同负载条件下系统的响应时间、数据吞吐量、资源利用率等情况，以检验系统的行为和特性，测试系统性能的变化，最终确定在满足性能指标的情况下，系统能承受的最大负载量，其目标是在特定的运行条件下验证系统的能力状况。
- 压力测试是在强负载（比如大数据量或大量并发用户数）条件下对系统进行测试，查看系统在峰值使用情况下的操作行为，从而有效发现系统的某个功能隐患，以及系统是否具有良好的容错能力和可恢复能力，压力测试通过逐步增加系统负载来测试系统性能的变化，最终确定在什么负载条件下系统处于失效状态，其目标是发现在什么条件下应用程序的性能会变得不可接受。

压力测试包括稳定性测试、破坏性测试、渗入测试、峰谷测试等几种不同的类型，其中稳定性测试是在高负载下持续运行 24 小时以上；破坏性测试通过不断加载的手段快速造成系统崩溃，让问题尽快暴露出来；渗入测试通过长时间运行，使问题逐渐渗透出来，从而发现内存泄漏、垃圾回收或系统的其他问题，以检验系统的健壮性；峰谷测试采用高低突变加载方式进行，先加载到高水平的负载，然后急剧降低负载，稍微平息一段时间，再加载到高水平的负载，重复这样的过程，从而发现蛛丝马迹，最终找到问题的根源。

另外，性能测试中还有大数据量测试和疲劳强度测试。大数据量测试是测试数据量较大时系统的性能状况，其中独立数据量测试是对某些系统存储、传输、统计、查询等进行的大数据量测试；而综合数据量测试是系统在具备一定数据量时，在负载压力测试下考察业务是否能正常进行的测试。疲劳强度测试采用系统稳定运行情况下长时间运行的系统进行测试，通过综合分析交易执行指标和资源监控指标来测试系统长时间无故障稳定运行的能力。

如何找出问题的根源，即确定性能测试的策略？

对 Web 应用在客户端性能的测试，可以逐渐增加并发虚拟用户数，直到达到系统瓶颈或者不能接受的性能点，通过综合分析交易执行指标、资源监控指标等确定系统并发性能。目前有一些自动化性能测试工具，其实现机制是通过在一台或几台 PC 上模拟成百上千的虚拟用户，同时执行业务场景，以对应用程序进行测试，从而度量系统性能并确定问题所在。步骤是先录制测试脚本再改进，然后执行测试脚本。

对应用在网络性能的测试，是测试网络带宽、延时、负载和 TCP 端口的变化如何影响用户的响应时间。可以使用网络测试监控工具来进行，包括多个捕捉点和一个分析，捕捉点被动监听数据包，实现实时数据采集，而分析需要处理跟踪到的数据。

对应用在服务器性能的测试，其关键点是资源占用情况、数据库性能和故障报警，可以采用工具监控，也可以使用系统本身的监控命令，监控服务器操作系统的 CPU、内存、磁盘管理、网络、文件系统、活动的进程等，也需要监控数据库中的关键资源、读写页面的使用情况、超出共享内存缓冲区的操作数、数据库锁资源、SQL 执行情况等。

当 Web 应用的用户人数从 10 增加到 100 的时候，速度肯定会慢下来。另外，可能在某一天、某个月或某一个时刻，Web 应用的流量剧增，这有可能是因为吸引了病毒，或者是因为应用出现在某著名刊物上，引来了众多的用户。

因此，在加载测试环节，需要测试应用和服务器环境，以确保在不管有多少用户登录的情况下产品都能够顺利运行。大多数高质量的 Web 主机都提供了实时的、大范围的问题解决方案。

如图 11.4 所示，要进行 Web 应用性能测试，其流程分为四步：首先是测试分析，分析性能测试，做好测试环境准备，并评审性能用例、构造性能数据；其次是测试准备，准备好性能测试的脚本，并进行脚本的评审；再次是执行性能测试；最后是测试总结，分析、审核性能数据，并给出性能测试的报告。

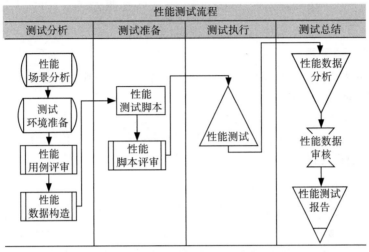

图 11.4　Web 应用性能测试流程图

性能测试必须依赖测试工具，目前有很多流行的性能测试工具。HP LoadRunner 是一种预测系统行为和性能的负载测试工具，是工业标准级别的，通过模拟上千万用户实施并发负载及实时性能监测的方式来确认和查找问题。LoadRunner 能对整个企业的架构进行测试，通过使用该工具，企业能最大限度地缩短测试时间、优化性能和加速应用系统的发布周期。JMeter 是 Apache 组织开发的基于 Java 的压力测试工具，不仅用于 Web 服务器的性能测试，也涵盖数据库、FTP、LDAP 服务器等各种性能测试，可与 JUnit、Ant 等工具集成。JMeter 可以针对服务器、网络或其他被测试对象等大量并发负载进行强度测试，分析在不同压力负载下系统的整体性能。

11.3　如何测试一个 Web 应用

测试是构建 Web 项目不可分割的一部分，需要通过一个系统化的方法来最大化有限时间和资源的使用。下面列举的就是测试一个典型的 Web 应用所涉及的步骤和方法，另外还介绍了两个小建议。

11.3.1　测试一个典型的 Web 应用

1. 设定目标

在大多数情况下，测试是一个有时限的检验过程，尤其是当 Web 应用准备发行的时候，因此要考虑需要优先测试哪些功能。例如，如果正在构建一个允许用户创建在线商店的 App，可能会优先测试"支付网关连接"这一功能，之后才会测试"文本对齐"问题。

目标优先不仅有助于确保应用的主要功能完备，还可以在正确的方向上为整个开发团队制订清晰的计划流程表。

2. 定义流程和使用案例

在开始测试 Web 应用之前，制订一个合理的流程非常重要。先收集所有可用的文档，和测试人员分享一下观点；接下来，设想多个用户在使用应用时可能遇到的场景，比如应用在使用过程中崩溃了该怎么办。

一定要设置一个 bug 跟踪工具，测试人员可以用它来报告问题，开发人员和设计人员可以用它来识别和修复 bug。

3. 设定一个测试环境

在测试 Web 应用之前，要将它部署在与上线后的环境一致的服务器上，这样才能测试出各种真实使用场景下的问题。

有些问题在本地服务器上是测试不出来的。例如，在一个地图 Web 应用上，地图中大量的 SVG 图像可能需要很长时间的加载过程，如果移动用户使用该应用，会导致用户陷入困境，无法获知前进的路线。

4. 真实的单元测试

Flow 项目（一个致力于在线任务管理和协作的应用）的 QA 专家 Jeremy Petter 表示：在大多数的 Web 应用测试过程中，困难是难以想象的，有可能要花一个星期的时间进行测试。不过测试也有捷径，那就是将整个 App 分解成可管理的几个部分进行测试。

在 Flow 项目中，使用一个列表来标记每个用户在应用中进行交互的位置以及交互的一般形式和功能。因为这是一个模块化列表，可以添加或删除一些项目，或者对在开发过程中发生变化的项目进行标注。

5. 验证代码

为了提供一个清洁、无错的用户体验，应该对代码进行验证，并确保它建立在 Web 标准基础之上。这样做不仅能增加跨浏览器兼容性，而且能提升 Web 应用的性能。

6. 加载测试和性能调优

测试 Web 应用和它的运行环境是否能经得起巨大的流量和激增的带宽需求，并寻找可能会导致 App 性能问题的瓶颈。同时，也可以考虑使用一些网上服务来监控用户流量、服务器利用率和由代码引起的问题，对 App 进行相应的微调，以提高其速度和效率。

7. 安全性测试

最后，测试 Web 应用以确保它能够抵抗黑客的恶意攻击。从基本的应用可用性和正常运行时间开始进行测试，直到用户数据的完整性测试结束为止。

11.3.2　对于测试的两个小建议

在测试过程中，首先要考虑把用户放在第一位，在测试之前要彻底想清楚用户会如何使用这个 Web 应用。设身处地地站在用户的角度思考一下，这会对制订切合实际的测试场景很有帮助。

其次，由于测试是注重细节的工作，需要高度集中注意力，而且最富有成效的测试过程发生在第一个小时或者刚开始的时候，所以在测试时，最好按照规定的时间开始 / 关闭项目，以便测试人员的注意力和效率达到最大化。

11.4　论文评析

本节对论文"Object-based data flow testing of Web applications"进行评析，初步了解相关研究工作进展。该论文首次引入 HTML 文档数据流分析的方法，介绍了其中相关的若干概念，如 HTML 文档中变量的定义（Definition）和使用［Use（c-use, p-use）］，并在此基础上形成变量的定义－使用链（Definition-use chain）。其中的数据（Data）既包括脚本变量（Script variable），又包括 HTML Document 元素，比如 DOM 树中的 Anchor、header、input button 等。

图 11.5 是一个简化的 Web 应用界面，其功能是显示当前的拍卖价格信息，且可以输入高于当前拍卖价的数字。对应的程序源代码如图 11.6 所示，左半部分是客户端代码，右半部分是服务器端代码。我们着重对左半部分代码进行分析，这实际上是程序分析的过程，据此得到变量的定义－使用关系，在此基础上形成路径，进而生成对应的测试用例。

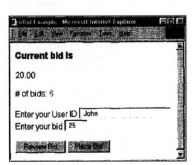

图 11.5　简化的 Web 应用界面

```
Bid client page                                          Bid server page
1 <HTML>                                                 37 <% @Language=VBScript%>
2 <HEAD><TITLE>eBid Example</TITLE>                      38 <HTML>
3 <SCRIPT LANGUAGE="JavaScript" TYPE="text/javascript">  39 <HEAD>
4 <!--                                                    40 <TITLE>eBid Result</TITLE>
  // review and check user's bid                          41 </HEAD>
5 function review_bid() {                                 42 <BODY>
6   var currentBid = parseFloat(document.all.ptag.innerText);  43 <H3>Bid Results</H3>
7   if ( parseFloat(document.all.bid.value) > currentBid ) {   44 <%
8     document.all.htag.innerText =                       45 dim userId, bid, result, TransBid
         document.all.userId.value + ", your maximum bid is";
9     document.all.ptag.innerText = document.all.bid.value;  46 Set TransBid = CreateObject("BidAgent")
10    document.all.bid.value=""; }
11  else                                                     // retrieve data of userId and bid
12    error_handler( currentBid );                        47 userId = Request.Form("userId")
13 }                                                       48 bid = Request.Form("bid")
   // display error message
14 function error_handler( currentBid ) {                    // proceed the bid transaction
15   alert('You need to place a bid more than ' + currentBid);  49 result = TransBid.placeBid(userId, bid)
16 }                                                       50 if result == 0 then
   // check if the field is empty                         51   Response.Write (userId & ",
17 function validate_form() {                                    your bid is completed")
18   var validity = true;                                     // increase number of bids for each client
                                                           52   Application("bid#") = Application("bid#") + 1
19   if (document.frmMain.userId.value == "") {           53 else
20     alert("You must enter your User ID!");             54   Response.Write ("User ID or Password is not
21     validity = false; }                                        correct")
22   else if (document.frmMain.bid.value == "") {
23     alert("You must enter your maximum bid!");         55 end if
24     validity = false; }                                56 %>
25   return validity;                                     57 </BODY>
26 }                                                       68 </HTML>
27 //--></SCRIPT></HEAD><BODY>
28 <H3 ID=htag>Current minimum bid is</H3>
29 <P ID=ptag>20.00</A></P>
30 <P># of bids: <FONT size="2" color="#CC3333">8</P></FONT>
31 <FORM NAME="frmMain" action="Bid.asp" method="POST" onSubmit="return validate_form()">
32   Enter your User ID <INPUT TYPE="Text" NAME="userId" SIZE=25><BR>
33   Enter your maximum bid <INPUT TYPE="Text" NAME="bid" SIZE=5><BR><BR>
34   <INPUT TYPE="Button" onclick="review_bid();" VALUE="Review">
35   <INPUT TYPE="Submit" VALUE="Submit">
36 </FORM></BODY></HTML>
```

图 11.6　Web 应用界面对应的程序源代码

图 11.7 是客户端代码对应的控制流图，节点是语句号，各语句之间的联系构成了边，包括顺序、分支、循环、函数调用等各种联系。相应变量的定义、使用情况也在图中标示出来，其中 c-use 表示在赋值语句中的计算使用，而 p-use 表示在条件语句中的谓词使用。

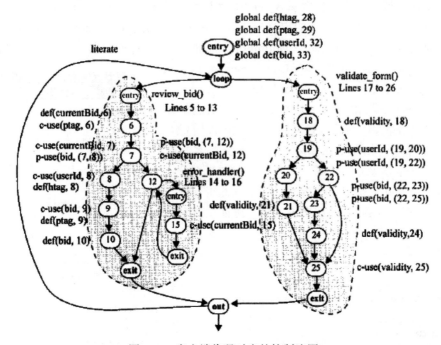

图 11.7　客户端代码对应的控制流图

如图 11.8 所示，一次完整的表单提交过程包含从客户端的 review_bid() 函数到 validate_form() 函数的调用，以及通过 HTTP 提交到服务器端后的数据定义－使用关系。

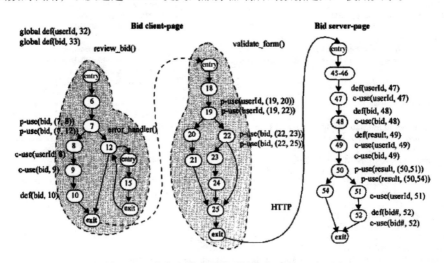

图 11.8　跨客户端和服务器端页面的 CCFG 图

该 eBid 示例中的对象、变量、测试等级和 def-use 链等信息如表 11.1 所示。后续可以根据 def-use 链确定相关的路径，据此生成满足路径覆盖的测试用例并执行，从而在数据流分析的基础上完成针对 Web 应用的白盒测试。

表 11.1 eBid 示例的对象、变量、测试等级和 def-use 链

对象	变量	测试等级	def-use 链
Bid 客户端页面	bid	函数	<33, (7, 8)>, <33, (7, 12)>, <33, 9>, <33, (22, 23)>, <33, (22, 25)>
		对象	<10, (22, 23)>, <10, (22, 25)>, <10, (7, 8)>, <10, (7, 12)>, <10, 9>
		对象集	<10, 48>, <33, 48>
	currentBid	函数	<6, 7>, <6, 12>
		函数集	<6, 15>
	htag	函数	<8, 28>
	ptag	函数	<29, 6>, <9, 29>
	userId	函数	<32, 8>, <32, (19, 20)>, <32, (19, 22)>
		对象集	<32, 47>
	validity	函数	<18, 25>, <21, 25>, <24, 25>
Bid 服务器端页面	result	函数	<49, (50, 51)>, <49, (50, 54)>
	user	函数	<48, 49>
	bidId	函数	<47, 49>, <47, 51>
	bid#	应用	<52A*, 52B*> *A 和 B 为并发的 eBid 客户

11.5 Web 应用自动化测试

如图 11.9 所示，在进行网站或应用系统测试时，可以写出图左侧所示的自然语言人工测试用例，然后测试人员去读这个测试用例中包含的 5 个测试步骤，并手动执行这些测试步骤。这是依靠测试人员去读自然语言然后去测试被测软件，主要还是人在做。如果考虑人机协作，可以加入一些工具，比如通过简单的工具支持，在自然语言句子中加亮突出需要测试人员手动输入的值，使测试人员的阅读效率更高一些。测试自动化就是把图左侧所示的自然语言人工测试步骤用编程语言写成自动测试脚本（如图 11.9 右侧所示），这样当被测软件有变更后再去进行测试时（即回归测试），就没有必要由人去读测试步骤来操作被测软件，而是用测试自动化框架去自动运行之前写的测试脚本。

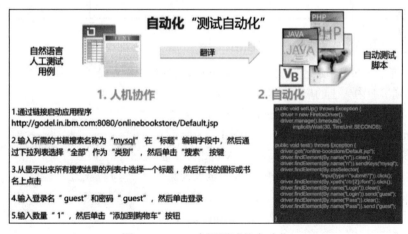

图 11.9 Web 应用测试的自动化

因而，Web 应用自动化测试就是站在用户的角度使用工具自动测试 Web 应用程序业务逻辑的正确性。测试的重点是围绕 Web 应用中暴露的服务接口检查其数据的正确性。这个过程是将 Web 应用程序当作黑盒，通过自动化测试技术提高测试执行的效率，降低人工回归的成本。这

种端到端的测试离不开定位页面元素、获取页面元素信息以及操作页面元素三个核心要素。

表单在 Web 应用中使用非常广泛，下面以表单为例，说明如何进行自动化测试。图 11.10 是携程网机票查询页面的表单截图，包含多种页面元素（单选框、输入框、搜索按钮等）。测试方案可以结合黑盒测试和白盒测试同时开展，其中黑盒测试可采用等价类、边界值等方法来设计，白盒测试可采用语句覆盖、分支覆盖等方法来设计。

由于输入数据均为勾选项，减少了用户输入非法字符的可能，因此黑盒测试中重点关注各页面元素之间的操作顺序和交互；白盒测试只能针对前端页面的源代码开展。

图 11.10　携程网机票查询页面截图

表 11.2 是生成的一条测试用例示例（正例），包括对应的测试用例编号、测试描述、期望结果和输入数据。各页面元素执行的先后次序组合后可以生成多条测试用例，进而可以使用相关测试工具进行自动化测试。

表 11.2　携程网机票查询页面测试用例示例

测试用例编号	测试描述	期望结果	输入数据
********	1. 进入携程官网 2. 进入机票模块 3. 输入订票信息 4. 点击搜索按钮 5. 选择航班座次 6. 点击预定按钮	进入订票模块	类型：往返 出发：南京 到达：澳门 出发日期：2023-03-20 返回日期：2023-03-25 仅看直飞：是 舱位：经济 / 超经舱 乘客类型：成人

11.5.1　自动化测试工具——Selenium

作为老牌的 Web 自动化测试工具，Selenium 支持很多编程语言和浏览器，如 Python、Java 等，得到了业内人士的广泛使用。Selenium IDE 提供的录制、回放等功能降低了 Selenium 的入门门槛。

Selenium 的核心是 Webdriver，如图 11.11 所示，可以使用多种编程语言来写测试脚本，Webdriver 通过向浏览器发送指令来控制浏览器中加载的页面元素，进而完成和用户一样的页面操作。由于 Webdriver 提供了几乎所有浏览器的版本，因此，Selenium 能在各种浏览器上运行自动化测试脚本。

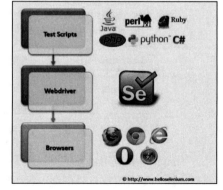

1. 不同页面间的代码共享

有些单页面应用中的页面元素，比如搜索框、导航菜单等，是在很多页面中复用的。这使我们在设计

图 11.11　Selenium Webdriver 工作流程

自动化测试脚本时需要有全局观，能事先把这些元素及其对应的操作封装成公共的函数，方便在不同页面间共享。

在 Selenium 中，一个比较普遍的方法就是基于页面模块来设计，该方法被称为面向页面的设计模式（Page Object Model）。这种设计方法最大的好处就是可以在相同页面中或者不同页面间共享代码，使对页面元素的操作如同调用普通函数一样简单。

2. Selenium IDE

Selenium 提供了可以运行在 Chrome 和 Firefox 浏览器上的插件，如图 11.12 所示，该浏览器插件就是 Selenium IDE。它提供的录制、回放等功能特别适合初次接触 Selenium 的用户。用户在不知如何编写测试代码时，可以通过 Selenium IDE 直接把页面上的操作录制下来并产生对应的代码供回放，从而实现自动化执行测试脚本。

图 11.12　Selenium IDE 界面

3. Selenium 开源项目

Selenium 是目前 GitHub 上比较活跃的开源项目。图 11.13 展示了 Selenium 从 2004 年项目之初到 2020 年一直有源源不断的代码提交。

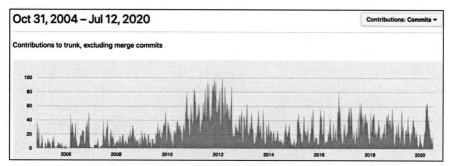

图 11.13　Selenium 代码提交数量

图 11.14 展示了 Selenium Webdriver 验证网页标题有效性的示例脚本代码。

```java
public static void main( String[] args )
{
    // Create a new instance of the Firefox driver
    WebDriver driver = new FirefoxDriver();
    // (1) Go to a page
    driver.get("http://www.google.com");
    // (2) Locate an element
    WebElement element = driver.findElement(By.name("q"));
    // (3-1) Enter something to search for
    element.sendKeys("Purdue Univeristy");
    // (3-2) Now submit the form. WebDriver will find the form for us from the element
    element.submit();
    // (3-3) Wait up to 10 seconds for a condition
    WebDriverWait waiting = new WebDriverWait(driver, 10);
    waiting.until( ExpectedConditions.presenceOfElementLocated( By.id("pnnext") ) );
    // (4) Check the title of the page
    if( driver.getTitle().equals("purdue univeristy - Google Search") )
        System.out.println("PASS");
    else
        System.err.println("FAIL");

    //Close the browser
    driver.quit();
}
```

图 11.14　Selenium Webdriver 示例脚本

11.5.2　自动化测试框架

市面上已经有了很多成熟的 Web 应用自动化测试框架，比如 QTP、Selenium、AutoRunner 等。

QTP 属于比较老牌的自动化测试框架，2012 年之前使用它的团队与公司比较多，脚本也简单易懂，但只能支持 VBS 语言且费用较高，框架的对象支持灵活度也不够好。

Selenium 目前仍然是最主流的 Web 自动化测试框架之一，免费开源、支持跨平台，关键是测试执行可以在浏览器中直接运行，以模拟用户的真实操作。

AutoRunner 可以支持丰富的技术框架并且使用 Java 作为脚本语言，支持生态比较完善，采用关键字提醒、关键字高亮、关键字驱动，支持同步点、校验点、参数化，同时支持数据驱动的参数化。它比较适合用于开展功能测试、回归测试、系统测试、构建测试等。

以下分别介绍函数型、单领域语言型、多领域语言型、富文档型 Web 应用自动化测试框架。

1. 函数型

函数型自动化测试框架是第一代自动化测试框架，也是最轻量的测试框架。它通过函数的方式来定义测试用例，并且通过管理这些函数的调用来管理测试用例，从而快速实现自动化测试，比如 XUnit 等。下面的例子为 JUnit 的实现代码。

```java
public class DemoTest {
    @Test
    public void testAddWithTwoNumbers() {
// 测试实现代码
    }
}
```

函数型自动化测试框架由来已久，其特点是开发快速、运行稳定。虽然它相对简单与轻量，但也存在缺点：很难通过函数名来描述测试用例的内容和细节，并且不方便对测试用例进行单独管理，因为测试用例的描述函数名和测试实现通常在一起。

2. 单领域语言型

由于函数型的自动化测试框架很难通过函数名描述一个测试用例的内容，因此为了更清晰、更容易地描述测试用例，就出现了单领域语言型的自动化测试框架，比如 RSpec、Jasmine、Mocha、RF 等。

单领域语言型可以通过自然语言或者关键字形式的领域语言来描述测试用例，从而以一种更加易读和理解的方式来描述测试用例。但每个测试用例只用一句单领域语言，并不能很好地描述测试用例和被测场景，比如测试的前提、行为和结果等，不易形成一套好的活文档。由于它的测试用例与测试实现通常也是在一起的，因此也不方便对测试用例进行单独管理。

下面的例子是 Jasmine 的实现代码。

```
describe("The add function of the calculator can add two numbers", function()
{
    it("should get the sum after add two numbers", function() {
// 测试实现代码
    });
});
```

3. 多领域语言型

为了能在测试用例层更为清晰地描述测试用例的行为和测试数据等信息，出现了多领域语言型的自动化测试框架，比如 Cucumber、JBehave、SpecFlow、RF 等。下面的例子是 Cucumber 的实现代码。

```
Given(/^there are two numbers$/) do
    // 测试实现代码
end
When(/^add two numbers together$/) do
    // 测试实现代码
end
Then(/^should get sum of two numbers$/) do
    // 测试实现代码
end
```

多领域语言型的框架可以通过多句或者多个关键字的领域语言来描述一个特定的场景，使测试用例更容易阅读和理解，并且比较容易做成一套活文档系统。由于测试用例和测试实现是分离的，因此可以对测试用例进行独立管理。

但其缺点也比较明显：开发、管理和维护成本较高，并且若没有业务分析或者产品人员等非技术人员参与协作开发，投入产出比就很低，往往事倍功半。

4. 富文档型

对于一些复杂的场景，需要通过富文档的方式来描述软件测试场景，甚至需要一些业务流程图或者系统用户界面，比如 Concordion、FitNesse、Guage 等。

测试用例代码包含部分测试代码，比如断言等。最新版的 Concordion 支持 MarkDown，降低了一些开发成本，但是其对 MarkDown 的特性支持有待增加。所以如果需要更为丰富的文档形式，仍然需要使用 HTML 来开发测试用例。

富文档型的框架比多领域语言型拥有更为丰富的文档，更容易阅读和理解，能做成说明书式的活文档，所有角色的人都能审阅，并且其测试用例和测试实现也是分离的。但当前业界存在的富文档型测试框架的易用性和协作性都还不是很好，导致其开发、管理和维护成本相比前三种是最高的。另外，当没有其他各个角色来协同开发、管理和维护时，其投入产出比也是最低的，所以它在行业中的使用率很低。这类测试框架在易用性和协作性方面还有很大的发展空间，并且也是自动化测试框架和活文档系统的一个重要的发展方向。

　　在这些五花八门的框架中，如何选择适合自己的测试框架呢？可以从两个方面切入。首先评估自己的能力，自己是否有代码基础，擅长什么编码语言，而后针对上述框架的特性来选择，比如没有代码能力的可以优先选择带有脚本录制功能的框架，擅长 Java 的就可以选择对 Java 支持比较好的框架。其次评估自己的被测对象，即产品或项目是用什么技术栈实现的、页面的变更或迭代的频率与规模是什么情况。

作业

1. 完成目标系统测试设计报告，明确金融网站名称及功能描述，并进行测试需求分析，要求包括输入、输出、流程图；完成测试黑盒设计，包括等价类方法、边界值方法的使用；完成测试白盒设计，包括语句覆盖、分支覆盖。
2. 如何分析一个 bug 是前端还是后端的问题？
3. Selenium 的底层核心原理是什么？
4. 如何维护跨平台用例？
5. 为什么要实现自动化 Web 应用测试？

第12章

软件的发布、维护和重构

本章主要介绍软件的发布、维护和重构，这对于软件的实际应用非常重要。首先介绍软件稳定和发布有关的词、软件发布流程、软件发布方案、软件发布前后的注意事项等；然后介绍软件的维护和重构，这是软件生命周期中耗时最长的阶段。

12.1 软件的稳定与发布

一个团队要经历计划、设计、开发等阶段，以完成代码实现这一目标，后续的事情似乎是水到渠成的，但是软件生命周期的最后阶段往往最考验团队的项目管理水平和应变能力。

所有的软件公司都希望修正所有的缺陷后再发布软件，但这几乎是不可能的。优秀的软件公司能找到一个平衡点，能够在发布软件的同时，及时修改软件中的缺陷。

12.1.1 和软件发布有关的词

在稳定和发布阶段，有一些常用的名词，列举如下。

- Alpha：集成了主要功能的第一个试用版本，有些功能并未实现，仅仅在内部使用。给外部用户使用的 Alpha 版本会用一个比较高级的名字，如技术预览版（Technical Review）。
- Beta：功能基本完备，稳定性较 Alpha 版本高，用户可以在实际工作中小范围地使用，可以有 Beta1、Beta2、Beta3 等。
- ZBB（Zero Bug Build）：某天的版本要把之前（例如 48 小时前）记录的 bug 都解决掉。ZBB 并不是追求 bug 数量绝对为 0，因为 bug 是一直新增的。ZBB 处理一段时间前所有的 bug。
- RC（Release Candidate）：发布候选版本，RC1、RC2……直到最终发布版本 RTM 为止，版本间隔时间较短。
- RTM（Release To Manufacturer）：最终发布版本。如果某一个 RC 版本没有很大的问题，那么该 RC 就会成为最终的版本。通常情况下，软件公司会把最终的版本和相关的文件及其他资料交给另一个团队去包装、刻制光盘。在 App 商店 / 市场时代，也有相应的 RTM（Release To Market）。

- RTW（Release To Web）：要依赖 Web 来发布最终版本。如果软件产品是一个网站服务，则一般会交给网站运营团队（Operation Team）去管理，这样的发布也叫作 RTO（Release To Operation），运营团队和研发团队一起决定系统上线（Go Live）的时间。把软件提交到各个应用商店称为 Release To Store。

12.1.2　软件发布流程

如图 12.1 所示，从代码完成到最终发布软件，需要经过一系列的流程：首先要经过集成测试，在修复了若干 bug 后，可以进行 Alpha 发布；其次需要进行设计变更 DCR（Design Change Request）bug 的修复，因为经过 Alpha 阶段，会收到很多用户反馈，需要改进原来的设计，这会产生很多 bug，需要修复，从而进入 Beta 发布；接着进入外部测试，经过 bug 会诊，如果测试通过，就可以发布最终版本，但如果测试没通过，则需要进行若干 Beta 发布。

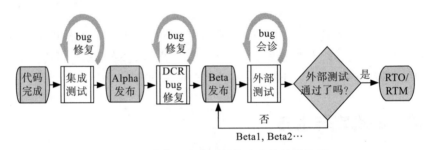

图 12.1　从代码完成到最终发布软件的流程

DCR 不能随意修改设计，要有流程。其描述文字需要说明问题在哪里、问题有怎样的影响、如果不修改会有什么后果，并给出几种修改方案，说明各种方案的优缺点和成本。进而决定 DCR 的执行次序，即首先会诊所有 DCR；然后按照影响、成本排序，得到一个自上而下的名单，根据现有资源，按照名单执行。注意：适合在 Beta 分支实现的修改不一定适用于主分支，此时需要做好源代码管理。

项目验收交付时，还有三项工作需要完成，即项目实施、客户培训和项目验收，验收后的项目才能正式进入维护阶段。

项目实施是指将软件系统部署到客户方的计算机系统上，协助客户准备基础数据，使软件系统顺利上线运行。首先需要全面做好测试工作，包括集成测试、功能测试和性能测试等，保证软件符合需求、质量过关；然后制订实施计划，确定要发布的代码版本、数据库创建方式、基础数据准备方式；最后要准备好程序代码和相关文档，包括用户手册及其他系统文档，如需求说明书、设计文档等。

在系统部署完成、基础数据准备齐全之后，应该组织客户培训，使其掌握软件系统的使用和操作。具体的培训工作包括：选择合适的培训人员，他们应经验丰富并了解业务和系统；准备好培训内容，不能"临时抱佛脚"；制订培训计划，与客户沟通协调、安排时间。

最后客户对系统进行验收测试，包括范围核实（用户需求是否全部实现）和质量核实（质量属性是否满足要求）。客户在验收报告上签字后，一切尘埃落定。对于大中型项目，还有一个签字验收仪式。

12.1.3　软件发布方案

以下是项目发布过程中可能经常用到的方案。

- 方案 1：复杂项目的会诊（triage）。对于每一个 bug，会诊小组要决定采取下面哪种行动：修复（Fix），小组同意修复这一问题；设计本来如此（As Designed），用户或测试人员可能对功能有误解，或者对功能的解释不完备；不修复（Won't Fix），这个 bug 是一个问题，但是这个软件版本不打算修复；推迟（Postpone），如果我们的软件是真正解决用户问题的，是有价值的，那它一定会有下一个版本，推迟到下一个版本修复。
- 方案 2：零缺陷构建。团队要有把 bug 都消除的执行力，ZBB = Zero Bug Build，即这一版本的构建要把所有已知的 bug 都解决掉。
- 方案 3：最后回归测试。项目临近结束时，所有人员（开发、管理、测试）都要回归测试所有的 bug。每个人都要帮助团队确保这些 bug 的确被修复了，而且其他更改没有导致功能的"回归"。回归测试的策略，即针对变化了的代码，测试用例是否也要发生变化。具体策略可以是全部重测（代价太高，实际上也没有必要），也可以只针对变化了的代码找到对应的部分测试用例进行重测；或者需要针对新增功能补充新的测试用例（即测试用例扩增）。在新的测试用例集上，还需要确定回归测试优先级，保证必要且重要的功能优先测试。
- 方案 4：砍掉功能。为某个功能已经花费的成本被叫作沉没成本（Sunk Cost），不能因为以前付出了成本，就要求一定要完成这个任务。实际上，要求一个软件同时做到既快又好还便宜，根本是不可能的。只有退而求其次，一般既便宜又好的软件需要等待，既快又便宜的软件通常难用，而既好又快的软件价格昂贵。因而要根据实际情况及时止损，必要时砍掉某些功能。
- 方案 5：修复 bug 的门槛逐渐提高。在发布候选版本阶段，开发人员在拿到 bug 进行修复工作之前，需要和会诊小组沟通，看看这个 bug 是否值得花时间修复。
- 方案 6：逐步冻结。随着程序功能的完善，要让程序的各个方面有次序地"冻结"，这样才能把稳定的软件交付给用户。
- 方案 7：渐进发布和 DevOps。前面提到的 Alpha、Beta、Beta1、Beta2 等发布方式，发布的时间间隔通常是一个月以上。一般来说，后一个发布是前一个版本的升级，发布的目标人群也类似。在互联网时代，出现了一个产品同时对不同的目标用户用不同的频率来发布的情况。

目前，软件即服务（Software As A Service）模式的兴起，使开发团队、运营团队和用户彼此之间有了更紧密的联系，需要管理不同频率和覆盖范围的发布以及反馈流程，由服务稳定性和效率推动的各种开发工作被归纳为一种新的开发模式，即 DevOps（Development-Operations）。这种开发模式包括计划（plan）、创造（create）、验证（verify）、打包（package），再过渡到操作的发布（release）、配置（configure）、监控（monitor）等，并连接到开发的计划阶段，开启新的一轮循环，如图 12.2 所示。

图 12.2　DevOps 工作流程

12.1.4　准备发布

1. 软件发布的准备

高效能组织和低效能组织在软件交付的效率方面有数量级上的差异。技术组织的软件交付能力是一种综合能力，涉及众多环节，其中发布是尤为重要的环节。

发布说明主要描述系统已知的问题和限制，例如对运行环境的要求、对安装方法的要求、用户要提供的信息、描述系统已知的问题和限制、系统的版权声明、系统的售后支持、联系方式。

另外，还需要做好备份，建议把所有发布的资料的原始版本，包括相匹配的源代码，都保存在安全的存储设备上。还有需要准备收集用户数据。一个里程碑结束了，接下来怎么办？团队有什么经验教训？产品怎么才能做得更好？这些都需要及时总结、反思。

常见的发布模式有金丝雀发布、蓝绿发布等。简单介绍如下。

以前矿工下矿洞前，先会放一只金丝雀进入矿洞探测是否有有毒气体，看金丝雀能否活下来，金丝雀（canary）测试由此得名。简单的金丝雀测试一般通过手工测试验证，复杂的金丝雀测试需要比较完善的监控基础设施配合，通过监控指标反馈，观察金丝雀的健康状况并将其作为后续发布或回退的依据。

金丝雀发布，一般先把新版本发布到单集群一台服务器，或者一个小比例，主要用于流量验证。如果金丝雀测试通过，则把剩余的原有版本全部升级为新版本。如果金丝雀测试失败，则直接摘除金丝雀的流量，宣布发布失败。金丝雀发布具有简单可控的特点，比较适合于初创型公司。

蓝绿发布为一次发布分配两组服务器，一组运行现有的老版本，一组运行待上线的新版本，再通过负载均衡切换流量方式完成发布，这就是所谓的双服务器组发布方式。蓝绿发布需要两组服务器，代价较高。

2. 软件部署

软件部署是软件生命周期中的一个重要环节，属于软件开发的后期活动，即通过配置、安装和激活等活动来保障软件制品的后续运行。部署技术影响着整个软件过程的运行效率和投入成本，软件系统部署的管理代价占整个软件管理开销的绝大部分。软件配置过程极大地影响着软件部署结果的正确性，应用系统的配置是整个部署过程中的主要错误来源。

软件部署的基本目的是支持软件运行，满足用户需求，使软件系统能够被直接使用。因而需要保障软件系统的正常运行和功能实现；简化部署的操作过程，使用有效手段提高部署的执行效率，即提高部署的通用性和灵活性，使其适应更为广泛的软件类型和应用场景；同时还必须满足软件用户在功能和非功能属性方面的个性化需求，提高部署的可靠性和正确性，优化系统性能；提高部署的过程化、自动化程度，尽量减少人工操作，避免人工操作带来的错误。

不同的软件系统具有不同的部署模式。

- 对于 Windows 这类单机软件来说，其部署模式包括安装、配置和卸载，该部署模式主要适用于运行在操作系统之上的单机类型软件。部署操作的执行功能主要通过脚本编程的方式来实现，以脚本语言编写的操作序列来支持软件的安装和注册。
- 对于集中式服务器应用来说，只有 1 台或几台单独的服务器，每台服务器承担独立的任务，其部署适用于用户访问量小（500 人以下）、硬件环境要求不高的情况，如中小企业和高校的在线学习、实训平台等。
- 对于集群式服务器应用来说，不同的服务器职能由若干服务器集群来完成，通过负载平衡把任务分配到集群中的每一台机器上，其部署适用于并发用户访问量大（10000人以上）、对系统稳定性和性能要求高的分布式平台。

3. 持续集成和持续交付

互联网环境下的敏捷开发方法强调持续集成和快速交付。持续集成是一项软件开发实践，团队成员经常集成自己的工作，通常每人、每天至少集成一次，每次集成通过自动化构建完成。所有开发人员需要在本地机器上进行本地构建，然后再提交到版本控制库中，以免影响持续集成。开发人员每天至少向版本控制库提交一次代码，至少从版本控制库中更新一次代码到本地机器。需要有专门的集成服务器来执行集成构建，并通过自动化的构建（包括编译、发布、自动化测试）来验证，从而尽快发现集成错误。

持续交付是在持续集成的基础上实现的，即以自动化或半自动化的方式将构建版本从一个环境推送到更接近实际使用的交付准备环境中。例如，Flickr 系统一周内平均部署几十次，几乎每个开发人员的每次修改都会导致一次部署。这不仅意味着可以更快地从用户那里得到使用反馈，还可以迅速对产品进行改进，使其更好地满足用户的需求和适应市场的变化。如图 12.3 所示为单个产品的构建流水线（持续集成和交付流程）。从开发人员提交修改到源代码库，其后续的步骤全部自动完成。首先是 Package 打包阶段，把应用准备好，到能够在实际环境中部署的程度；然后进入 Staging 环境，即准备一个干净的预演环境；接着对环境中的产品运行功能测试脚本，如果测试全部通过，就可以把产品包和部署脚本发布到仓库中；然后进行端对端测试 E2E，准备好服务器等设施，把集成测试涉及的所有产品都部署到环境中，再进行测试；如果集成测试也通过，就可以把产品包部署到实际使用的环境中了。

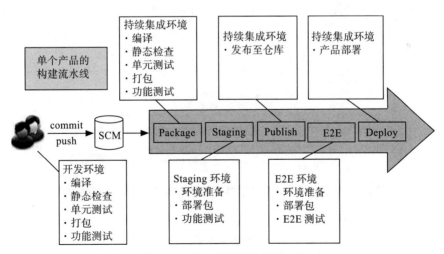

图 12.3　单个产品的构建流水线

在传统的瀑布开发过程中，开发人员完成整个代码编写任务后，测试才开始启动。在测试阶段，开发人员和测试人员一起工作，进行缺陷修复和系统测试，最后通过测试后进行上线维护。对于单个项目而言，整个过程大体上是一个典型的瀑布开发过程，如图 12.4 所示。

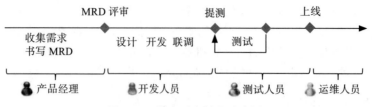

图 12.4　瀑布开发过程示意图

在实际开发过程中会有很多项目并行进行。为了避免互相干扰可能带来的冲突，每个项目启动后都会重新在主干上拉出分支，在上线前才进行合并。如图 12.5 所示，首先从主干上创建项目 1 分支，之后有项目 2 合并到主干，其次将主干合并到项目 1 分支，最后将项目 1 分支合并到主干并上线。项目 1 分支要经历分支创建、联调以及多次提测（提交测试）。

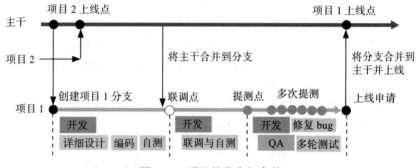

图 12.5　项目的分支与合并

敏捷开发过程中，测试和开发从一开始就紧密合作。要做到持续的集成和交付，需要对前面的过程进行改进。很多互联网公司采用"主干开发、分支提测"的方式，所有的开发在一个主干上进行，然后持续地提交和合并。在达到提测点时，产生分支进行提测；测试通过后，形成上线的版本。持续集成的交付过程如图 12.6 所示。

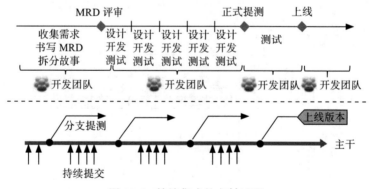

图 12.6　持续集成的交付过程

12.1.5　"事后诸葛亮"会议

一个软件的开发周期结束后，我们可以把这个软件的开发流程解剖一下，可以将解剖的过程称为 Postmortem、Retrospective 或 Review，即"事后诸葛亮"会议。

如图 12.7 所示，建议使用鱼骨图（Ishikawa Diagram）列出各类因素中主要和次要的原因，并可以讨论改进的方法。事后诸葛亮会议有以下注意事项：

- 保持会议轻松愉快的氛围，可以考虑换一个开会的环境；
- 领导最好不要出现，让大家可以畅所欲言；即使领导出现，也不要为自己以前的行为辩护，当个好听众；
- 坚持对事不对人的原则，强调"如果再有一次机会应如何改进"，而非翻历史旧账；
- 照顾到模板中提及的各个领域，可以深入团队最感兴趣的部分；
- 让所有人都有充分发言的机会；
- 有专人记录发言要点，列出所有改进意见；
- 大家可以投票，如果每人只有三票，投给哪些改进意见？
- 领导要采取行动，执行票数最高的改进意见。

另外还要有刨根问底的精神，比如针对一个问题，连续问五个"为什么"，直到把根源找到为止。

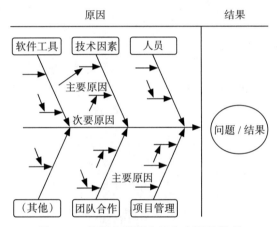

图 12.7　使用鱼骨图表示主次因果关系

12.2　软件的维护与重构

将软件产品交付给用户并投入运营后的工作即为软件维护。工程领域的维护是为了保证产品的正常运转，要提供使用帮助、解决故障问题、处理磨损等。软件维护与之类似，不过软件不会磨损，任务似乎少了一些，但软件维护并不简单，修改软件的代价是非常高的。因此，软件维护的工作重点是软件修改和变更。

现实中，软件的变化是不可避免的，这可能有多方面的原因，比如：软件在使用过程中不断出现新的需求，问题发生了改变；商业环境在不断变化；需要对软件中的缺陷进行修复；计算机硬件和软件环境的升级需要更新现有的系统；需要进一步改进软件的性能和可靠性。

这些变化说明软件具有使用价值，但修改也可能会带来副作用，因此关键是需要采取适当的策略，有效实施和管理软件的变化。

IBM 公司的 Lehman 博士提出了 Lehman 法则，包括持续变化（在使用的程序持续经历变化或逐渐变得不可用）、递增复杂性（程序的不断修改将导致结构恶化，增加了复杂性）、程序演化法则（程序演化服从统计上的确定趋势和恒定性）、组织稳定守恒（编程项目总体活动统计上是不变的）、熟悉程度守恒（后续发行对于整个系统功能不会产生很大改变）。

软件演化包括软件维护和软件再工程两种策略。其中，软件维护是为了修复软件缺陷或增加新功能而对软件进行修改，这种修改通常发生在局部，一般不会改变软件的整个结构；软件再工程是为了避免软件本身退化而对软件的一部分进行重新设计和构造，以便提高软件的可维护性和可靠性等。

12.2.1　软件的维护

软件维护是指在软件发布后修改软件系统或组件的过程，用以修正错误、改进性能或者适应变化了的环境，一般不涉及体系结构的重大变化。软件维护工作主要包括：修正在软件发布后发现的错误、缺陷或不足（修正性维护）；增加或修改软件系统功能，以适应变化的业务需求（改善性维护）；修改软件以适应变化的操作环境，包括硬件变化、操作系统变化或其他支持软件的变化（适应性维护）；修改系统，以适应未来可能会有的变化（预防性维护）。

如图 12.8 所示，根据统计，改善性维护（perfective）所占的比例最高（50%），其次是适应性维护（adaptive，25%）和修正性维护（corrective，21%），预防性维护（preventive）所占的比例最低（4%）。如果软件具有更高的质量，则意味着更少的修正性维护；如果软件具有可预测的变化，则表明需要更少的适应性和改善性维护，这些变化是指适应环境的变化（硬件和软件）以及用户需求的变化；如果软件更加针对用户的需要，则说明需要更少的预防性维护，从而提高系统的可维护性；如果软件具有更少的代码，当然也只需要更少的维护。维护问题的主要诱因是非结构化代码、不充分的领域知识以及不充分的文档等。

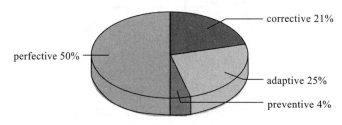

图 12.8　各类维护所占比例示意图

影响软件维护成本的因素有团队稳定性、合同责任、人员技术水平、程序年龄与结构等。移交系统后，开发团队会解散，开发人员被分配到其他项目中，而且开发人员也不喜欢做维护，负责维护系统的人员通常不是原开发人员，因此需要花时间来理解系统。维护合同一般独立于开发合同，开发人员可能缺少为方便维护而写软件的动力。维护人员可能缺乏经验，并且不熟悉应用领域。程序结构随年龄的增加而受到破坏，不易理解和变更，因为系统使用时间越长，维护成本越高。比如很多银行系统是 20 世纪 60 年代开发的，现在很少有人熟悉当时的编程语言。

软件维护的困难在于程序理解和影响分析。由于软件维护人员通常不是程序代码的编写者，因此维护人员不仅需要读懂程序逻辑，还需要理解编写者的思路；另外，实践中很多软件项目的文档不全或更新不及时，维护人员只能单纯依赖代码片段的拼接来形成对系统的整体理解，容易陷入"盲人摸象"的困境。影响分析是指程序代码片段和具体需求之间存在多对多的复杂关系，维护人员在修改一部分程序代码时，可能会影响到其他部分的程序代码，"牵一发而动全身"。维护人员在处理具体需求的变更请求时，难以准确定位需要被修改的程序代码，也难以确认修改的一段程序代码是否会带来连锁反应，即很难确定和分析一个变更请求的影响。

　　一般的软件维护过程需要先分析变更的影响，再决定是立即修改还是后续再修改，其版本规划可以是缺陷修补、平台适应或系统增强，再进行变更实现以及系统发布。变更实现过程也与一般开发过程类似，分析、更新需求后再进行软件开发；而遇到需要紧急处理的情况，比如遇到严重缺陷需要马上修复时，就需要分析、修改源代码后再移交系统。

　　在软件维护过程中，可能会进行软件逆向工程（Software Reverse Engineering）。软件逆向工程又称软件反向工程，是指从可运行的程序系统出发，运用解密、反汇编、系统分析、程序理解等多种计算机技术，对软件的结构、流程、算法、代码等进行逆向拆解和分析，推导出软件产品的源代码、设计原理、结构、算法、处理过程、运行方法及相关文档等。通常，人们把对软件进行反向分析的整个过程统称为软件逆向工程，把在这个过程中采用的技术统称为软件逆向工程技术。主要关注点是理解软件，但并不修改软件。

　　逆向工程和开发过程相反，是从源代码出发，以复原软件的规格说明和设计为目标。现在也有一些逆向工程的工具，但在实际应用中存在一些障碍。由于软件缺少形式化的表示方法，再加上代码编写不规范或程序结构比较混乱，在用工具执行逆向工程时，得到的信息可能没有太大的价值，因此逆向工程仍然是一个在探索中的软件工程领域。大多数情况下，逆向工程可以弥补缺乏良好文档的缺陷，需要注意的是：开发阶段的文档与维护阶段的文档可能是不一致的，开发阶段编写的程序文档在维护阶段非常有用。

　　软件再工程是重新构造或编写现有系统的一部分或全部，但不改变其功能。其目的是对遗留软件系统进行分析和重新开发，以便进一步利用新技术来改善系统或促进现存系统的再利用。再工程能改进人们对软件的理解，并改进软件自身的可维护性、可复用性和可演化性。常见的具体活动有重新文档化、重组系统结构、修改数据的结构组织、更换编程语言。

　　在大型系统的某些部分需要频繁维护时，可应用软件再工程，努力使系统更易于维护，系统需要被再构造和再文档化。软件再工程的优势是减少风险和降低成本，重新开发一个在用的系统具有很高的风险，可能存在开发问题、人员问题和规格说明问题，而且再工程的成本比重新开发软件的成本要小得多。

　　再工程需要对现有系统进行理解和转换，如图 12.9 所示，其流程为：首先对最初程序进行源代码转换；接着一部分进行逆向工程，另一部分进行程序结构改善；逆向工程把系统重新文档化，再修改程序结构，同时对数据进行再工程；最后得到一个改善结构的再工程系统。

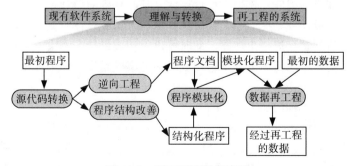

图 12.9　再工程流程示意图

12.2.2　软件的重构

　　软件演化耗时、烦琐，其代价在软件系统开发代价中占 75% 以上。软件演化中的 Lehman

法则是指：当系统功能增强时，质量随之下降且内部复杂性增加。为此需要通过重构来关注内部复杂性和质量，以帮助解决演化问题的过程。

在分析软件演化数据时，通常可以进行以版本为中心的分析，即研究连续版本间的差异；或者进行以历史为中心的分析，即从某一个视角来研究演化（例如什么组件总是一起变化）。

软件重构是源代码的内部修改，在不改变外观的前提下，用以改善系统质量。重构是严谨、有序地对完成的代码进行整理从而减少出错的一种方法。不同复杂程度的重构任务可以是引入符号常量，用于代替某个数，或者是重新设计系统，引入设计模板。

重构是一个人工过程，由以下步骤组成：识别代码味道；提出重构方案；实施重构方案。所谓代码味道，是指在源代码中出现的展示重构可能性的结构。

人工重构类似于演化，耗时多、烦琐、容易出错；自动化软件重构在一些耗时多且易错的任务上能够给开发者提供支持。以下列举了重构的一些好处。

- 有助于改进程序设计。程序员为了快速完成任务，在没有完全理解整体架构之前就修改代码，导致程序逐渐失去自己的结构。重构则重新组织代码，重新清晰地体现程序结构并进一步改进设计。
- 有助于提高程序可读性。容易理解的代码易于维护和增加新功能，代码首先是写给人看的，然后才是给计算机看的。
- 重构有助于找到程序错误。重构是一个代码评审和反馈的过程。在另一个时段重新审视代码，会容易发现问题和加深对代码的理解。
- 有助于提高编程速度。设计和代码的改进都可以提高开发效率，好的设计和代码是提高开发效率的根本。
- 有助于提高设计和编码水平。对代码重构是快速提高设计和编码水平的方法。

那么何时重构？可以在增加新功能时一并重构，因为增加功能前需要理解修改的代码，如果发现代码不易理解且无法轻松增加功能，此时就需要对代码进行重构；可以在修补错误时一并重构，通过重构改善代码结构，有助于找到出现 bug 的原因；可以在评审代码时一并重构，有经验的开发人员评审代码时能够提出一些代码重构的建议。

何时不建议重构？如果代码过于混乱，重构还不如重写；项目即将结束时，应该避免重构，因为此时没有时间进行重构，应该在早些时候进行重构，如果程序有必要重构，说明该项目已经欠下"债务"，需要项目完成后进行偿还。

重构与设计有如下的关联：重构与设计彼此互补，良好的设计是重构的目标，重构弥补设计的不足；重构使设计方案更简单，如果选择重构，预先设计时只需找出足够合理的解决方案，实现的时候对问题会进一步加深，此时可以重构成最佳的解决方案；重构能够避免过度设计，设计人员需要考虑将简单方案重构成灵活方案的难度，如果容易，只需实现简单方案即可。

常见的代码坏味道（bad smell）如下。

1）重复的代码（Duplicated Code），这是最常见的异味，往往是由于复制/粘贴代码造成的，容易造成修改时的遗漏，导致一个问题需要修改多次才能确定最终修改完成。重复代码这类坏味道产生的成本很低，但是带来的影响却很大。重构方法：如果重复代码在同一个类中的不同方法中，则直接提炼为一个方法；如果重复代码在两个互为兄弟的子类中，则将重复的代码提到父类中；如果代码类似，则将相同部分构成单独函数，或者用 Template Method 设计模式；如果重复代码出现在不相干的类中，则将代码提炼成函数或者放在独立的类中。

2）过长的函数（Long Method）。这是面向结构程序开发带来的后遗症，过长的函数降低可读性，包括横向和纵向过长。重构方法：将独立功能提炼成新函数。

3）过大的类（Large Class）。过大的类会导致责任不清晰，保持小而职责单一的类将对系统设计有帮助。重构方法：将过大的类的功能拆分成多个功能单一的小类。

4）过长的参数列表（Long Parameter List）。过长的参数列表令人难以理解，而且容易传错参数，长参数函数的可读性很差。重构方法：将参数列表用参数对象替换。

5）发散式变化（Divergent Change）。一个类由于不同的原因而被修改。重构方法：将类拆分成多个类，每个类只因一种变化而修改。比如有一个证券委托类，包含了多种证券（股票、债券和基金）的业务逻辑，需要将业务逻辑放到各个证券类中去。具体变化如图 12.10 所示。

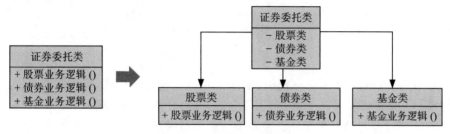

图 12.10　发散式变化示例

6）霰弹式修改（Shotgun Surgery）。与发散式变化相反，遇到变化时需要修改许多不同的类。重构方法：将类似的功能放到一个类中。比如计算逻辑原来分散在各个类中，现在需要把计算逻辑放到股指期货类中，具体变化如图 12.11 所示。

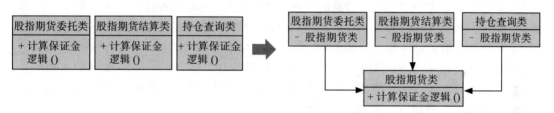

图 12.11　霰弹式变化示例

7）依恋情结（Feature Envy）。函数对某个类的兴趣高过对自己所在的类，通常是为了取其他类中的数据。重构方法：将函数部分功能转移到它感兴趣的类中。

8）数据泥团（Data Clump）。在多个地方看到相同的数据项。例如多个类中相同的变量、多个函数中相同的参数列表，并且这些数据总是一起出现。重构方法：将这些数据项放到独立的类中。

9）分支语句（Switch Statement）。大量的分支、条件语句导致函数过长，可读性差。重构方法：将它变成子类或者使用 State 和 Strategy 模式。如原先 if 语句太多，结构不清晰，需要抽象接口，只与接口交互。具体变化如图 12.12 所示。

10）过度耦合的消息链（Message Chain）。一个对象请求另一个对象，后者又请求另外的对象，然后继续，形成耦合消息链。重构方法：公布委托对象，以供调用。

11）过多的注释（Comment）。代码中有长长的注释，但注释之所以多是因为代码很糟糕。重构方法：先重构代码，再写上必要的注释。

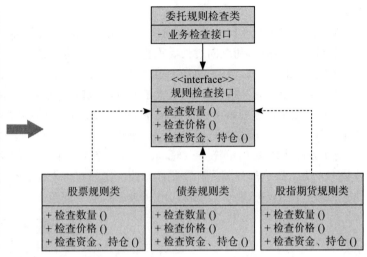

图 12.12　分支语句变化示例

12）夸夸其谈的未来性（Speculative Generality）。现在用不到，觉得未来可以用到的代码，要警惕。未来意味着当下这些代码并不是必需的，过度抽象和提升复杂性会让系统难以理解和维护，同时也容易分散团队的注意力，如果暂时用不到，那么就不值得做。重构方法：将用不到的代码去掉。

13）纯粹的数据类（Data Class）。将数据类中数据以 Public 方式公布，没对数据访问进行保护。重构方法：将数据封装起来，提供 Get/Set 方法。

以上是代码开发和程序维护过程中经常遇到的问题，并不是坏味道的全部，包括见名知意的代码坏味道，如重复代码、过长的函数、过大的类、过长的参数列、分支语句、过多的注释、夸夸其谈的未来性等。另外还有一些稍微解释即可掌握的代码坏味道，以及通过一些例子即可掌握的代码坏味道。在开发中应避免出现坏味道。

Martin Fowler 所著的《重构：改善既有代码的设计》中列出了长达 70 条的重构名录，提供了具体的重构方法和重构技巧。这将有助于开发人员一次一小步地修改代码，减少了开发过程中的风险。重构方法和技巧列举如下。

1）提炼函数（Extract Method），即将代码段放入函数中，让函数名称解释该函数的用途。示例如下，将判断字符串是否为空的代码段提炼为函数 isNullOrEmpty()。

```
String name = request.getParameter("Name");
if( name != null && name.length() > 0 ){
    ......
}
String age = request.getParameter("Age");
if( age != null && age.length() > 0 ){
    ......
}
```

重构为：

```
String name = request.getParameter("Name");
if( !isNullOrEmpty( name ) ){
    ......
}
```

```
String age = request.getParameter("Age");
if( !isNullOrEmpty( age ) ){
    ......
}
private boolean isNullOrEmpty( final String string ){
    if( string != null && string.length() > 0 ){
        return true;
    }else{
        return false;
    }
}
```

2）将函数内联化（Inline Method），即如果函数的逻辑太简单，则把其移到调用它的代码中，取消这个函数。示例如下，函数 moreThanFiveLateDeliveries() 只是判断一个数是否大于 5，没必要写成函数，直接用条件语句判断数值大小即可。

```
int getRating() {
    return (moreThanFiveLateDeliveries())?2:1;
}
boolean moreThanFiveLateDeliveries() {
    returen _numberOfLateDeliveries>5;
}
```

重构为：

```
int getRating() {
    return (_numberOfLateDeliveries>5)?2:1;
}
```

3）将临时变量内联化（Inline Temp），即若变量只是被一个简单的表达式赋值一次，则将变量替换成该表达式。示例如下，变量 basePrice 没必要存在，直接用表达式即可。

```
double basePrice=anOrder.basePrice();
return (basePrice>1000);
```

重构为：

```
return (anOrder.basePrice()>1000);
```

4）以查询取代临时变量（Replace Temp with Query），若用临时变量保存表达式的结果，则将这个表达式提炼到独立的函数中。示例如下，原先用临时变量 basePrice 保存表达式的结果，将其重构为函数 basePrice() 使用。

```
double basePrice = _quantity * _itemPrice;
if (basePrice > 1000)
    return basePrice * 0.95;
else
    return basePrice * 0.98;
```

重构为：

```
if (basePrice() > 1000)
    return basePrice() * 0.95;
else
    return basePrice() * 0.98;
```

```
...
double basePrice() {
    return _quantity * _itemPrice;
}
```

5）引入解释性变量（Introduce Explaining Variable），即将复杂表达式结果放入临时变量，用变量名来解释表达式用途。示例如下，原先在条件语句中用了复杂的表达式，但别人很难理解其用途，因此将其重构为多个带语义信息的变量名，功能一目了然。

```
if ( (platform.toUpperCase().indexOf("MAC") > -1)
    &&(browser.toUpperCase().indexOf("IE") > -1)
    && wasInitialized() && resize > 0 )
{
    // do something
}
```

重构为：

```
boolean isMacOs     = platform.toUpperCase().indexOf("MAC") > -1;
boolean isIEBrowser = browser.toUpperCase().indexOf("IE")  > -1;
boolean wasResized  = resize > 0;
if (isMacOs && isIEBrowser && wasInitialized() && wasResized)
{
    // do something
}
```

6）剖解临时变量（Split Temporary Variable），若一个临时变量多次被赋值（不在循环中），则应该针对每次赋值创造独立的临时变量。示例如下，将临时变量名 temp 替换为更有意义的变量名 perimeter 和 area。

```
double temp = 2 * (_height + _width);
System.out.println (temp);
temp = _height * _width;
System.out.println (temp);
```

重构为：

```
double perimeter = 2 * (_height + _width);
System.out.println (perimeter);
double area = _height * _width;
System.out.println (area);
```

7）以守卫语句取代嵌套条件语句（Replace Nested Conditional with Guard Clauses），若函数中条件语句使人难以看清正常的执行路径，则用守卫语句替换嵌套条件。示例如下，将太多的条件语句替换为守卫语句，逻辑变得十分清晰。

```
double getPayAmount() {
    double result;
    if (_isDead) result = deadAmount();
    else {
        if (_isSeparated) result = separatedAmount();
        else {
            if (_isRetired) result = retiredAmount();
            else result = normalPayAmount();
        };
```

```
    }
    return result;
};
```

重构为：

```
double getPayAmount() {
    if (_isDead) return deadAmount();
    if (_isSeparated) return separatedAmount();
    if (_isRetired) return retiredAmount();
    return normalPayAmount();
};
```

8）分解条件（Decompose Conditional）表达式，即从复杂的条件语句分支中分别提炼出独立函数。示例如下，将复杂的条件语句表达替换为独立函数，语义变得十分明确。

```
if(date.before(SUMMER_START) || date.after(SUMMER_END))
    charge = quantity * _winterRate + _winterServiceCharge;
else
    charge = quantity * _summerRate;
```

重构为：

```
if(notSummer(date))
    charge = winterCharge(quantity);
else
    charge = summerCharge(quantity);
```

作业

1. 软件交付的目标是什么？包括哪些活动？
2. 安装和部署有什么不同？什么情况下使用安装？什么情况下使用部署？
3. 为什么要在开发结束时进行项目评价？有哪些注意事项？
4. 软件维护有哪些类型？为什么需要进行完善性维护？
5. 在维护阶段，理解程序是一项非常困难的工作，请分析原因。
6. 什么是逆向工程？它有什么作用？
7. 什么是再工程？它有什么作用？
8. 维护开源软件，记录实践心得体会，包括：纠正代码缺陷；标注关键代码；纠正功能实现方式不恰当的缺陷；纠正代码中常量的不规范命名方式。另外考虑完善软件功能、构思软件需求、完善软件设计、实现软件系统和演示维护后软件。
9. 目前，软件行业日益清晰地认识到：为了按时交付软件产品和服务，开发和运营工作必须紧密合作。DevOps（Development 和 Operations 的组合词）是一组过程、方法与系统的统称，用于促进开发（应用程序 / 软件工程）、技术运营和质量保障（QA）部门之间的沟通、协作与整合。它是一种重视软件开发人员（Dev）和 IT 运维技术人员（Ops）之间沟通合作的文化、运动或惯例。自动化软件交付和架构变更的流程，使构建、测试、发布软件能够更加快捷、频繁和可靠。请结合各小组项目的具体情况，介绍如何融合 DevOps 技术实现各自项目的持续、可靠运维。

第 13 章

金融科技项目实践

本章从介绍金融科技四大新兴技术入手，详细说明云计算、大数据、人工智能、区块链的概念、发展、技术要点及其在金融领域的应用场景，结合金融科技发展面临的挑战和趋势，以量化交易、智能信贷、智能投顾为例，说明如何按照软件工程的原理和方法进行金融软件项目的实践，最后给出人工智能量化平台 AiQuant 的案例分析。

13.1 金融科技新兴技术

金融行业历来是先进技术应用的先行者，金融行业海量的数据和多样化的商业模式也为科技应用提供了广阔的空间。目前，金融科技应用覆盖到风控、营销、支付和客服等金融行业的各大核心功能，衍生出大数据风控、智能投顾、移动支付和智能客服等多种新兴金融服务模式。如图 13.1 所示，金融科技经历了三个阶段的发展历程。

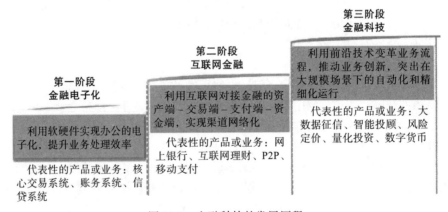

图 13.1　金融科技的发展历程

第一阶段为金融电子化、信息化阶段，着重于 IT 技术的后台应用，即以现代通信网络和数据技术为基础，将业务数据逐步集中汇总，利用信息化软硬件实现办公的电子化，提升业务处理效率。在此阶段，IT 技术相关部门属于后台支撑，IT 技术应用的主要目标是实现业务管理和运营的电子化和自动化，从而提高金融机构业务处理效率，强化内部管理支撑能力。代表性应用包括核心交易系统、账务系统、信贷系统等。

第二阶段为互联网金融阶段，聚焦于前端服务渠道的互联网化和移动化，即对传统金融渠道的变革，实现信息共享和业务融合，金融机构利用互联网对接金融的资产端－交易端－支付端－资金端。传统金融业务从线下向线上迁徙，改变金融机构的前台业务方式，依托互联网实现金融从销售到服务再到资金收付的前台、中台、后台整个业务流程的再造及渠道的变革，提供线上金融服务、简化金融业务流程、优化金融产品界面并改善用户体验，但对整体金融的革新意义大部分聚焦于前台业务，内涵范围相对狭窄。代表性应用包括网上银行、互联网理财、P2P、移动支付等。

第三阶段为金融科技阶段，强调业务前台、中台、后台的全流程科技应用变革，向自动化、智能化方向迈进。主要是金融机构利用云计算、大数据、人工智能和区块链等前沿技术进行业务革新，通过自动化、精细化和智能化业务运营，改变传统金融获取、客服、风控、营销、支付和清算等金融前、中、后台业务的各个方面和金融服务全部环节，提供更加精准高效的金融服务，有效降低交易成本，提升运营效率。代表性应用包括大数据征信、智能投顾、风险定价、量化投资、数字货币等。

对于金融科技这一概念的界定，目前尚无统一规范的定义。

- 国际金融组织金融稳定理事会（FSB）对"金融科技"的定义是"由大数据、区块链、云计算、人工智能等新兴前沿技术带动，对金融市场以及金融服务业务供给产生重大影响的新兴业务模式、新技术应用、新产品服务等"。
- 美国国家经济委员会（NEC）指出金融科技是"涵盖不同种类的技术创新，这些技术创新影响各种各样的金融活动，包括支付、投资管理、资本筹集、存款和贷款、保险、监管合规以及金融服务领域里的其他金融活动"。
- 英国金融行业监管局（FCA）认为"金融科技主要是指创新公司利用新技术对现有金融服务公司进行去中介化"。
- 新加坡金融管理局（MAS）定义金融科技是"通过使用科技来设计新的金融服务和产品"。

目前，排名前十的金融科技业态分别为网贷、第三方支付、信息服务、综合型金融科技、区块链／数字货币、互联网银行、互联网保险、智能投顾、大数据和众筹。其中，值得注意的是：前四大业态占六成，信息服务（如金融 IT）作为金融科技重要的基础设施排名第三，企业多元综合发展渐成趋势，区块链成为技术领域的热门。有数据表明中美金融科技存在较大差异，其中：中国属于需求驱动型，网贷占到 24.2%，比全球平均高 5.1%，第三方支付占比第二，有助于促进消费升级，而技术支撑仍待加强，区块链、人工智能仅占 5.6%；美国属于技术驱动型，信息服务业态占据榜首，占比 24.0%，其技术、征信等基础设施支撑优势明显，区块链／数字货币、人工智能成为发力点，占比 12.0%。

"金融大脑"的概念（合称 ABCD）正逐渐深入人心，即基于人工智能（包括人脸识别、OCR、语音／语义等感知引擎以及金融大脑智能引擎和联合建模、线上决策、数据抽取等思维引擎）、区块链（安全可靠、不可篡改，解决金融交易最重要的信任问题）、云计算（使技术和资源能得到弹性灵活的利用，扫除算力障碍）及大数据（多维海量底层数据，不断提供资源与动力）等底层技术，提供智能营销、智能风控、智能客服、智能投顾等一整套完整的能力体系。

13.1.1 云计算

云计算（Cloud Computing）是分布式计算的一种，指通过网络"云"将巨大的数据计算处理程序分解成无数个小程序，然后通过多部服务器组成的系统处理和分析这些小程序，得到结果并返回给用户。云计算早期就是简单的分布式计算，解决任务分发并进行计算结果的合并，因而云计算又称为网格计算。通过这项技术，可以在很短的时间（几秒钟）内完成对数以万计数据的处理，从而提供强大的网络服务。现阶段所说的云服务已经不单是一种分布式计算，而是分布式计算、效用计算、负载均衡、并行计算、网络存储、热备份冗余和虚拟化等计算机技术混合演进并跃升的结果。

云计算是一种 IT 资源的交付和使用模式，即通过互联网以按需、易扩展的方式提供硬件、平台、软件及动态易扩展的虚拟化服务等资源。云计算基础设施由数据中心基础设施、物理资源和虚拟资源组成；云计算操作系统由资源管理系统和任务调度系统构成。云计算的服务类型分为三类，即基础设施即服务（Infrastructure as a Service，IaaS）、平台即服务（Platform as a Service，PaaS）和软件即服务（Software as a Service，SaaS）。其中，基础设施即服务向云计算提供商的个人或组织提供虚拟化计算资源，如虚拟机、存储、网络和操作系统；平台即服务为开发人员提供通过全球互联网构建应用程序和服务的平台，为开发、测试和管理软件应用程序提供按需开发的环境；软件即服务通过互联网按需提供软件付费应用程序，云计算提供商托管和管理软件应用程序，允许其用户连接到应用程序并通过全球互联网访问应用程序。

"互联网＋金融"时代对金融行业的技术架构提出了新的要求。金融企业普遍面临产品创新层出不穷、产品迭代越来越快、交易量峰值无法预测等挑战。作为实现 IT 资源按需供给的技术手段，云计算具有高弹性、高扩展性的特征，可以实现让金融企业像使用水、电、气一样使用 IT 资源。因此，云计算的集中存储和按需调用模式能有效提升金融行业 IT 系统能力。金融云是指利用云计算的模型将信息、金融和服务等功能分散到庞大分支机构所构成的互联网"云"中，旨在为银行、保险和基金等金融机构提供互联网处理和运行服务，同时共享互联网资源，从而解决现有问题并且达到高效率、低成本的目标。2013 年 11 月，阿里云整合阿里巴巴旗下资源并推出阿里金融云服务，此即目前基本普及的快捷支付，只需要在手机上简单操作，就可以完成银行存款、购买保险和基金买卖等功能。另外，苏宁金融、腾讯等企业也推出了自己的金融云服务。

另外，金融行业的特性对云计算的业务连续性有严格的要求。金融机构对 IT 系统的稳定性、可用性、网络时延性以及数据安全性的要求非常高。银行和证券企业关键业务系统停机属于极度严重的金融事故，将会造成巨大的经济损失。为满足业务连续性需求，金融企业需要建立完善的灾难备份和灾难恢复体系。

目前，云计算已经成为金融 IT 架构转型的主流方向，金融云部署较快，企业发展较为成熟。金融云有效降低了金融机构的 IT 成本，在 IT 性能相同的情况下，云计算架构的性价比远高于以大型机和小型机作为基础设施的传统金融架构；金融云具有高可靠性和高可扩展性，通过数据多副本容错、计算节点同构可互换等措施，有效保障金融企业服务的可靠性需求，并通过添加服务器和存储等 IT 设备实现性能提升，快速满足金融企业应用规模上升和用户高速增长的可扩展性需求；金融云的运维自动化程度较高，主流云计算操作系统都设有监控模块，通过统一的平台管理金融企业内服务器、存储和网络设备，显著提升企业对 IT

设备的管理能力，并且能够精准定位出现故障的物理设备、快速实现故障排除；金融云为大数据和人工智能技术提供了便利且可扩展的算力和存储能力。

金融云有以下应用场景：

- 金融行业上云首先着眼于互联网金融和辅助性业务系统，一般选择从渠道类系统、客户营销类系统和经营管理类系统等辅助性系统开始尝试使用云计算服务（因为其安全等级较低、不涉及核心业务管控风险），并优先在互联网金融系统中应用，包括网络支付、网络小贷、P2P 网贷、消费金融等业务，因为这些系统基本需要全部重新建设，历史包袱相对较轻；
- 运维管理系统的云化建设也逐步被金融机构采用，运维对象由运维物理硬件的稳定性和可靠性演变为能够自动化部署应用、快速创建和复制资源模版、动态扩缩容系统部署、实时监控程序状态，以保证业务持续稳定运行的敏捷运维，同时开发、测试、运维等部门的工作方式由传统瀑布模式向 DevOps 模式转变，拉通了运维管理体系，海量数据计算、存储、应用和安全等需求的系统管理成为现实；
- 混合云是中、大型金融机构上云的首选方案，混合云兼有私有云和公有云的双重特性，更加适合中、大型金融机构的实际情况，即传统信息化基础设施投入大、有专职技术部门、安全要求更加谨慎等；
- 小型金融机构更普遍使用公有云，因为其技术能力和综合实力相对较弱，一般购买云主机、云存储、云数据库、容器 PaaS、金融 SaaS 应用等服务的方式来实现。

13.1.2　大数据

大数据（Big Data）是指无法在一定时间范围内用常规软件工具进行捕捉、管理和处理的数据集合，是需要新的处理模式才能具有更强的决策力、洞察力和流程优化能力来适应海量、高增长率和多样化的信息资产。麦肯锡全球研究所给出的大数据定义是：一种规模大到在获取、存储、管理、分析方面大大超出了传统数据库软件工具能力范围的数据集合，具有海量的数据规模、快速的数据流转、多样的数据类型和价值密度低四大特征。IBM 给出大数据的 5V 特点：Volume（大量）、Velocity（高速）、Variety（多样）、Value（低价值密度）、Veracity（真实性）。

大数据能够提供数据集成、数据存储、数据计算、数据管理和数据分析等功能，具备随着数据规模的扩大进行横向扩展的能力。从功能角度来看，大数据技术主要分为数据接入（包括数据采集、传输和搜索）、数据存储（包括文件系统、NoSQL、NewSQL、缓存）、数据计算（批处理、流计算、图计算、SQL 引擎）和数据分析（机器学习、深度学习、可视化、统计分析、多维分析）四层，前三层涵盖资源管理（硬件管理、资源分配、任务调度）功能。大数据是金融行业的基础资源，基于大数据的计算分析是目前金融服务开展的核心能力支撑。

从技术上看，大数据与云计算的关系就像一枚硬币的正反面一样密不可分。大数据必然无法用单台的计算机进行处理，必须采用分布式架构。它的特色在于对海量数据进行分布式数据挖掘，但必须依托云计算的分布式处理、分布式数据库和云存储、虚拟化技术。

大数据需要特殊的技术，以有效处理大量的数据。适用于大数据的技术包括大规模并行处理（MPP）数据库、数据挖掘、分布式文件系统、分布式数据库、云计算平台、互联网和可扩展的存储系统等。

大数据包括结构化、半结构化和非结构化数据，其中，非结构化数据所占比例越来越高。据 IDC 的调查报告显示：企业中 80% 的数据都是非结构化数据，这些数据每年都按指数增长 60%。大数据是互联网发展到现阶段的一种表象或特征，在以云计算为代表的技术创新大幕的衬托下，这些原本看起来很难收集和使用的数据开始容易被利用起来，通过各行各业的不断创新，大数据会逐步为人类创造更多的价值。

要想系统认知大数据，必须全面细致地分解它，可以从三个层面来展开。第一层面是理论，这是认知的必经途径，也是被广泛认同和传播的基线，可以从大数据的特征定义理解行业对大数据的整体描绘和定性，从对大数据价值的探讨来深入解析大数据的珍贵所在，洞悉大数据的发展趋势，从"大数据隐私"这个特别而重要的视角审视人和数据之间的长久博弈。第二层面是技术，这是大数据价值体现的手段和前进的基石，可以从云计算、分布式处理技术、存储技术和感知技术的发展来说明大数据从采集、处理、存储到形成结果的整个过程。第三层面是实践，实践是大数据的最终价值体现，可以从互联网大数据、政府大数据、企业大数据和个人大数据四个方面来描绘大数据已经展现的美好景象以及即将实现的蓝图。

目前，大数据是金融业创新发展的基础资源，提供金融大数据服务的企业数量众多，互联网巨头优势明显。金融机构最常使用的大数据应用场景（如精准营销、实时风控、交易预警和反欺诈）都需要实时计算的支撑，并得到了迅猛的发展。例如大数据智能客服系统有效解决了效率低和人工成本高的问题；大数据营销将收集到的各类用户信息（包括职业、家庭状况、网络应用浏览记录、交易信息等）进行分类、聚合、关联，实现用户画像，再据此进行实时营销、交叉营销、个性化推荐、客户生命周期管理等；大数据风控主要应用在借贷领域，包括数据收集、行为建模、构建画像、风险定价的一般流程，还具有实时监测和预警的功能；大数据反欺诈技术借助数据采集分析进行身份验证，定义欺诈行为特点。现有的大数据分析平台可以对金融企业已有客户和部分优质潜在客户进行覆盖，对客户进行画像和实时动态监控，用以构建主动、高效、智能的营销。

金融大数据有以下应用价值：

- 提升决策效率，帮助金融机构实现以事实为中心的经营方法，针对场景提供动态化决策建议，更精准地对市场变化做出反应；
- 强化数据资产管理能力，金融机构大量使用传统数据库，成本较高且对于非结构化数据的存储分析能力不足，通过大数据底层平台建设可以在部分场景替换传统数据库，并实现文字、图片和视频等多元化数据的存储分析；
- 促进产品创新和服务升级，金融机构可获得更加立体和完善的客户画像，进而及时了解客户已有需求并挖掘潜在需求，推出相应的产品和服务，实时追踪信息变动情况，提高产品升级速度；
- 增强风控管理能力，帮助金融机构将与客户有关的数据信息进行全量汇聚分析，识别可疑信息和违规操作，强化对于风险的预判和防控能力，带来更加高效可靠的风控管理。

金融大数据的融合涉及多个方面、多个渠道的信息。首先是数据提供方，可能是运营商、电商、社交网络、房产部门、税务部门、公积金部门、工商部门、司法部门等，出于隐私保护的需要，数据是宝贵的资源，数据的获取是非常困难的；其次需要数据融合平台进行处理，对原始数据进行解析并通过模型输出，模型需要根据场景定制，经过多轮跟踪迭代才能得到报告输出，其间还包括用户授权管理、接口计费管理和数据质量监控；再次是数据需求方，包括银行机构、消费金融机构、证券公司、电商公司、集团企业等。

金融大数据融合面临数据可信性、交易模式、数据安全、数据隐私等多方面的问题，其中大数据确权最为关键。欧盟 GDPR（General Data Protection Regulation）于 2016 年发布，2018 年 5 月生效；2017 年 6 月，我国施行了《最高人民法院、最高人民检察院关于办理侵犯公民个人信息刑事案件适用法律若干问题的解释》；2021 年 6 月，《中华人民共和国数据安全法》通过。

大数据建模通常包括数据获取、数据融合、模型训练、模型测试、A/B 测试、模型调优以及模型上线等一系列过程，并不断循环迭代。

13.1.3　人工智能

人工智能（Artificial Intelligence，AI）是研究、开发用于模拟、延伸和扩展人的智能的理论、方法、技术及应用系统的一门新的技术科学。人工智能是计算机科学的一个分支，它试图了解智能的实质，并生产出一种新的能与人类智能相似的方式做出反应的智能机器，该领域的研究包括机器人、语音识别、图像识别、自然语言处理和专家系统等。人工智能从诞生以来，相关理论和技术日益成熟，应用领域也不断扩大，未来人工智能带来的科技产品将会是人类智慧的"容器"。人工智能可以对人的意识、思维的信息过程进行模拟。人工智能不是人的智能，但能像人那样思考，也可能会超过人的智能。

人工智能是一门极富挑战性的科学，从事这项工作的人必须懂得计算机知识、心理学和哲学。人工智能包括十分广泛的科学，它由不同的领域组成，如机器学习、计算机视觉等。总的来说，人工智能研究的一个主要目标是使机器能够胜任一些通常需要人类智能才能完成的复杂工作。但不同的时代、不同的人对这种"复杂工作"的理解是不同的。

通常，机器学习的数学基础是统计学、信息论和控制论，还包括其他非数学学科。这类机器学习对经验的依赖性很强，计算机需要不断从解决某类问题的经验中获取知识、学习策略，进而在遇到类似问题时能运用经验知识解决问题并积累新的经验，就像普通人一样。这样的学习方式可称为"连续型学习"。但人类除了会从经验中学习之外，还会创造，即"跳跃型学习"，这在某些情形下被称为灵感或顿悟。一直以来，计算机最难学会的就是顿悟，即计算机在学习和实践方面难以学会"不依赖于量变的质变"，很难从一种"质"直接到另一种"质"，或者从一个"概念"直接到另一个"概念"。

人工智能综合了计算机科学、生物学、心理学、语言学、数学、哲学等学科知识，使用机器代替人类实现认知、识别、分析、决策等功能，其本质是对人的意识与思维的信息处理过程的模拟。人工智能能够有效提升金融智能化水平，降低服务成本，助力普惠金融。人工智能在金融领域的应用主要包括五个关键技术：机器学习、生物识别、自然语言处理、语音技术以及知识图谱。

人工智能是金融服务迈向智能化的关键，人工智能应用发展迅速，正在成为金融科技应用的热点方向。金融行业沉淀了大量的金融数据，主要涉及金融交易、个人信息、市场行情、风险控制、投资顾问等多个方面。金融行业的海量数据能够有效支撑机器学习，不断完善机器的认知能力，使其达到与人类相媲美的水平，尤其是在金融交易与风险管理这类复杂数据的处理方面，人工智能的应用将大幅降低人力成本，通过对大数据进行筛选分析，帮助人们更高效地决策，提升金融风控及业务处理能力。目前受人力资源和数据处理能力的影响，金融行业只面向少数高净值客户提供定制化服务，而对绝大多数普通客户仅提供一般化服务。

金融人工智能的应用价值体现在以下几个方面：

- 进一步提升金融行业的数据处理能力和效率，随着深度学习技术的不断推进，人工智能将有效利用大数据进行筛选分析；
- 推动金融服务模式趋向主动化、个性化和智能化，人工智能技术将显著改变金融行业的现有格局，如在前台可以用于提升客户体验，使服务更加个性化，在中台辅助支持金融交易的分析与预测，使决策更加智能化，在后台用于风险识别和防控保障，使管理更加稳定化；
- 提升金融风险控制效能，人工智能可从大量内外部数据中获取关键信息进行挖掘分析，对客户群体进行筛选和欺诈风险鉴别，并将结果反馈给金融机构；
- 助推普惠金融服务发展，人工智能技术通过降低金融服务成本、提升金融服务效率和扩大金融服务范围来推动普惠金融服务的快速发展。

金融人工智能的应用场景主要包括智能客服、智能投顾、智能风控、智能投研、智能营销等方面。

- 智能客服系统采用自然语言处理技术提取客户意图，并通过知识图谱构建客服机器人的理解和答复体系，同时以文本或语音等方式与用户进行多渠道交互，为广大客户提供更为便捷和个性化的服务，在降低人工服务压力和运营成本的同时，进一步改善用户体验。
- 智能投顾根据投资者的风险偏好、财务状况与理财目标，运用机器学习算法及现代资产组合优化理论，构建标准化数据模型，并利用网络平台和人工智能技术为用户提供智能化、个性化的投资管理、理财顾问服务。
- 智能风控将不同来源的结构化和非结构化大数据整合在一起，分析诸如企业上下游、合作对手、竞争对手、母子公司、投资等关系数据，使用知识图谱等技术大规模监测其中存在的不一致性，发现可能存在的欺诈疑点。
- 智能投研基于大数据、机器学习和知识图谱技术，将数据、信息、决策进行智能整合，并实现数据之间的智能化关联，形成文档供分析师、投资者使用，辅助决策，甚至自动生成投研报告。
- 智能营销在可量化的数据基础上，基于大数据、机器学习计算框架等技术，分析消费者个体的消费模式和特点，以此划分客户群体，从而精确找到目标客户，进行精准营销和个性化推荐。

13.1.4　区块链

区块链（Blockchain）是一个信息技术领域的术语，本质上是一个共享数据库，存储于其中的数据或信息具有不可伪造、全程留痕、可以追溯、公开透明、集体维护等特征。基于这些特征，区块链技术奠定了坚实的信任基础，创造了可靠的合作机制，具有广阔的运用前景。

一般说来，区块链系统由数据层、网络层、共识层、激励层、合约层和应用层组成。其中，数据层封装了底层数据区块以及相关的数据加密和时间戳等基础数据和基本算法；网络层则包括分布式组网机制、数据传播机制和数据验证机制等；共识层主要封装网络节点的各类共识算法；激励层将经济因素集成到区块链技术体系中，主要包括经济激励的发行机制和分配机制等；合约层主要封装各类脚本、算法和智能合约，是区块链可编程特性的基础；应用层则封装了区块链的各种应用场景和案例。该模型中，基于时间戳的链式区块结构、分布式节点的共识机制、基于共识算力的经济激励和灵活可编程的智能合约是区块链技术最具代表性的创新点。

区块链的核心技术包括分布式账本、非对称加密、共识机制和智能合约，分别介绍如下。

1）分布式账本是指交易记账由分布在不同地方的多个节点共同完成，且每一个节点记录的是完整的账目，都可参与监督交易合法性，同时也可共同为其作证。与传统的分布式存储有所不同，区块链的分布式存储的独特性主要体现在两个方面：一是区块链每个节点都按照块链式结构存储完整的数据，而传统分布式存储一般是将数据按照一定的规则分成多份进行存储；二是区块链每个节点存储都是独立的、地位等同的，依靠共识机制保证存储的一致性，而传统分布式存储一般是通过中心节点往其他备份节点同步数据。

没有任何一个节点可以单独记录账本数据，从而避免了单一记账人被控制或被贿赂而记假账的可能性。也由于记账节点足够多，理论上讲除非所有的节点被破坏，否则账目就不会丢失，从而保证了账目数据的安全性。

2）存储在区块链上的交易信息是公开的，但账户身份信息高度加密，只有在数据拥有者授权时才能访问到，非对称加密保证了数据的安全和个人的隐私。非对称加密技术也被称为公钥密码技术（Pubic Key Infrastructure，PKI），使用 2 个成对的密钥：公钥，对外公开；私钥，必须严格保密并保管好，不能弄丢。密钥本质上是一个数值，使用数学算法产生。可以用公钥加密消息，然后使用私钥解密；也可以使用私钥加密，用公钥解密，这也被称为签名，相当于用私章盖印，对方就可以使用公钥来验证签名真伪（能正常解密）。非对称加密的优点是解决了密钥的传输问题，因为公钥不怕公开。非对称加密技术主要有 2 个作用：身份验证和消息加密。

3）共识机制是所有记账节点之间达成共识去认定一个记录的有效性，这是认定的手段，也是防止篡改的手段。区块链提出了四种共识机制，适用于不同的应用场景，在效率和安全性之间取得平衡。

区块链的共识机制具备"少数服从多数"以及"人人平等"的特点。其中，"少数服从多数"并不完全指节点个数，也可以是计算能力、股权数或者其他的计算机可以比较的特征量；"人人平等"是当节点满足条件时，所有节点都有权优先提出共识结果、直接被其他节点认同并最后有可能成为最终共识结果。例如，比特币采用的是工作量证明，只有在控制了全网超过 51% 的记账节点的情况下，才有可能伪造出一条不存在的记录。当加入区块链的节点足够多的时候，伪造记录基本上不可能实现，从而杜绝了造假的可能。

4）智能合约是基于这些可信的不可篡改的数据，可以自动化地执行一些预先定义好的规则和条款。以保险为例，保险机构负责资金归集、投资、理赔，往往管理和运营成本较高。如果每个人的信息（包括医疗信息和风险发生的信息）都是真实可信的，通过智能合约的应用，既无须投保人申请，也无须保险公司批准，只要触发理赔条件，即可实现保单自动理赔。在保险公司的日常业务中，虽然交易不像银行和证券行业那样频繁，但是对可信数据的依赖有增无减。因此利用区块链技术，从数据管理的角度切入，能够有效地帮助保险公司提高风险管理能力。

因此，区块链本质上是用非对称加密算法、共识机制、分布式存储等相关技术融合而成的一种分布式数据库解决方案，区块链架构带来更加安全、可信、高效、低成本的交易网络和更加灵活的交易工具，将催生更加复杂、更加多样化的金融业务模式。区块链技术公开、不可篡改和去中心化的技术属性，具备改变金融基础服务模式的巨大能力。利用区块链构建金融行业的底层基础设施，将为金融业带来颠覆性的突破。

区块链在国际汇兑、信用证、股权登记和证券交易所等金融领域有着潜在的巨大应用价值。将区块链技术应用在金融行业中，能够省去第三方中介环节，实现点对点的直接对接，从而既能大大降低成本，又能快速完成交易支付。比如，世界上最大的信用卡和旅行支票组织 VISA 推出的基于区块链技术的 Visa B2B Connect 能为机构提供一种费用更低、更快速和更安全的跨境支付方式（传统的跨境支付需要等 3～5 天，并为此支付 1%～3% 的交易费用），以处理全球范围的企业对企业的交易。VISA 还联合 Coinbase 推出了首张比特币借记卡，花旗银行则在区块链上测试运行加密货币——"花旗币"。

区块链是实现金融价值传递的重要支撑技术，目前金融区块链应用仍处于起步阶段，企业数量相对较少，但发展迅速。区块链技术在金融领域的应用会带来以下几个方面的影响。

- 在金融业务成本和效率方面，金融机构利用区块链技术可以构建大规模、低成本、安全可信的交易网络，大量需要人力操作的金融服务在区块链交易网络下可自动化完成，从而大幅缩短交易时间、降低交易成本。
- 面对同业竞争与互联网跨界竞争的压力，金融机构渴求新技术带来的新竞争优势，区块链技术可以为金融机构带来技术优势和成本优势。
- 区块链技术建立的网络是分布式的信用体系，对于原有的中心化信用的金融业体系具有颠覆性影响。
- 区块链技术能促进数据的流通共享，在构建金融业务安全联防体系、打击金融欺诈方面起到了积极作用。
- 金融区块链的应用价值如下。
- 重构信用创造机制。在金融交易系统中通过算法为人们创造信用，从而达成共识。交易双方无须了解对方基本信息，也无须借助第三方机构的担保，直接进行可信任的价值交换。区块链的技术特性保证了系统内部价值交换过程中的行为记录、传输、存储的结果都是可信的，区块链记录的信息一旦生成将很难被篡改。
- 提升效率、降低成本。区块链技术实现了任意两个节点可直接进行点对点交易，大幅降低了信息传递过程中出现错误的可能。区块链技术实现了"交易即结算"，大幅提高了金融结算的效率。区块链通过分布式网络将信息储存于全网中的每个节点，单个节点信息缺失不影响其余节点正常运转，同时其防篡改、高透明的特性保证了每个数据节点内容的真实完整，实现了系统的可追责性，降低了金融监管的成本。
- 实现个人隐私保护。区块链技术通过基于节点的授权机制，将私密性和匿名性植入用户控制的隐私权限设计中，只有授权节点才有相应权限查阅和修改有关数据信息。区块链技术在完善个人信息保护制度、保证私密信息（包括个人信息、财产状况、信用状况等）安全方面具有重要应用价值。
- 促进行业信息共享。区块链具有匿名保护、安全通信、多方维护和可溯源等特点，有助于进一步打破行业数据孤岛的现状。在金融业务开展的同时，及时将交易信息同步上链，可实现交易信息的公开透明和可溯源。另外，多方维护共同的信息账本有助于实现行业信息的共享，有助于监管部门和合规部门动态掌握交易的全貌，在打击多头借贷、骗保、票据作假、重复质押等方面起到积极作用。
- 促进金融中介和金融工具的创新发展。区块链技术实现了点对点的交易，打破了传统的信息不对称特点，弱化了传统中介的概念，后续金融中介在发行、承销、认购等业务方面的功能可能会弱化，更多工作将集中在提供专业的金融咨询服务、链下资产的管理以及上链数据真实性的把控上；同时随着区块链技术的发展，以加密数字货币为代表的数字资产的出现以及股票、债券等金融工具的上链，都使金融工具在具体形式和管理机制上发生了新变化。

金融区块链有以下应用场景：

- 数字票据。基于区块链构建的数字票据体系呈现去中心化的特点，票据业务的个体将参与票据出票、保证、承兑、背书、贴现、转贴现、质押、付款等业务流程。数字票据各参与方通过区块链的共识机制达成信任。区块链的分布式结构使数据票据系统具有强大的容错性，有效缓释系统的中心化风险。基于区块链的时间戳机制，数据票据保证信息完整且整体交易流程透明，能够有效避免伪造或变造票据、一票多卖等问题。此外，智能合约能有效控制、约束数字票据的用途、交易条件、交易时间等要素，保证打款背书同步，并满足更加灵活、更加丰富的业务场景，适应票据业务的创新需求。

- 征信管理。传统征信模式下，征信数据流通方、加工方、使用方相分离，征信数据二次交易无法稽核及管控、无法实时校验授权真实性，因此征信数据交易授权长期停留在纸质协议手段上，可通过区块链技术的应用来有效改善这些问题。通过搭建私有链或联盟链的形式，由数据供方对征信数据需方授权。数据采集与加工过程中可以对授权文件进行同步流通和校验，从而实现实时校验授权真实性、二次交易稽核及管控的目的。

- 跨境支付结算。跨境贸易促进了各国经济的快速流通与协作，使资源在全球范围得到优化配置，但随着跨境支付结算效率的提升，出口企业出现了大量海外应收账款、坏账等问题。区块链具有泛中心化、信任共识、信息不可篡改、开放性等特征，适合应用于交易双方需要高度互信的业务情形。构建基于区块链的跨境支付模式将大大降低跨境支付的风险，提高跨境支付的效率，节省跨境支付的成本。

- 供应链金融。由于信息不对称、信用无法传递、支付结算不能自动化按约定完成、商票不能拆分支付等原因，多级供应商在传统供应链金融模式中面临融资难的问题。区块链能提供有效解决方案：将分类账上的货物转移登记为交易，任何一方都不拥有分类账的所有权，也不能为牟取私利而操控数据，并且交易经过加密具有难篡改的特点，因此分类账几乎不会受到损害，将大幅减少人工的介入，极大提高效率并减少人工交易可能造成的失误。

- 数字货币。区块链技术给数字货币带来了机遇和挑战，下面以比特币为例加以说明。一方面，区块链的不对称加密技术保障了交易信息的安全，交易造假难度很大，创造了数字货币交易的信任基础，且区块链点对点交易流通降低了交易过程的成本；另一方面，挖矿机制导致大量能耗，完全去中心化可能不符合我国的货币监管机制和要求，相关共识机制算法还需优化，数字货币被盗窃、交易所被攻击等事件说明存在安全隐患，同时账号匿名、交易匿名会导致利用数字货币从事洗钱等违法犯罪行为，给监管带来挑战。

- 证券发行与交易。证券发行中，公募发行过程历时较长，私募存在大量手工作业、纸质化办公以及可能引入人为错误，应用区块链将有效降低成本，同时相关信息需要链上多方共同参与确认，有利于监管部门的全流程参与。证券交易中，点对点直接交易简化了流程、降低了成本，且区块链的引入将实现"交易即结算"，做到真正的实时交易。利用区块链智能合约可实现证券交易的自动化、个性化，但流程的简化可能带来风险的直接扩散，智能合约的代码漏洞可能引发交易风险，智能合约本身内容是否得到法律和司法的正式认可也有待商榷。

- 保险服务。在保险销售方面，区块链有助于提升保险公司公信力，降低销售成本；在结算方面，区块链"交易即结算"的特点将大幅缩短保险业务结算审核的周期；在保险理赔方面，利用智能合约将理赔条件写入程序代码中，并将医院诊断信息和事故相关记录及时上传至区块链系统，一旦满足理赔条件，系统将自动理赔，直接提升效率。区块链还将有助于打击骗保等欺诈行为。

13.2　金融科技产业生态

在全球金融科技的众多应用领域中，支付领域和借贷领域的金融科技应用最为广泛，企业数量远远领先于其他领域。

从金融科技应用的主要领域来看，中国金融科技服务在移动支付、网络信贷和互联网投资等领域的发展最为突出：以手机支付为代表的新型移动支付已经成为中国消费者应用最普遍的支付方式，号称中国"新四大发明"之一。我国移动支付持续保持快速增长态势。

中国金融科技发展在经过前期的爆发式增长后，行业发展在规范化和标准化方面的滞后性越发突出，导致金融科技应用风险日益凸显，尤其在P2P网贷、数字货币等领域的违规风险不断累积，出现了一系列对社会经济影响极为不良的金融风险事件。在此情况下，国家不断强化对金融科技领域的政策监管，2017年更是被称为"监管年"，针对移动支付、网络借贷、数字货币等金融科技热点领域出台了一系列监管强化政策。

我国金融科技产业体系主要由监管机构、金融机构、科技企业、行业组织和研究机构组成，如图13.2所示。其中，监管机构主要依据国家相关政策法规，对提供金融科技服务的企业进行合规监管；金融机构主要运用云计算、大数据、人工智能和区块链等先进技术，提供新金融服务；科技企业主要为监管机构和金融机构在客服、风控、营销、投顾、支持等领域提供新技术服务；行业组织和研究机构主要进行金融科技产业研究，推动行业交流和标准制定，促进金融科技应用成果的经验分享和互动交流。

金融科技企业按照金融行业提供支撑服务的具体领域可分为客服、风控、营销、投顾和支付等五大类。

- 客服领域企业主要利用大数据和人工智能技术，通过自动化、智能化客服，实现客服效率和质量的双提升，并实现与精准营销的有机结合，助力客服从成本中心向营销中心转变。
- 风控领域企业主要运行大数据、机器学习和人工智能等技术，实现智能风控，降低业务坏账率，提高放贷效率。
- 营销领域企业主要利用大数据和人工智能进行智能营销，建立个性化顾客沟通服务体系，实现精准营销。
- 投顾领域企业主要基于算法和模型，实现智能投顾，规避市场风险，获得最大化收益。
- 支付领域企业主要基于大数据和人工智能技术，将人脸识别、指纹识别等智能识别技术应用于支付领域，实现支付技术的创新发展。

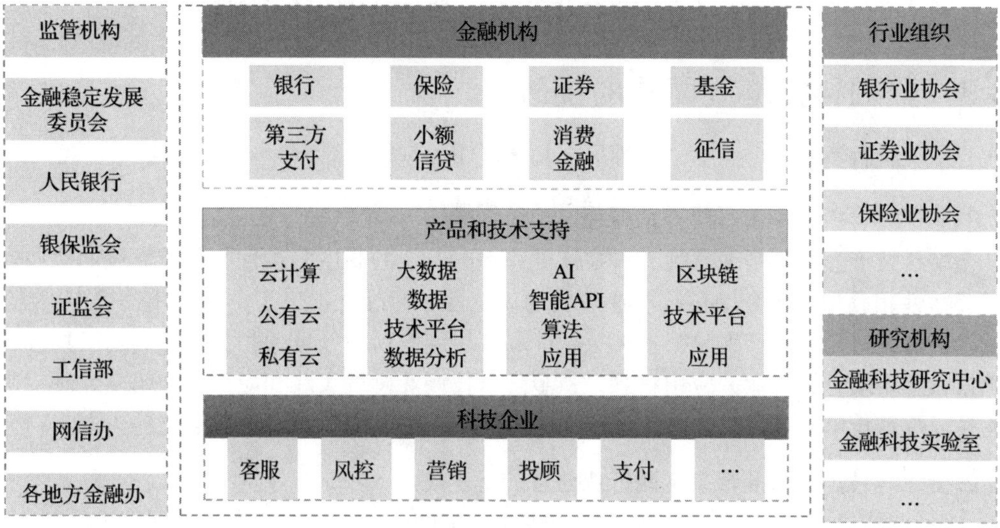

图 13.2　我国金融科技产业体系的构成

目前在金融智能监管领域也有一些研究和实践。从历史发展来看，可将 1930 年以前看作理论萌芽阶段，自由经营银行业务造成的投机之风盛行，多次金融危机给西方国家的经济发展带来了很大的负面影响，具有自发性、初始性、单一性和滞后性的特点。1930—1970年，强有力的金融监管维护了金融业的稳健经营与健康发展，恢复了公众的投资信心，促进了经济的全面复苏与繁荣，严格监管、安全优先；1970—1990 年，由于强调金融自由化放松了监管，并提倡效率优先，布雷顿森林体系的崩溃加大了商业银行在开展国际业务过程中的汇率风险，金融的全球化、自由化及其创新浪潮使建立于 20 世纪 30 年代的金融监管体系失灵；从 1990 年至今，通过金融创新，强调安全与效率并重，经济全球化进程加快，金融创新与自由化带来的金融风险更加复杂，并具有国际传染性。未来需要进一步打造金融大数据智能服务生态系统：与政府监管机构合力，通过监管沙盒监管大数据；与资金提供方一起构建用户大数据画像；与资金需求方一起商定风控模型；与中介机构与平台一起确定平台风控解决方案，得到平台大数据画像。

金融科技产业生态体现发展有以下特点：

- 互联网企业成为金融科技领域的支柱力量，是金融和科技两侧的重要主体，典型的互联网金融类科技企业有蚂蚁金服（阿里巴巴）、理财通（腾讯）、度小满金融（百度）、京东金融（京东）等；
- 传统金融机构成立科技子公司提供对外技术服务，部分银行机构正在积极筹备独立运作的科技子公司，部分大型传统金融机构正在联合成立独立运营的科技合资公司，典型的代表有兴业数金（兴业银行）、建信金融科技（建设银行）、平安科技（平安集团）等；
- 传统金融 IT 企业积极谋取金融牌照，传统金融 IT 企业熟知金融行业运作方式，通过收购、参股、申请成立子公司和引入投资的方式获得金融牌照，向金融领域跨界转型，典型代表有安硕信息、东华软件、恒生电子等；
- 零售企业率先转型进入金融科技市场，具有面向个人用户服务经验的零售企业借助金融科技的应用趋势，以消费金融、智能风控、智能营销等应用场景为突破口，转型后进入金融科技市场，典型代表有万达金融、苏宁金融、海尔金融等。

13.3　金融科技发展面临的挑战

目前金融科技的发展面临诸多挑战，具体说明如下。

1. 金融科技产业规范与技术标准体系亟待完善

金融科技产业兼具金融属性和科技属性，金融行业的高度复杂性与科技领域的快速创新性、灵活性相叠加，对金融科技产业发展的规范性和标准化提出了更为突出的要求。当前，从技术层面针对云计算、大数据、人工智能和区块链等新兴领域的相关标准制定已具备一定的积累，急需结合金融业务应用场景，从金融科技产业发展实践和应用需求出发，制定明确的业务规范和技术标准，为金融科技技术应用与产业发展指明方向，划定边界。

2. 金融科技产业发展带来金融行业监管的新挑战

一是金融科技具有跨行业、跨市场的特性，而且带来金融服务市场主体的不断多元化，传统的以"栅栏方式简单隔离商业银行和网络借贷之间的风险传播途径"面临巨大挑战。二是由于金融科技具有去中心化的发展趋势，金融风险也呈现分散化和蜂窝式分布，目前采取的对现有机构自上而下的监管路径也面临新的挑战。三是金融科技的发展使金融交易规模和交易频度呈几何级数增长，金融监管面临的数据规模性、业务复杂性、风险多样性持续上升，对于日益纷繁复杂的金融交易行为，金融监管能力面临巨大挑战。

3. 金融科技的广泛应用加深了金融信息安全风险

一是金融科技带来金融业务全流程的数据化，尤其是大量非传统金融企业成为金融服务市场主体，金融信息数据使用范围扩大、渠道增加，客观上增加了信息泄露的风险。二是金融科技应用衍生了大量的创新性金融服务模式，往往由于监管的滞后性，给部分非法机构利用监管漏洞非法获取或使用个人金融信息带来便利。三是目前大量金融科技应用侧重于获取效益和提升价值，能够直接创收的技术往往被大范围采用和开发，而安全保护属于成本性投入，当前金融科技中业务发展能力与安全防控能力显著失衡，也间接给危害金融信息安全的违法犯罪行为提供了可乘之机。

4. 金融科技应用仍面临能力、成本、机制等多重制约

目前云计算和大数据的技术成熟度较高，但在应用方面，系统云化集中面临的传统信息系统改造升级的压力较大，大数据平台构建在系统稳定性和实际使用效益方面均面临挑战；人工智能和区块链仍处于技术演进发展阶段，金融行业的应用价值还有待进一步挖掘。同时，金融科技应用对于金融机构原有业务模式和运营机制有着明显的冲击，如何克服原有体制机制的制约，制定符合自身实际的金融科技发展战略，为金融科技应用创新创造良好环境，也是金融机构面临的重要挑战。

5. 金融科技产业发展的专业化人才仍面临较大缺口

金融科技相关应用呈现爆发式增长，业务发展对于人才的需求也随之快速增长；人才缺口造成大量企业在人才市场的竞争激烈，高薪挖人成为常态，极大影响了各家企业的业务稳定性；传统金融机构对新兴科技人员的管理模式和激励机制仍较为落后，难以适应更加灵活和创新化的科技应用发展模式；企业内部技术创新范围和环境培养不够，使其自身能力优势没有得到有效发挥。

13.4　金融科技未来的发展趋势

金融与科技融合发展多年，目前金融机构的前台、中台、后台系统已基本实现信息化建设。人工智能、物联网、云计算、下一代互联网技术等新技术正以其独有的渗透性、冲击性、倍增性和创新性推动金融行业发展到一个全新阶段。目前，我国金融科技发展水平保持领先地位，金融科技市场表现活跃，行业融资规模快速增长；优秀金融科技公司的数量、金融科技融资额位于世界前列；技术创新取得了巨大进步。在地区发展态势方面，北京、上海、深圳、杭州已成为金融科技发展领先城市。在政策支持和行业需求驱动下，金融科技的发展正呈现以下发展趋势。

新一代信息技术形成融合生态，推动金融科技发展进入新阶段。云计算、大数据、人工智能和区块链这些新兴技术并非彼此孤立，而是相互关联、相辅相成、相互促进的。大数据是基础资源，云计算是基础设施，人工智能依托于云计算和大数据，推动金融科技发展，走向智能化时代。区块链为金融业务基础架构和交易机制的变革创造了条件，它的实现离不开数据资源和计算分析能力的支撑。这些新兴技术的关系在实际应用过程中会变得越来越紧密，彼此的技术边界不断削弱，未来的技术创新将越来越多地集中到技术交叉和融合区域。

监管科技正得到更多关注，将成为金融科技新应用的爆发点。利用监管科技，一方面金融监管机构能更加精准、快捷和高效地完成合规性审核，减少人力支出，实现对于金融市场变化的实时把控，进行监管政策和风险防范的动态匹配调整；另一方面，金融从业机构能够无缝对接监管政策，及时自测与核查经营行为，完成风险的主动识别与控制，有效降低合规成本，增强合规能力。

行业应用需求不断扩展，将反向驱动金融科技持续创新发展。这种反向驱动可以从发展和监管两条主线上得到显著体现：

- 发展层面，新技术应用推动金融行业向普惠金融、小微金融和智能金融等方向转型发展，而新金融模式又衍生出在营销、风控、客服等多个领域的一系列新需求，要求新的技术创新来满足；
- 监管层面，互联网金融业务的快速发展带来了一系列监管问题，需要监管科技创新来实现和支撑。

金融科技应用带来金融业转型发展的结构性机遇。金融科技应用让普惠金融、小微金融和智能金融等成为金融业转型发展的战略重点方向和结构性机遇：

- 在普惠金融方面，能降低成本、提高效率，扩大覆盖面，真正服务于基层；
- 在小微金融方面，为商业银行解决小微企业金融服务中存在的信息不对称、交易成本高、场景服务不足和风控难等问题；
- 在智能金融方面，以 P2P 网贷平台、智能投顾、大数据征信为代表的智慧金融使金融行业在业务流程、业务开拓和客户服务等方面得到提升，实现金融产品、风控、服务的智慧化。

金融科技进一步强化金融服务与实体经济的融合互助。随着新兴金融科技的广泛应用，一方面，数据广泛采集和流通，促使金融数据来源更加多元化，金融科技企业可以方便地获取电信、电商、医疗、出行、教育等其他行业的数据，金融数据和其他行业数据的融合使金融机构的营销和风控模型更精准，金融基础能力得到更多其他行业资源的补充和支撑；另一方面，跨行业数据融合会催生出更多跨行业应用，金融科技企业可以设计出更多基于场景的金融产品，更加准确地匹配企业和个人的金融服务需求，促进金融服务和实体经济更紧密地融合发展，消费金融、供应链金融等是以上趋势的直接体现。

金融科技监管更加注重风险管控与鼓励创新的平衡。面对金融科技带来的监管挑战，未来的金融科技监管将更加注重在预防风险和鼓励创新之间寻求平衡；金融科技的发展也会带动监管能力的提升，带来监管理念、手段和方式的不断升级，将呈现从分业监管转向跨界混业监管、从事后审核式监管转向实时动态的过程性监管、从栅栏式隔离监管走向关联性风险智能分析监管等新趋势。

13.5 金融科技项目实践

在对金融科技有了基本的认识以后，本节将介绍金融科技的典型项目实践：量化投资、智能信贷和智能投顾。

13.5.1 量化投资

1. 概念介绍

随着计算机技术与机器学习、深度学习等相关算法的不断发展，金融领域出现了量化投资（也称量化交易）这一概念。量化投资建立在数学模型的基础上，以客观的、数值化的决策代替人的主观交易，制定理性的买卖策略来决定买卖标的、买卖时间与交易量。这种量化具体表现在：通常使用数量化手段来刻画策略构建的过程；在策略构建完成以实行交易决策时，以明确的数量化规则执行一定数量的买卖操作。

量化投资是指通过数量化方式及计算机程序化发出买卖指令，以获取稳定收益为目的的交易方式。量化交易从庞大的历史数据中海选能带来超额收益的多种"大概率"事件以制定策略，用数量模型验证及固化这些规律策略，然后严格执行已固化的策略来指导投资，以获得可持续的、稳定且高于平均收益的超额回报。

要做好量化投资，需要掌握三个方面的技能：一是科学研究的方法，能够建立模型并应用数据挖掘技术；二是投资策略的建立，能够深入剖析金融市场和经济环境；三是计算机软件工程相关的技术，具备编程能力并熟悉 IT 互联网。

量化投资可以分为三类：一是趋势性交易，如期货 CTA，适合一些主观交易的、对财务和金融市场非常了解的高手，用技术指标作为辅助工具；二是市场中性，分为 Alpha 策略（包括对冲和量化选股、择时）和统计套利，是我们关注的重点，擅长编程、机器学习、数据挖掘技术，在任何市场环境下风险更低，收益稳定性更高，资金容量更大；三是高频交易，即程序化交易，在极短时间内频繁买进卖出，完成多次大量的交易，对硬件系统和市场环境的要求极高，适合一些算法高手。在现有的金融产品以及衍生品中，股票市场采用中性策略占大多数，涉及少量的趋势性交易；期货的趋势性交易策略占大多数。

量化投资技术几乎覆盖了投资的全过程，包括：

- 量化选股，采用数量的方法判断某个公司股票是否值得买入，有公司估值法、趋势法和资金法；

- 量化择时，股价的波动不是完全随机的，貌似随机、杂乱，但在其复杂表面的背后却隐藏着确定性的机制，存在可预测成分；
- 股指期货套利，利用股指期货市场存在的不合理价格，同时参与股指期货与股票现货市场交易，或者同时进行不同期限、不同但相近类别股票指数合约交易，以赚取差价；
- 商品期货套利，相关商品在不同地点、不同时间对应都有一个合理的价格差价，或者由于价格的波动性，价格差价经常出现不合理，不合理必然要回到合理，这部分价格区间就是盈利区间；
- 统计套利，利用证券价格的历史统计规律进行套利；
- 算法交易，通过使用计算机程序来发出交易指令；
- 资产配置，投资组合中各类资产的适当配置以及对这些混合资产进行实时管理；
- 风险控制，依据一定的风险管理算法进行仓位和资金配置，实现风险最小化和收益最大化。

2. 发展历史

1969 年，爱德华·索普发明了"科学股票市场系统"（一种股票权证定价模型）并成立了第一个量化投资基金，索普也因此被称为量化投资的鼻祖，这标志着量化投资的产生；1988 年，詹姆斯·西蒙斯成立了大奖章基金，从事高频交易和多策略交易，基金成立 20 多年来收益率达到了年化 70% 左右，除去报酬后达到 40% 以上，西蒙斯也因此被称为量化对冲之王，这标志着量化投资的兴起；1991 年，彼得·穆勒发明了 Alpha 系统策略等，开始用计算机 + 金融数据来设计模型，构建组合，由此进入量化交易的繁荣时期。

在量化投资的发展历程中，有一些重要的模型陆续被提出。其中，资产定价模型是单因子模型，是市场风险因子；套利定价理论（Arbitrage Pricing Theory，APT）模型是多因子模型，假设证券收益与一组未知因子（特征）线性相关，不仅与市场相关，还与某些特征相关，但没有指出这些因子是哪些；FF（Fama & French）三因子模型由 Fama 和 French 提出，于 1992 年对美国股票市场决定不同股票回报率差异的因素进行了研究发现，即市值较小、市场账面较低的两类公司更有可能取得优于市场水平的平均回报率，超额回报率可由其对三类因子（市场风险溢价因子、规模因子和价值因子）来解释；在过去 20 年里，研究者对三因子模型进行了实证分析，发现有些股票的 Alpha 显著不为 0，说明这三类因子并不能解释所有超额收益，为此 Fama 和 French 于 2015 年又提出了五因子模型，增加了盈利因子和成长因子这两类。大家公认这些类别的因子肯定能够获得比市场基础回报要多的收益（风险因子收益），可以自己寻找更多的没有被公认的额外因子收益（Alpha 收益），即广义 Alpha 收益 = 公认的风险因子收益 +Alpha 收益。

量化投资在海外的发展已有 30 多年的历史，其投资业绩稳定，市场规模和份额不断扩大，得到了越来越多投资者的认可。从全球市场的参与主体来看，按照管理资产的规模，全球排名前六位中的五家资管机构，都依靠计算机技术来开展投资决策，由量化及程序化交易所管理的资金规模在不断扩大。事实上，互联网的发展使新概念在世界范围的传播速度非常快。作为一个概念，量化投资并不算新颖，国内投资者早有耳闻。但是，真正的量化基金在国内还不多见。同时，机器学习的发展也对量化投资起了促进作用。

截至 2019 年第三季度，对冲基金研究机构 Preqin 发布的全球对冲基金资金管理规模排名显示，排名前十中有七家为量化投资机构。虽然国内的量化投资发展较为滞后，但从 2011 年起，整体规模呈迅速扩大之势，至 2019 年，私募量化基金总体管理规模已达 2000 亿元。

3. 比较对照

量化投资区别于定性投资的鲜明特征就是模型。可以将量化投资中模型与人的关系，类比于医生治病。中医与西医的诊疗方法不同：中医是望、闻、问、切，最后判断出的结果很大程度上基于中医的经验，定性程度大一些；西医要病人去拍片子、化验等，依托于医学仪器，最后得出结论、对症下药。定性投资和定量投资的具体做法有些差异，这些差异如同中医和西医的差异，定性投资更像中医，更多地依靠经验和感觉判断病因；定量投资更像是西医，依靠模型判断，模型对于定量投资基金经理的作用就像 CT 机对于医生的作用。在每一天的投资运作之前，会先用模型对整个市场进行一次全面的检查和扫描，然后根据检查和扫描结果做出投资决策。

定量投资和传统的定性投资在本质上是相同的，二者都是基于市场非有效或弱有效的理论基础，而投资经理可以通过对个股估值、成长等基本面的分析研究，建立战胜市场、产生超额收益的组合。不同的是，定性投资管理较依赖对上市公司的调研以及基金经理个人的经验和主观的判断，而定量投资管理则是定性思想的量化应用，更加强调数据。

需要注意的是，量化投资主要只针对股票和商品的现货、期货、衍生品市场，并不涉及大类资产的配置，因而量化投资不等同于智能投顾。

4. 优势特点

量化投资的优点体现在：可度量性，其在构建过程与交易决策时，都可以在整体上被精确度量；可验证性，可以容易地将当下构建的策略用过去的数据来验证其收益性与风险性；客观性，基本避免了交易者的主观臆断来干扰交易行为，进而导致不一致性带来的亏损；可发展性，新学术理论的产生和新计算机技术的发展都能够被用来优化交易规则及其模型的构建。

量化投资具有高效准确、有纪律、依赖历史数据、程序化的优势，其特点有：严格的纪律性，依靠程序和分析技术来解决问题，能够避免人性的弱点（贪婪、恐惧、侥幸）；完备的系统性，体现在多层次（包括大类资产配置、行业选择和精选个股）、多角度（包括宏观周期、市场结构、估值、成长、盈利质量、分析师盈利预测、市场情绪等）和多数据（海量数据的处理）上；依靠数学模型取胜，运用概率分析，提高买卖成功的概率。

所有的决策都是依据模型做出的。我们根据大类资产配置决定股票和债券投资比例，按照行业配置模型确定超配或低配的行业，依靠股票模型挑选股票。纪律性首先体现在依靠模型和相信模型。决策之前，首先要运行模型，根据模型的运行结果进行决策，而不是凭感觉。模型出错怎么办？不可否认，模型可能出错，就像 CT 机可能误诊一样。但是，大概率下 CT 机是不会出错的，所以，医生没有抛弃 CT 机。模型在大概率下也是不出错的，所以还是选择相信模型。纪律性的好处有很多，可以克服人性的弱点，如贪婪、恐惧、侥幸心理，也可以克服认知偏差。纪律性的另外一个好处是可跟踪。定量投资作为一种定性思想的理性应用，客观地去体现这样的组合思想。一个好的投资方法应该是一个透明的盒子。每一个决策都是有理有据的，特别是有数据支持的。如果有人质问为什么在某年某月某一天购买了某只股票，系统会显示：与其他股票相比，当时被选择的这只股票在成长面、估值、动量、技术指标上的得分情况。这个评价非常全面，只有汇总得分比其他得分高才有说服力。

人脑处理信息的能力是有限的，当一个资本市场只有 100 只股票时，这对定性投资基金经理是友好的，他可以深刻分析这 100 家公司。但在一个很大的资本市场，比如有成千上万只股票的时候，定量投资强大的信息处理能力能反映它的优势，能捕捉更多的投资机会，拓展更大的投资机会。

定量投资正是寻找估值洼地，通过全面、系统性的扫描捕捉错误定价、错误估值带来的机会。定性投资经理大部分时间都在琢磨哪一个企业是伟大的企业，哪只股票是可以翻倍的股票。与定性投资经理不同，定量基金经理将大部分精力花在分析哪里是估值洼地，哪个品种被低估了，要做的就是买入低估的、卖出高估的。

概率取胜表现为两个方面：一是定量投资不断从历史中挖掘有望在未来重复的历史规律并且加以利用；二是依靠一组股票取胜，而不是依靠一只或几只股票取胜。

5. 风险规避

投资潜在的风险可能来自以下几个方面：一是历史数据的完整性，行情数据的完整性都可能导致模型对行情数据的不匹配。行情数据自身风格转换，也可能导致模型失效，如交易流动性、价格波动幅度、价格波动频率等，这是目前量化界最难克服的困难；二是模型设计中没有考虑仓位和资金配置，没有安全的风险评估和预防措施，可能导致资金、仓位和模型的不匹配，而发生爆仓现象；三是网络中断或硬件故障，也可能对量化投资产生影响；四是同质模型产生竞争交易现象导致的风险；五是单一投资品种导致的不可预测风险。

因此，规避或减小风险的策略包括以下几点：保证历史数据的完整性；在线调整模型参数，在线选择模型类型；在线监测和规避风险；严格利用最大资金回撤设计仓位和杠杆；备份操作；不同类型量化模型组合；不同类型标的投资组合。

6. 理论基础

量化投资是跨学科的研究方向，需要数学、计算机编程以及金融三者的有机融合，很有挑战性。其理论基础有市场有效性假说、现代资产定价理论和投资组合理论，分别介绍如下。

市场有效性假说是指价格完全反映了所有可以获得信息的市场为有效市场。这个假设是理想化的，是套利交易的逻辑根本点，也是局部的相对弱有效性甚至无效性策略的出发点。

现代资产定价理论包括资本资产定价模型、套利定价模型，即 $E(r_i) = r_f + \beta_{im}(E(r_m) - r_f)$，其中 r_f 为无风险利率，β_{im} 为单个证券的系统风险，$E(r_m)$ 为市场的期望收益率，$E(r_i)$ 为资产的期望收益率；套利定价模型中收益使用线性因子模型来表示，即 $R_i = a_i + b_{i1}F_1 + \cdots + b_{ik}F_k + \varepsilon_i$，而资产的预期收益应该符合 $E(R_i) = r_f + b_{i1}\lambda_1 + \cdots + b_{ik}\lambda_k$，其中 r_f 为无风险利率，F_j 表示因子 j 偏离其期望值的离差，b_{ij} 度量的是资产 i、j 因子的系统风险，λ_j 表示因子 j 的风险溢价。

投资组合理论是指投资由若干种证券组成，收益是加权平均数，通过投资组合能降低非系统性风险。从盈利模式上，量化投资主要分为多空策略、对冲策略、套利策略等。技术分析策略起源于 19 世纪 Charles Henry Dow 的道氏理论，提出了判断趋势的多种方法。Markowitz 于 1952 年提出了均值方差模型（Mean-Variance Model），该模型用数理方法来研究不确定性的经济问题，对资产组合选择理论具有重大贡献，成为过去几十年中现代金融经济学的理论基础，也是大类资产配置的基础模型。Rouwenhorst 于 1998 年研究了 1980—1995 年间欧美各国的证券市场，结果表明趋势投资普遍存在。

模型把组合的期望收益率作为总的投资收益，组合收益率的方差作为风险，同时用协方差来度量考虑各个资产间的相互关系，通过分散化的投资来达到对冲风险的目的，从而平衡风险与收益，最终通过优化问题对此进行描述求解。

　　模型方程如下所示：

$$\min w^{\mathrm{T}} \Sigma w$$
$$\text{subject to } \bar{r}^{\mathrm{T}} w \geq r_{\min} \qquad\qquad (13\text{-}1)$$
$$1^{\mathrm{T}} w = 1$$

　　其中，w 为所求投资组合权重的列向量，Σ 为证券间的协方差矩阵，$\bar{r}$ 为证券的期望收益率的列向量，$r_{\min}$ 表示约束的收益率。这一优化问题可以通过拉格朗日方程进行求解。

　　策略评价指标包括收益指标和风险指标，其中收益指标有回测收益率、回测基准（默认为沪深 300）、年化收益率等，风险指标有最大回撤比率（越小越好，最好保持在 10%~30% 之间）、夏普比率（越高越好，达到 1.5 以上已是很好的结果）。

　　夏普比率与最大回撤率的计算方式见式（13-2）和式（13-3），其中 r 表示投资组合期望收益率，r_f 表示无风险利率，σ 表示超额收益的标准差，D_i 与 D_j 表示第 i 天与第 j 天的净值。

$$\text{Sharpe Ratio} = \frac{r - r_f}{\sigma} \qquad\qquad (13\text{-}2)$$

$$\text{Drawdown} = \max \frac{D_i - D_j}{D_i} \quad (j > i) \qquad\qquad (13\text{-}3)$$

　　股票量化交易策略有两种基本形式，即趋势交易（技术分析）和市场中性（基本面分析），经常使用的方法为趋势追踪（通过多种交易时机手段获取）和多因子选股（通过选股获得）。其目的都是选取一定的超额收益。经常会提到 Alpha（与整个市场无关）与 Beta（与市场完全相关，投资组合的风险系数）。

　　回归方程：总收益 = 市场表现 *Beta+Alpha 收益（精选个股，跑赢市场）。

　　股票数据包括成交率、换手率等因子。

　　这里先介绍单因子测试，其目的是检验该因子是否有效，有 3 种方式：分组回测、回归测试和信息系数（Information Coefficient，IC）评价。

　　分组回测方法为分位数，即对股票按因子大小排序，将股票池均分为 N 个组合，或者对每个行业内进行均分；个股权重一般选择等权，行业间权重一般与基准（例如沪深 300）的行业配比相同，此时的组合为行业中性；通过分组累计收益图，可得知因子是否和收益率有着单调递增或递减的关系。

　　回归测试就是线性回归，具体做法是将第 T 期的因子暴露度向量与 $T+1$ 期的股票收益向量进行线性回归，所得到的回归系数即为因子在 T 期的因子收益率，同时还能得到该因子收益率在本期回归中的显著度水平 t 值。一般 t 值绝对值大于 2 时，因子比较有效。在某截面期上的个股因子暴露度（Factor Exposure）指当前时刻个股在该因子上的因子值。在回归因子评价中：t 值序列绝对值均值是因子显著性的重要判据；值序列绝对值大于 2 的占比用于判断因子的显著性是否稳定；t 值序列均值与绝对值均值结合，能判断因子 t 值正负方向是否稳定；因子收益率序列均值用于判断因子收益率的大小。

　　IC 表示所选股票的因子值与股票下期收益率的截面相关系数。通常 IC 大于 3% 或小于 −3%，认为因子比较有效。通过 IC 值可以判断因子值对股票下期收益率的预测能力；另外 IC 值能很好地反映因子的预测能力，IC 值越高，表明该因子在该期对股票收益的预测能力越强。常见的 IC 有两种，一种是 Normal IC（类似皮尔森相关系数），是某时点某因子在全部股票暴露值与其下期回报的截面相关系数；一种是 Rank IC（类似斯皮尔曼相关系数），是某时点某因子在全部股票暴露值排名与其下期回报排名的截面相关系数。由于因子有效性是具有时效性的，IC 作为度量因子有效性的主要指标，其稳定性值得关注。IR 信息比率是 IC 的均值除以标准差，即 IC 值在回测时间段内的信息比率。可以评估因子的 Alpha 超额收益获取能力，并且是更稳定的获取能力。考虑到 IC 的重要性，在多因子的因子加权中常采用因子最近 N（默认为 12）个月的 IC 均值加权，通常结果会优于等权法。一般说来，Rank IC 值序列均值体现了因子显著性，Rank IC 值序列标准差体现了因子稳定性，IC_IR（Rank IC 值序列均值与标准差的比值）体现了因子有效性，Rank IC 值序列大于 0 的占比体现了因子作用方向是否稳定。

多因子（Alpha 因子）选股策略的基本思想是为了找到某些影响股票收益的因子，然后利用这些因子去选股。股票收益是目标值，因子是特征。多因子包括基本面因子和技术因子，其中基本面又分为价值（市盈率、市净率、市销率等）、成长（净资产收益率、总资产净利率等）、规模（净利润、营业收入等）等因子，技术又分为趋势、动量、市值等因子。从过程上来看，首先进行因子挖掘，包括因子数据的处理（去极值、标准化、中性化等）、单因子的有效性检测（因子 IC 分析、因子收益率分析、因子的方向等）、多因子相关性和组合分析（因子相关性和因子合成）；然后再进行回测，包括多因子选股的权重和调仓周期。

假设有 M 个因子 $f_1 \cdots f_M$，合成后的因子为 F，则 $F = \sum_{i=1}^{M} v_i f_i$，其中 f_i 为所有股票在第 i 个因子上的暴露值，v_i 为因子权重。合成方法有：

- 等权构建，即每个因子配相同的权重，优点是直接、简单、方便，缺点是没有考虑因子有效性、稳定性以及因子之间的相关性；
- IC 均值加权，是取因子过去一段时间的 IC 均值为权重，优点是考虑了因子有效性的差异，缺点是没有考虑因子的稳定性以及因子之间的相关性；
- IC_IR 加权，是取因子过去一段时间 IC 均值除以标准差作为当期因子的权重，优点是考虑了因子有效性的差异和稳定性，缺点是没有考虑因子之间的相关性。

7. 学习实践

学习量化投资前首先需要建立数学思维模式。量化是建立模型，让机器根据模型完成既定的思想。坚实的数理基础，特别是线性代数和数理统计；能够帮助我们更快地入门机器学习。在机器学习中，线性代数几乎无处不在。矩阵运算、特征值和特征向量、矩阵分解、奇异值分解等，这些都是机器学习中的优化方法所必备的。期望和方差、条件和联合分布、极大似然估计等数理统计的知识更是在机器学习算法中频繁出现。在量化投资中，金融数据大部分是时间序列数据，所以计量经济学、时间序列分析能帮助我们更好地处理分析金融数据。

其次需要做好金融知识储备，比如交易规则、相关金融数据（例如市盈率、市净率等），根据这些领域知识来设计模型，如对冲模型、多因子选股模型、统计套利模型等。

第三要量化平台实践。有了好的想法，需要设计出量化模型并进行回测和验证，证明自己模型的有效性。量化投资的学习不是一个短期速成的过程，更多需要在学习中实践、在实践中总结，不断地提升自己的思考能力。要想在量化投资的道路上走得更远，我们还需要不断接触新的知识、查漏补缺、更新和完善自己的知识框架。

在实践中，量化投资策略包括数据、回测和评测三部分。量化投资涵盖了整个交易过程，需要一个完整的作为研究的量化回测框架和实盘交易系统作为支撑。量化交易研究流程包括获取数据（行情数据和基本面数据）、数据挖掘（机器学习算法和特征工程）、构建策略、策略回测、策略分析、模拟交易和实盘交易，上述过程是循环进行的。

首先是构建策略的思路，来源有阅读计量经济学和投资学的书籍，从而掌握一些投资学的基础知识和基本模型，进一步复现金融研报和学术期刊上各券商研究员的分析与学术研究成果，再有交易经验的系统总结，形成长期、稳定的交易系统。

其次是获取数据并清洗，处理手段有处理缺失值（前向填充、后向填充、平均数、中位数或者众数填充）、处理极值（绝对值差中位数法、3倍标准差法、百分位法）、标准化（最小－最大标准化、Z-score标准化和归一标准化）、中性化（行业中性或者市场中性化）、正交化（标准正交、对数正交、施密特正交，使因子之间两两不相关）。特征工程包括数据清洗、数据预处理、特征选择、数据降维等过程，是机器学习的基础工程。它将原始数据进行转换，成为可用的训练集与测试集，使数据更契合模型的需求，决定了机器学习的上限。

再次是策略模型的实现，其过程是从回测出发，经过选股、择时、仓位管理，最终确定止损止盈，涉及买入信号、卖出信号、手续费和盈亏等因子。这些因子包括市场行情数据及相关技术指标、宏观经济指标等数据。对市场上的因子进行合理的筛选，可以构建特征数据集，挖掘市场的潜在规律。

最后是策略模型的评价，指标有收益类（年化收益、累积收益、最大回撤、阿尔法）、风险类（年化波动、贝塔）、综合评价类（既考虑收益也考虑风险，如夏普比率、盈亏比、信息比率）。

实践中，可以采用由Python编写的开源人工神经网络库——Keras框架来对长短期记忆网络（Long Short-Term Memory LSTM）的结构进行设计，设计一个包括LSTM层、Dropout层、Dense层在内的网络结构，使用MSE（Mean Squared Error）来计算损失（loss），使用Adam（Adaptive Moment Estimation）算法进行权重优化。实现基于LSTM的择时策略，其基本流程包括特征选取、数据预处理、模型构建、模型训练与测试、参数优化与模型评价。目前有3种主要的预测方式——逐点预测、全序列预测和多序列预测，这里进行简单的介绍。

逐点预测（Point-by-point Prediction）方式根据当前与之前的所有数据来不断预测下一个点（日期）的收盘价格。每一个点的预测都建立在之前的真实值的基础上，只要下一个点的预测值没有大幅度偏离之前的收盘价，就会得到比较好的预测曲线，而即使偏离了真实值，下一次的预测也会考虑之前的真实值而修正这一偏差。

全序列预测（Full Sequence Prediction）根据之前的信息来预测后一个点的值，仅需要用训练集初始化训练窗口一次，即根据之前的预测值来预测新的数据，直到整个序列都根据之前的预测被预测完毕。预测值仅在x轴刚开始处有一定的起伏，但在较长的时间中收敛到了某个值，这也意味着剥离波动性后的价格序列最后将回归于均值。

多序列预测（Multi-sequence Prediction）被认为是全序列预测的改进版，一旦预测达到了某一个长度，就会停止预测，并向后移动训练窗口，根据新的真实值进行重建，再重新预测之后一段时间的值。采用多序列预测的另一个好处是，如果直接预测下一个交易日的涨跌情况，可能会导致频繁地产生买卖信号，持仓的频繁调整所带来的高昂手续费是难以承受的。多序列预测下得到的阶段性预测结果更具有合理性，也更能贴合趋势，同时也可以在一定程度上反映区间内部的涨跌情况，例如一直上涨或先涨后跌。因此，可以采用这种多序列预测的方式对模型进行训练与测试。

在模型构建与优化的过程中，可以采用多序列预测的方式，根据历史的行情数据与当下的特征因子建立LSTM神经网络模型，以便对未来一段时间的股票价格运动方向进行预测，并根据结果对参数进行调优。同时根据这种涨、跌的趋势结合规则来制定买卖点，并对这些买卖点在历史区间中进行回测，列举不同序列长度下的模型评估与回测结果，论证模型的有效性。最后根据实际情况，提出可能的模型优化方向。

在实际的数据工程中，开发者可能面临着数据缺失、数据不一致、数据冗余、异常值等多种情况，而好的数据决定了模型的质量与预测的结果，因此数据预处理相当重要。数据预处理的主要步骤包括数据清洗、数据转换、特征选择与抽取等。针对当前股票市场的问题，数据一般不存在缺失、不合理、类别不均衡等问题，维度也不会过多以至于难以处理，因此主要的预处理是对特征数据进行转换，即对数据进行标准化（Standardization）、正则化（Regularization）、归一化（Normalization）等处理。

对于回测结果的评价指标，可以选择收益率、波动率、夏普比率与最大回撤率。其中收益率表示净收益占总投资的比例，波动率表示为日收益率的标准差。

13.5.2　智能信贷

1. 概念介绍

信贷服务是一种普遍的金融服务，用于解决个人或企业的资金周转问题。传统的信贷服务主要通过商业银行开展，但商业银行放贷门槛高、审批手续烦琐，经常将资金需求量较大的小微企业和中产阶级以下群体拒之门外。相对宽松的民间借贷又存在利率过高、渠道不正规、难以形成规模效益等问题。这使小微企业和中产阶级以下群体的融资成为世界级难题。

小微企业融资难，在贷款申请、额度满足、资产评估、贷款担保等方面都存在困难，根本原因在于银行缺乏数据抓手。在人工智能算法迅猛发展的今天，随着芯片技术和人工智能算法的双重爆发，个人信贷进入智能信贷时代。

智能信贷是一种基于人工智能技术、无人为干预、完全线上自动放贷的模式，能够大幅增强放贷机构的风控能力，并将为大量无法申请银行传统信贷的用户提供便捷信贷服务。

2. 典型应用场景

智能信贷的典型应用场景有贷前、贷中和贷后三个阶段，目前正朝着自动化、智能化的方向迈进。

贷前需要针对审核材料种类多、格式多、篇幅长的痛点，实现材料格式结构化及人物、事件、机构、数值、条款等各类关键信息的抽取，以快速整合信息，提高审核效率。由于个贷审核涉及大量的影印件，因此可以基于光学字符识别（Optical Character Recognition，OCR）技术实现关键信息的抽取和审核，支持身份证、借款借据、借款合同等各种影印件的识别，并针对借款人姓名、身份证、贷款合同编号、金额、期限等多个不同字段进行校对审核。另外对公业务需要从大量公告、季报、年报中分析企业的各项情况，以评估企业的还款能力和风险，因而要实现对公告、季报、年报等各类长文本的关键信息抽取，并分析发行人基本情况、财务基本情况等多个方面的数百个字段。

贷中需要针对盖章版本合同进行跨格式比对，避免阴阳合同风险，并配置内置风险准则及可定制化审核逻辑，以实现高效合规性检查。由于资产监控、运营管理、风控中心等部门的日常工作中需要订立各类合同，并针对合同的不同版本做校对，因此解决方案需要支持合同多版本比对、盖章版和电子版比对、多文档批量比对等，以高亮显示差异内容，一键定位正文位置。另外，贷款审批、风险控制过程需要对各类文书、合同进行风险审核，以检查是否符合监管要求或行内规定，解决方案需要支持复杂审核逻辑，并能够组合审核逻辑的配置，以同时批量审阅多份文档，审核结果可以高亮对比显示。

贷后需要打造业务管理流程智能化，实现有效跟踪和监督，并提高实时企业舆情信息获取能力，提高风险防范能力。对公贷款项目在贷后需要不断跟踪项目情况，业务人员需要从几十页甚至上百页的项目评估报告中提取和分析关键指标，需要支持各种业态，包括地产、服务业、制造业项目评估报告的关键信息抽取，例如业态比例、租金单价和涨幅等，要求能够针对各个字段高亮和一键定位。另外对公贷款的贷后管理需要不断监控企业的舆情，通过网络媒体信息第一时间发现重大事件和风险点，解决方案需要抓取新闻报道中的关键事件，发掘关联关系，分析情感倾向，并基于舆情分析结果进行统计展示，支持自动化风险预警。

3. 比较对照

在贷款的时候，传统银行会对贷款主体进行风险识别和控制，避免把钱贷给信誉较差的贷款主体而导致坏账。传统银行更多靠人、流程和控制。智能信贷主要运用计算机算法，输入贷款主体的特征，如收入、职业、历史还款记录等，通过逻辑回归或机器学习方法算出贷款主体未来按期还款的概率。

通过人工智能赋予模型自我优化的能力，通过机器挖掘到大量的弱特征数据，让其自主建立评判模型。例如，通过输入用户特征数据和最终的贷款偿还情况可以发现：申请时多次修改申请资料的用户，存在信息造假的概率较高。此外，还可以利用多维度数对用户的真实性和可靠性进行检验，通过不断放贷、收贷，积累大量交易数据，促进模型快速迭代优化，精度不断提高，风控能力也随之增强。

4. 学习实践

智能信贷应用以客户为中心，整合行内信贷管理、账务、营销和风险管理等数据，以及行外工商、司法、海关、舆情等数据，结合客户风险关系知识图谱，建立信贷数据中台，形成智能画像、智能门户、智能检索、智能中枢、智能识别和智能采集六大模块，实现流程驱动信贷到数据辅助信贷，到数据驱动信贷，再到大数据+AI驱动信贷的三级跨越。系统充分挖掘和运用行内外大数据，可以有效避免信息孤岛和数据海洋带来的价值数据淹没，在充分竞争的市场环境下及早掌握客户的生产经营状况，推动银行在信贷投放、客户营销等方面的进一步细化。

在某项目实践中，省市部门开放数据涉及8个部门的近百个指标，某区共享数据涉及7个部门的近50个指标，行内业务数据涉及50多个指标。需要通过融合政府开放数据和行内数据，构建企业标签体系，形成客户全息数据中心，获得基本信息、财务信息、账号信息、本行业务、渠道信息、经营信息、关联信息、行业信息、科技实力、信用状况、统计标签、预测标签等十多个一级标签，并进一步细分为几十个二级标签和上千个详细标签。

在授信模型方面，可以根据企业生命周期模型（从初创期到成长期、成熟期再到衰退期）建立企业成长力模型（由财务能力、行业能力、创新能力、资本能力、公司团队、发展能力等多方面构成），并结合知识产权定价模型（包括法律、技术、经济价值度的专利价值度），以此共同建立授信模型（由有效净资产、应税销售收入、知识产权三部分构成）。

图13.3所示为共享学习在小微授信中的应用，作为主体授权与发起的小微企业首先要构建训练任务，通过多方安全联合建模得到成长力模型、知识产权定价模型、授信模型和智能风控模型等，然后下发训练任务，并将其进一步拆分成行内业务数据、区级部门支持数

据、省级部门开放数据等多个训练子任务，再调度好这些训练任务，最后输出模型结论。

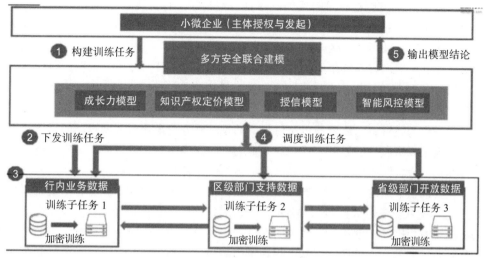

图 13.3 共享学习在小微授信中的应用

13.5.3 智能投顾

1. 概念介绍

智能投顾（Robot Advisor）又称"机器人投顾"，通常通过在线调查问卷的方式来获取投资者关于投资目标、投资期限、收入、资产和风险等信息，以了解投资者的风险偏好和投资偏好，从而结合算法模型为用户制定个性化的资产配置方案，包括动态调仓、实时监控等功能。

"智能投顾"是一种通过现代资产配置理论、使用人工智能算法和金融科技为投资者提供数字化的资产配置服务。更精确的说法是：基于对投资者的精准画像，通过将经典的资产配置理论、资产定价理论、行为金融理论等多种经典理论与投资实践，融入人工智能深度学习算法，从而能够为投资者提供基于多元化资产的个性化、智能化、自动化和高速化的大类资产配置、投资机会预测、投资风险预测、组合管理和风险控制等投资服务。

2. 发展历史

投顾是投资顾问的简称。证券投资顾问业务的近代起源可以追溯到传统的私人银行理财服务业务。私人银行业务在欧洲已经有上百年的历史，最初是瑞士银行专门向富有的上流社会群体提供私密的、一对一的服务。在二战期间，为了能够在保持中立国的地位同时留住德国和犹太客户，瑞士银行出台了《银行保密法》，其中规定任何人不得透露储户的身份，从而吸引了全球大量的客户到瑞士银行开展现金储备业务，后来逐渐发展成为客户进行理财规划。截至目前，全球一半的资产依然被安全地存放在瑞士银行。瑞士银行根据少数高端富有客户的需要，为其提供投资项目的咨询、建议和选择等，私密性极强。简而言之，客户可以在瑞士银行享受最全面和最专业的投资项目咨询服务，而银行则运用多个客户积累的资金选择项目进行投资，这就是境外投资顾问的起源。

起初投资顾问仅仅面对高端富裕人群，随着社会的发展、经济的进步，尤其在互联网为主导的智能信息革命后，大量的民间资本崛起，财富的累积和投资不再只是上流社会的特权。随着混业经营和金融创新产业的快速发展，原先只专注于证券产品的投资顾问业务逐渐向全面理财业务拓展。1551 年英国的 MUSCOV 股份公司成立，这是世界上第一家股份公司，英国伦敦的商人是世界上最早的股票投资者。而现代意义上的证券交易所诞生于1611年的荷兰，英国和法国也在较早时候建立了证券交易所。1811年，美国纽约证券交易所由经纪人按照粗糙的《梧桐树协议》建立起来并开始了营运。美国从1933年开始对金融证券业务进行立法，以此来规范金融业务乱象。

投资顾问的发展已有几百年的历史，投资顾问业务的发展所经历的重要阶段包括线下投顾阶段、O2O投顾阶段、机器人投顾阶段和智能投顾阶段。

在最初和早期的投资顾问行业，没有互联网，投资服务都以线下服务为主。投资顾问是活生生的人，作为投资者，需要通过支付昂贵的投顾服务费来获得人工投顾的投资建议。这种完全依赖人工投资顾问的服务方式，效率低下、时间成本高、触达面也不广。更为严重的是，这种模式下投资顾问的增长速度远远满足不了投资者的现实需求。

基于现实的供需矛盾，投顾业务人员与产品营销人员定位混淆、服务客户效率不高等问题因此产生，投顾业务也因此步入O2O线上化阶段。以平台为主的线上投顾陆续推出，改善了线下投顾时代因高度依赖经纪业务的产品单一、服务同质导致的价格竞争，开始成为银行和公募基金发展的一大机遇。依靠银行理财产品和公募基金产品，银行和公募基金运用组合投资的方式，借助电商技术和大数据技术，将在线投资顾问的服务以产品化、模块化、个性化等方式服务于用户。

随着云计算和国外智能投顾的发展，国内开始学习国外的智能投顾，逐渐出现了大量的基于量化模型的机器人智能投顾。

智能投顾的发展体现在以金融科技驱动的"智能"二字上，将取决于人脑的分析决策部分转移给算法模型进行自动化实现，在此基础上强调用户和产品之间交互及匹配的思考，将原本简单的线上投顾业务进行专业化升级，在关注标准化需求的同时，大幅提高对于个性化需求的满足。

在当今的科技环境下，投资顾问服务由传统的1.0时代正向2.0时代以及3.0时代慢慢转型过渡：1.0时代即一对一为高净值客户提供最全面、优质的投资建议服务，互联网只是沟通工具之一，这种服务费用率高，覆盖面比较狭窄；2.0时代以人工和机器合作服务为主，方式多样化，不再是单一地在办公室接待客户，而是将投顾服务拓展到互联网数据平台，这种方式扩大了投资顾问所能服务的客户人数，提高了效率，但线上服务具有局限性；3.0时代，服务深度依赖AI，智能投顾成为普惠金融的一种，其较低的费用以及AI为主的服务方式将在产品技术和成本方面产生巨大优势，目标客户由传统投顾针对的高净值客户群体变为广泛分布于资本市场中的中低净值人群，AI和金融的融合将是未来资管行业的重要发展趋势。

3. 比较对照

人工投顾的最大问题在于好投顾可遇不可求，一个好的投顾服务能力也有限，一般一个投顾服务200人已经是极限。相较于传统的投资顾问，机器人投顾通常试图为投资者提供更为便宜的投顾服务，而且很多时候资金门槛也更低。不过这些机器人投顾提供的服务内容、投资方法和特色千差万别。智能投顾主要是帮助客户简化理财流程，享受更方便、更快捷的服务。

传统上客户往往要亲自去银行理财专柜，填写若干复杂的问卷，查看很多理财产品的资料，而智能投顾可以让用户足不出户，在移动端或者PC端上花上几分钟的时间便可完成整个理财的流程。但这并不能说明智能投顾可以保证客户理财的收益率，只能说智能投顾可以帮助客户用最短的时间找到用户最喜欢的、最合适的投资标的。

智能投顾的智能可以体现在以下几个方面。首先是开户流程要快捷便利，通过人脸识别与 OCR 身份识别技术的结合，直接与公安系统联网，网上一键开户的体验已经远远超过传统的线下渠道。其次是利用前沿金融理论深入了解用户的风险偏好，将用户的需求和偏好，通过金融手段具体定位，提供符合的产品。同时底层资产要多样化，不能局限于 ETF（Exchange Traded Funds，交易型开放式指数基金）这样的被动基金，主动、被动以及其他资产都要有，通过智能搜索和比较，快速找到用户心仪的资产，一键下单，建立自己的专属投资组合。

另外在整个持仓周期内，智能投顾还要不断动态调整策略，根据用户需求和市场表现进行智能再平衡，实时监控用户的组合风险，提供买卖建议。作为金融科技的一部分，智能投顾还应该进行大数据、全市场的扫描，为用户提供专业的研究咨询。最后，智能投顾只是一个提供投资顾问服务的辅助存在，不能完全代替用户，需要给予用户一定的自由度，在此前提下提供自动解决方案。

4. 优势特点

智能投顾具有高效便捷、配置多元化、服务优质化、低金额门槛、低费率等特征，结合了现代资产组合理论和个人投资者的风险偏好，进行以 ETF 为主的资产配置，为客户谋取 β 收益，并提供交易执行、资产再平衡、税收盈亏收割、房贷偿还、税收申报等增值服务。

智能投顾重点在于"投"和"顾"的智能化。"投"的方面，不仅是传统意义上基于经典资产配置理论，用户资产状况和理财需求的智能化资产配置，还包括为用户提供大量的智能化决策工具、大量的智能化策略计划；"顾"的方面，不仅有基于精准用户画像的智能化产品推荐和跟踪服务，还有基于深度学习等各类理论的智能化投资机会预测、投资风险预测，以及与用户画像和用户浏览轨迹等相结合的产品推荐和跟踪服务等。

智能投顾偏向于对用户的观察分析。智能投顾系统通过对个人客户的大数据进行分析，从多个维度对用户进行画像，从而可以提供各类更加定制化的投资决策辅助工具和包括个性化资产配置在内的投顾服务，并实时进行动态跟踪调整。

智能投顾产品的核心是算法和策略。算法和策略的核心是需要一个具备强大金融工程研发能力的研究团队。团队领导需要具备多年金融工程工作经验和基金管理经验，熟悉择时、选股策略、行业配置、大类资产配置等各个领域的研究，具备前瞻性的金融工程发展视野。一个强大的金融工程团队不需要每个人都有强大的编程能力，但团队中有计算机科班出身的成员是非常重要的，这样的科班人才可以在算法的编写和效率的提升上做出重要的贡献。此外，这样的人才对于诸如机器学习等各类前沿计算机发展方向和算法学习会更加敏感，可以带动团队的整体提升。

随着智能投顾的逐步普及，没有达到财富净值的普通收入用户和中等收入用户也能够获得更专业以及更理性化的投资顾问服务，将使智能投顾能够为大量长尾用户进行低成本的资产管理。在此基础上，行业整体的专业性也将得到大幅提高。

5. 风险规避

为了规避风险，智能投顾需要遵循以下四个标准：
- 通过大数据获得用户个性化的风险偏好及其变化规律，如实时动态计算用户的风险偏好。因为大部分用户的风险偏好会随着市场涨跌、收入水平等因素的变化而波动。

- 根据用户个性化的风险偏好结合算法模型定制个性化的资产配置方案，如可以得出最优投资组合，或通过多因子风控模型把握前瞻性风险，或通过信号监控、量化手段制定择时策略。
- 利用互联网对用户个性化的资产配置方案进行实时跟踪调整。
- 不追求不顾风险的高收益，在用户可承受的风险范围内实现收益最大化。

6. 理论基础

智能投顾的金融学理论基础是现代资产组合理论（Modern Portfolio Theory），这是关于在收益不确定条件下投资行为的理论。其中，现代投资理论的产生以 1952 年 3 月 Harry M. Markowitz 发表的《投资组合选择》为标志；1962 年，William F. Sharpe 对资产组合模型进行简化，提出了资本资产定价模型（Capital Asset Pricing Model，CAPM）；1965 年，Eugene Fama 在其博士论文中提出了有效市场假说（Efficient Market Hypothesis，EMH）；1976 年，Stephen Ross 提出了替代 CAPM 的套利定价模型（Arbitrage Pricing Theory，APT）。

智能投顾的投资理论依据是 Markowitz 的投资理论。Markowitz 的 Mean-Variance Model 通过分散的投资组合降低风险的同时保证预期收益率，投资者能够在同样的风险水平下获得更高的收益率，或者在同样的收益率水平上承受更低的风险。理论认为，给定投资者的风险偏好和相关资产的收益与方差，最优投资组合有唯一解。随着人工智能计算能力的提高，可对投资者进行快速的财富画像，确定投资者风险偏好，结合资产收益率，为投资者自动实现理论最优的资产配置。

智能投顾的投资策略是赚取主动 β 收益。β 收益是市场对系统性风险的收益补偿，通过复制市场组合的产品即可实现，具有易实现、费用低、标的资产规模大以及偏长期等显著特点。与之相对应的 α 收益实现难度较高、标的资产规模偏小，且费用较高，是择时选股能力的体现。同时，全球 ETF 资产中 75% 属于股权投资，包含各个发达 / 新兴国家市场，19% 属于固定收益投资，购买 ETF 可以实现对全球股票的均衡配置。综合考虑上述两类收益的特点，可知获取 β 收益的费用相对较低，通过人工智能技术容易实现，可通过各类 ETF 产品实现市场组合的构建从而获得大类资产配置，因此成为智能投顾投资策略的最佳选择。

投资组合问题可以定义为：有 n 种资产、m 个时间周期，如何设置权重以达到最大化的总收益。相应的技术也经历了不同的阶段：最初 Markowitz 建立了均值方差理论，能够实现单周期投资组合选择；这一理论的一个发展分支是资本增长理论，用于多周期或序列的投资组合选择，更主要的一个分支是常量再平衡资产组合，用于购买持有最佳股票；再往后发展，有两种策略，即 Follow-the-winner 或 Follow-the-loser，前者假设可以实现和最优策略一样的结果，后者将资产转移给输家，性能也很好；再继续发展，有模式机器学习方法，基于现有信息预测下一阶段市场的分布；直到发展到目前的元学习算法，这是多种策略的混合。

为了在金融市场中更有灵活性，以解决实际问题，有些论文考虑了基数约束和交易费用这两个约束。其中，基数约束通过限制资产数量来降低管理难度和投资组合的复杂性，而交易费用是金融活动中最重要的交易摩擦，频繁的组合权重再分配可能引起过高的交易费用，从而损伤投资者的最终收益。

基数约束的现有解决方法有：每次调整时剔除较低权重的资产，缺点是缺乏理论保证且在资产权重相近时表现较差；添加稀疏性相关的正则项，使组合聚焦较少的资产，缺点是不能直接控制资产数量，因此无法直接解决基数约束；构建一个多臂老虎机模型，其中每个臂代表一种资产组合，缺点是没有考虑如何加入边际信息来提升模型的表现。

交易费用的现有解决方法有：减少投资组合平衡的次数，偶尔进行再平衡；改造形成移动目标函数的算法，在每次投资周期重新计算新目标函数的权重；修改目标函数，新增权重的 1 范式正则项。但也有缺点，即所有这些策略仅适用于一般投资组合问题，无法直接套用在含基数约束的投资组合问题中。

未来的研究工作将考虑引入更多的边际信息，比如新冠疫情、新闻舆情等；也可以引入风险因素来拓展模型，使模型成为风险敏感型；进一步提升模型效率，并降低模型的时间复杂度等。

7. 学习实践

智能投顾的主要服务模式是通过问卷和算法实现个性化的投资建议。典型的智能投顾服务过程主要包括以下步骤：

1）系统通过问卷（10 ～ 30 个问题）等形式采集客户数据；

2）运用前述数据分析客户的风险偏好，将数据入库；

3）运用资产配置理论向客户推荐投资组合，以大类资产 ETF 为主，等待客户购买；

4）接受客户转入的资金，并交给金融机构托管；系统代理客户发出交易指令，买卖资产；

5）用户可实时监测组合运行情况，向智能投顾反馈意见；

6）后台接受客户反馈意见，并据此对投资组合做出少量调整，一般 1 次 / 月，定期重测客户风险偏好；

7）平台向客户收取管理费，一般为 0.2% ～ 0.35%。

智能投顾主要用到以下技术。智能代理（IA）由信号事件监听器、决策系统、学习系统、规则库和智能执行期各个模块结合而成，通过数据监测与分析模块对外界实时数据的分析结果对股票进行相应操作，包括建仓、平仓、调仓等。生成投资策略模板（ISM）按照一定算法筛选出满足一定收益和风险指标的投资策略组合呈现给客户，保证所有投资策略组合都符合投资人的风险收益偏好。量化配置策略相对广泛，包含且不限于量化择时策略、行业轮动策略、多因子 Alpha 策略及各类事件驱动选股策略等，但目前大多数智能投顾都只限于对 ETF 配置权重的量化控制。智能投顾的工作流程如图 13.4 所示。

图 13.4　智能投顾的工作流程

1）首先通过问询式调研和数据采集分析等方式进行客户分析，调研用户的心理承受能力、风险应对能力、风险态度、风险认知、社会信任等内容；

2）接着进行大类资产配置，建立现代资产组合投资模型；

3）然后进行投资组合选择，其中的智能算法是核心环节，通过投资策略生成来明确量化投资策略；

4）由此再进行交易执行，如果是资产管理类，由机器自动完成交易，如果是资产建议类，则由投资者自行完成，下一步是组合再选择，由智能算法实现实时分析和调整；

5）接着是税负管理，国内为非必要环节；

6）最后再进行组合分析，包括因子分析、回测、模拟等。

13.6　案例分析

本节以 AI 智能云量化基础设施平台 AiQuant 为例，聚焦证券行业的 AI 赋能。

13.6.1　市场分析

通过市场分析，可以发现当前 AI 量化在资管中的份额有了明显提升。

对标国外，量化型管理方式是一个行业趋势，目前量化基金已经成为对冲基金的主流。截至 2018 年，全球对冲基金资管规模排名显示量化基金强势包揽了前六。而在 2004 年，前 9 名都是主动基金，仅桥水基金占据了第 10 名的位置。当前量化基金不再局限于高频策略，而是所有的策略都有涉足，包括宏观策略（桥水基金）、股票基本面（AQR 资本管理公司）、大众商品、债券等。

全球对冲基金中，56% 的投资经理使用人工智能 / 机器学习（AI/ML）方法进行投资决策。2018 年，全球最大的六家对冲基金均为量化基金。为避免策略同质化，投资者开始探索和使用 AI/ML 方法。巴克莱 2018 年的对冲基金调查显示，已经有 56% 的投资经理使用 AI/ML 进行投资决策，而 2017 年此数据仅为 20%。

国外各大金融机构在 AI/ML 领域争相布局，很多大型对冲基金在多年前就将 AI/ML 方法应用到交易过程中。Man AHL 官网显示其从 2014 年开始运用机器学习模型。2017 年 5 月，微软人工智能首席科学家、IEEE Fellow 邓力加入美国基金公司 Citadel 担任首席人工智能官。2018 年 5 月，摩根大通宣布聘请卡内基梅隆大学机器学习系主任 Manuela Veloso 博士担任人工智能研究院负责人。

国内的公募基金和资管机构纷纷布局。平安集团是行业内战略投入最大手笔的企业之一，一方面平安科技投入数百亿进行人工智能技术的研发，另一方面在 2017 年，平安资管成立人工智能投资团队，采用智能算法进行投资。嘉实基金、天弘基金均成立了人工智能投资部门，华夏基金与科技巨头微软强强联手，研究智能投资。国寿资产和泰康资产分别成立智能投资部和上线智能投研平台。

近十年，全球 AI 对冲基金表现不俗。国际对冲基金研究机构 Eurekahedge 针对这类使用 AI/ML 的基金编制了一个 AI 对冲基金指数。截至 2019 年 11 月，该指数在近十年时间获取了 227.4% 的收益，年化 12.6%。而同期 Eurekahedge 的旗舰对冲基金指数收益为 61.6%，年化 4.9%。AI 对冲基金指数以稳定的收益大幅跑赢旗舰对冲基金指数。另外，市场中运用 AI/ML 进行投资的 ETF 势头迅猛。2017 年第 1 只 ETF（AIEQ）成立，到 2018 年底就增长到 9 只 ETF。另外，十只 ETF 中贝莱德一家就占了半壁江山，表明其高度看好 AI/ML 技术在投资领域应用的前景。

13.6.2　AI 量化投资解决方案

犹如冰山一角，传统股票更多依靠主观经验，传统量化交易进一步衍生发展，各种因子可以被看作冰山的支撑，而当下的 AI 赋能大数据，开辟了 AI 投资的新战场。

随着企业内外部需求的日益迫切，人工智能平台将结合科技、自营、固收、股衍、证金、股销、经管、另类投资等内部需求，开展高频数据、机器学习相关算法等研究，并围绕机构类客户对券商 AI 量化平台的闭环服务能力、财富管理 / 买方投顾对于依托于券商金融科技的投顾能力等外部诉求，从传统量化投研到 AI 量化投研升级，提升投研能力更多体现在 AI 场景支持，在智能风控、智能营销、智能投顾等场景落地中发挥重要作用，并且要达到集中整合算力、算法、数据的全面资源，面向多维用户提供功能完备的 AI 智能平台、实现用户端聚焦策略研发及产品应用的全局高度。

如果以 AI 量化细分场景切入，可以提供 AI 赋能投资多维度解决方案。如图 13.5 所示，AI 赋能投资的基础层 PaaS 是 BigAI 企业级全栈人工智能平台；在其上的服务设施层 SaaS 是 BigQuant 人工智能量化平台；再上面是服务层，主要包含新型投资数据、AI 因子库和 AI 策略池；最上面是应用层，主要进行资产管理和财富管理。

资产管理		财富管理	应用
新型投资数据	AI 因子库	AI 策略池	服务
BigQuant 人工智能量化平台			SaaS
BigAI 企业级全栈人工智能平台			PaaS

图 13.5　AI 赋能投资多维度解决方案示意图

BigQuant 的目标价值是快速升级，从传统量化团队转型为 AI 量化团队。目前传统的策略研究增强是通过机器学习、深度学习等 AI 技术增强量化选股策略。而基于 AI 量化的最佳实践是基于 AI 量化研究的系统化流程，提供因子构建、超参优化、滚动训练等，从而助力研究员发现市场新机会。最终希望能够实现 BigQuant 的易用可扩展（提供向导式、可视化 AI 策略开发环境，降低 AI 策略研发门槛；提供多数据、多算法、多模型、多市场研究的场景支持）、效率倍增（通过量化数据访问加速、数据池化、算力池化、动态 GPU 管理，提高策略运行效率）和闭环打通（支持用户从数据接入建模回测，从模拟交易到实盘交易的全链路支持）。

BigAI 的目标价值是架构先进的 AI 中台，以助力全公司的 AI+。这就需要做到全局部署（算法、算力、数据高度整合，集中资源优势，避免业务孤岛）、全局 AI 赋能（面向多种投资场景赋能以及更多 AI 场景扩展）、AI 量化深度融合（大算力 + 大数据 + 量化交易算法，开拓思路，让投资更科学）、个性化应用体验（深入理解各部门平台使用需求，灵活的使用体验）、安全隔离（支持数据、策略安全，满足团队成员隐私保障）和 DevOps（支持多方应用快速部署，促进业务提升和转型）。

图 13.6 所示为 BigAI 全栈人工智能平台。这是企业级 AI 平台，能够让更多企业用上 AI，支持客户多场景 AI 落地；同时，这也是支持管理上千台服务器的大规模 AI 集群，为智能量化投资、智能投顾、智能语音、智能文本分析等提供基础平台；这种无门槛的 AI 使用体验让开发人员、数据科学家甚至业务人员都可以使用 AI 提升业绩，包括咨询服务、数据服务等；有行业认可的成功案例，得到了中信证券、中信建投、建设银行等金融头部客户的认可，并且在服务过程中进一步得到了建设和优化。

图 13.6 BigAI 全栈人工智能平台

图 13.6 中 BigAI PaaS 有一站式的 GPU/CPU 集群调度和运维管理；容器级别的隔离和调度；多维度资源应用监控和报警；弹性伸缩和负载均衡；面向更多 AI 场景。在 AI 基础设施（TensorFlow、Keras、Caffe2、XGBoost 等）的支持下，主流 AI 算法（包括数据处理、特征工程、机器学习、深度学习等）一应俱全，算法封装、数据标注、AutoML、可视化建模等多种 AI 工具提供统一的数据接入和访问加速服务，支持对接来自 Oracle、MySQL 等数据库或者 HDFS 等分布式文件的数据；支持 Spark、Hadoop 等主流大数据框架对数据进行预处理；提供 TensorFlow、Keras、Caffe2、PyTorch 等主流 AI 框架和服务，快速将企业现有数据接入主流 AI 框架服务；支持模型开发、分布式训练和预测等多种场景。

图 13.7 是企业级容器云架构示意图。该架构包含平台基础能力、交互界面、镜像管理、运维管理、安全管理、用户管理、集群管理、日志管理、监控告警等模块。这样的高性能集群能够实现算力池化。

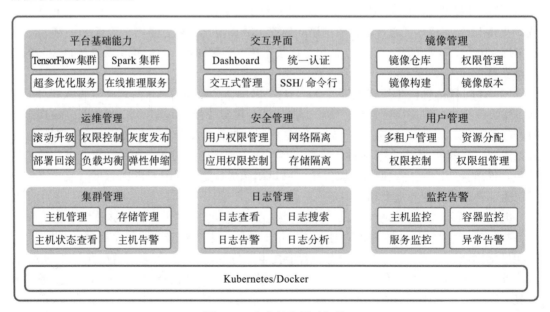

图 13.7 企业级容器云架构

如图 13.8 所示，BigAI/BigMLaaS 提供了机器学习所需的服务支持，包括 AI 算法支持和应用支持；提供了包括特征工程、机器学习、深度学习、NLP& 知识图谱、自动学习在内的 AI 算法支持；提供了包括全市场选股、多因子策略优化、策略择时、趋势预测等基于机器学习的服务应用，方便客户快速构建量化策略和投资研究。

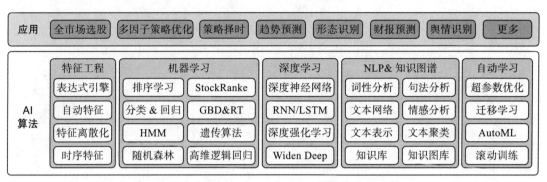

图 13.8　BigAI/BigMLaaS 机器学习服务支持示意

AI 多因子选股 / 深度学习选股的一般流程如下：首先进行数据标注和训练数据中的特征抽取，以此进行模型训练；其次结合测试数据中的特征抽取，得到预测模型；最后进行选股决策。相应的模型包括：全连接深度神经网络（DNN）、长短期记忆网络（LSTM）、GBDT 算法 AI 策略、随机森林算法、卷积神经网络（CNN）、XGBOOST 算法 AI 策略等。

量化数据服务平台架构如图 13.9 所示。量化数据服务平台以数据集成和质量管理为起点，统一化数据接口，实现多业务品种异构数据集成，并进行质量打分和规则校验、版本管理和自动化测试等质量治理；进而完成数据清洗和调度控制，通过数据对齐、替换和处理，提高数据的可用性，采用自动化调度或自定义调度完成调度监控、结果与任务的管理；在此基础上，进行数据加工和安全监控，包括高频数据处理、因子挖掘等，针对量化数据的特性进行处理，并采用高可用设计、防攻击策略进行权限控制、日志审计和数据加密；再对外提供数据服务，在投研平台的数据支撑下，达到极速体验效果。图 13.10 展现了集群资源实时监控的实现效果。

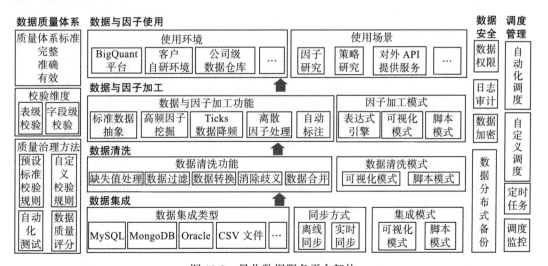

图 13.9　量化数据服务平台架构

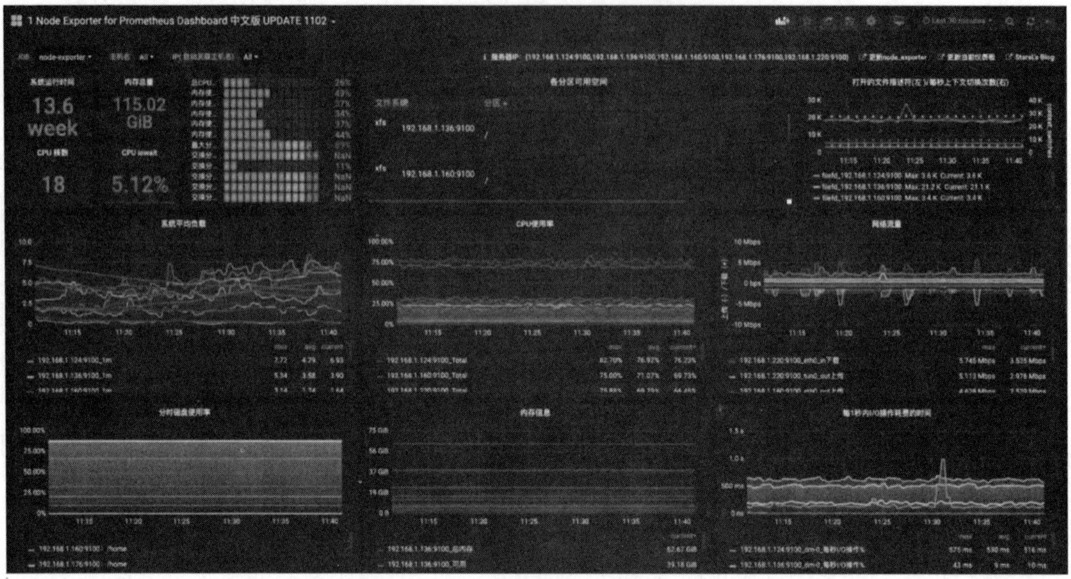

图 13.10 集群资源实时监控效果

　　总之，BigAI 全栈人工智能平台在算力和数据治理能力上，具有强大的数据接入能力、高效的数据治理能力、GPU 算力加速和动态算力管理；在算法治理能力上，能够自助探索式分析学习，包括内置回归、聚类、分类、关联规则、深度学习等机器学习算法以及丰富的特征工程算子，具有多种投研策略模板，并能够跨时间、跨组织灵活分析；在可扩展能力上，具有标准 API/SDK 接口，灵活的二次开发与扩展，适用于 IDE（Pycharm）、WebConsole 等，平台数据、算法、模型可扩展，场景可扩展，提供各种投资场景，包括高频交易、基金等，具有个性化的容器环境；在安全治理能力上，需要有严格控制的权限体系，提供系统架构安全保障，实行密钥分配的安全身份认证，确保 HTTPS 传输安全，能够私有化部署，实行企业级容器安全隔离；在简单易用的可视化体验上，开箱即用、高效可靠，做到可视化 AI 建模、可视化训练、可视化工作流构建以及可视化数据对接。

作业

1. 结合量化投资的场景，考虑当前和未来的需要，构思并设计一个包含若干选股策略的软件应用，要求该软件系统要解决的问题有意义和价值，解决方案具有新颖性，并要考虑到技术的可行性。请撰写相应的软件需求构思和描述文档。

2. 在 GitHub 等开源代码仓库中搜索金融业务场景的软件项目，进行项目代码的阅读和复现，分析代码质量，完成项目代码阅读报告并提供复现效果报告，可能的话进行适当的改进和优化。

3. 2019 年 6 月 6 日，工信部正式向中国电信、中国移动、中国联通、中国广电发放了 5G 商用牌照，我们即将进入 5G 的新黄金时代，5G 将提供至少 1Gbit/s 和高达 50Gbit/s 的数据传输速度，比典型的 4G 连接快约 65000 倍。

　　除上网速度快之外，5G 还能够提升自动驾驶安全性，打造"车联网"；家庭电器、家具实现智能互联；虚拟现实、增强现实广泛投入使用；使人工智能变得更聪明；等等。其超快的速度、零网络延迟和更高的带宽等特性，使移动应用程序的开发者、测试者和维护者面临诸多挑战。

　　请面向金融领域的客户，分别列举 5G 移动应用软件开发、测试和维护中的困难，并给出可能的解决方案。

4. 区块链技术发展至今，已有 10 多年的历史，主要的区块链项目中最知名、最成功的应用是比特币，以太坊是智能合约的开创者，超级账本是联盟链的王者，Libra 则是数字世界的全球货币。目前我国还缺乏杀手级、大规模的应用，但也有很多传统行业进行了有益的探索，其中金融是第一梯队，电子商务、电子政务、版权交易、电子证据等科技产业是第二梯队。请结合你的个人经验，给出区块链的一个应用场景，并说明使用区块链技术的必要性和可行性。

参考文献

[1] 许蕾，李言辉 . 项目驱动的电子商务课程教学 [J]. 计算机教育，2016（1）：94-96.

[2] Git 教程 [EB/OL]. https://www.liaoxuefeng.com/wiki/896043488029600.

[3] GIT CHEAT SHEET [EB/OL]. [2021-09-23]. https://gitee.com/liaoxuefeng/learn-java/
raw/master/teach/git-cheatsheet.pdf.

[4] KUHN D R, WALLACE D R, GALLO A. Software fault interactions and implications for
software testing[J]. IEEE Trans. Software Eng., 2004, 30（6）：418-421.

[5] 毛新军，王涛，余跃 . 软件工程实践教程：基于开源和群智的方法 [M]. 北京：高等教
育出版社，2019.

[6] 邹欣 . 构建之法 [M]. 3 版 . 北京：人民邮电出版社，2017.

[7] 乔冰琴，郝志卿 . 软件测试技术及项目案例实战 [M]. 北京：清华大学出版社，2020.

[8] 骆斌，丁二玉，刘钦 . 软件开发的技术基础 [M]. 北京：机械工业出版社，2016.

[9] 程洁帆 . 基于 LSTM 的 FOF 基金量化策略设计与实现 [D]. 南京：南京大学，2020.

[10] 孙家广，刘强 . 软件工程：理论、方法与实践 [M]. 北京：高等教育出版社，2005.

[11] 布鲁克斯 . 人月神话 [M]. 汪颖，译 . 北京：清华大学出版社，2002.

[12] 迈克康奈尔 . 代码大全：第 2 版 [M]. 金戈，等译 . 北京：电子工业出版社，2006.

[13] Fact-checking Trump's claims of voting machine errors in Michigan [EB/OL]. [2020-12-
16]. https://edition.cnn.com/2020/12/16/politics/antrim-county-michigan-error-trump-
tweets-fact-check/index.html.

[14] A 股市场中多个指数出现异常 [EB/OL]. [2020-4-20]. https://mp.weixin.qq.com/s?__biz=
MjM5ODczMDc1Mw==&mid=2651846331&idx=1&sn=15287af435759f58fcbaea3889
c11e46&chksm=bd3d1bd58a4a92c374e6ebf9295a5c4308504e52987bc40ffd71005d5d07
ef013867694f9425&scene=21#wechat_redirect.

[15] BARLOW J B, GIBONEY J S, KEITH M J, et al. Overview and guidance on agile
development in large organizations[J]. Communications of the Association for Information
Systems, 2011, 29（2）：25-44.

[16] BASIL V R, TURNER A J. Iterative enhancement: a practical technique for software
development[J].IEEE Transactions on Software Engineering, 1975, SE-1（4）：390-
396.

[17] BECK K, CUNNINGHAM W. A laboratory for teaching object-oriented thinking[C]// Conference proceedings on Object-oriented programming systems, languages and applications (OOPSLA'89), 1989: 1-6.

[18] 贝克. 测试驱动开发 [M]. 孙平平，张小龙，赵辉，等译. 北京：中国电力出版社，2004.

[19] BENNETT K H, RAJLICH V T. Software maintenance and evolution: a roadmap[C]// 22nd International Conference on Software Engineering(ICSE00)，Limerick Ireland, 2000:73-87.

[20] BOEHM B W. Software engineering[J]. IEEE Transactions on Computers, 1976, C-25(12): 1226-1241.

[21] BOEHM B. A view of 20th and 21st century software engineering[C]//Proceedings of the 28th International Conference on Software engineering (ICSE'06)，2006:12-29.

[22] BOOCH G. Coming of age in an object-oriented world[J]. IEEE Software，1994，11 （6）:33-41.

[23] 布奇，兰宝，雅各布. UML 用户指南：第 2 版 [M]. 邵维忠，麻志毅，马浩海，等译. 北京：人民邮电出版社，2006.

[24] BUSCHMANN F，HENNEY K，SCHMIDT D C. past, present, and future trends in software patterns[J]. IEEE Software，2007，24（4）：31-37.

[25] CHENG B H C，ATLEE J M. Research directions in requirements engineering[C]// Workshop on the Future of Software Engineering (FOSE 2007) in International Conference on Software Engineering (ISCE 2007)，2007:285-303.

[26] CHIDAMBER S R，KEMERER C F. A metrics suite for object oriented design[J]. IEEE Transactions on Software Engineering，1994，20（6）：476-493.

[27] CHIKOFSKY E J, CROSS J H. Reverse engineering and design recovery: a taxonomy[J]. IEEE Software, 1990, 7（1）:13-17.

[28] CHURCHER N I, SHEPPERD M J. Comments on " a metrics suite for object oriented design" [J]. IEEE Transactions on Software Engineering, 1995, 21（3）: 263-265.

[29] DIJKSTRA E W. Go to statement considered harmful[J]. Communications of the ACM， 1968，11（3）: 147-148.

[30] DIJKSTRA E W. The humble programmer[J]. Communication of ACM，1972，15（10）: 859-866.

[31] FAGAN M E. Design and code inspections to reduce errors in program development[J]. IBM Systems Journal，1976，15（3）: 182-211.

[32] GRAHAM I S. Object-oriented methods (3rd ed.): principles & practice[M]. Massachusetts: Addison-Wesley Longman Publishing Co.，2001.

[33] HUANG J C. An approach to program testing[J]. ACM Computing Surveys, 1975, 7（3）: 114-128.

[34] JACOBSON I, BOOCH G, RUMBAUGH J. The unified software development process[M]. Massachusetts：Addison-Wesley，1999.

[35] 琼斯. 软件项目估计：第 2 版 [M]. 刘从越，郝建材，申冬凯，译. 北京：电子工业出版社，2008.

[36] 刘易斯，多步斯，维拉皮莱 . 软件测试与持续质量改进：第 3 版 [M]. 陈绍英，张河涛，刘建华，等译 . 北京：人民邮电出版社，2011.

[37] MOK H N. A review of the professionalization of the software industry: has it made software engineering a real profession?[J].International Journal of Information Technology, 2010, 16（1）: 61-75.

[38] NUSEIBEH B, EASTERBROOK S. Requirements engineering: a roadmap[C]// Proceedings of the Conference on The Future of Software Engineering，2000: 37-46.

[39] PALMER S R, FELSING M. A practical guide to feature-driven development[M].New York：Pearson Education，2001.

[40] 弗里格 , 阿特利 . 软件工程：第 4 版 [M]. 杨卫东，译 . 北京：人民邮电出版社, 2010.

[41] SHAW M, CLEMENTS P. The golden age of software architecture[J].IEEE Software，2006，23（2）: 31-39.

[42] THOMAS D. Agile programming: design to accommodate change[J]. IEEE Software，2005，22（3）: 14-16.

[43] 蔡俊杰 . 开源软件之道 [M]. 北京：电子工业出版社，2010.

[44] 蒋鑫 . Git 权威指南 [M]. 北京：机械工业出版社，2011.

[45] YU Y, WANG H，YIN G, et al. Reviewer recommendation for pull-requests in GitHub: what can we learn from code review and bug assignment[J]. Information and Software Technology, 2016, 74: 204-218.

[46] AMMANN P，OFFUTT J. Introduction to Software Testing[M]. 2nd ed. Cambridge : Cambridge University Press，2016.

[47] 福勒 . 重构：改善既有代码的设计 [M]. 熊节，译 . 北京：人民邮电出版社，2015.

[48] 中国信息通信研究院 . 中国金融科技生态白皮书（2019 年）[R]. 北京：中国信息通信研究院，2019.

[49] 郑小林，贲圣林 . 智能投顾 [M]. 北京：清华大学出版社，2020.

[50] ZHU M Y，ZHENG X L, WANG Y, et al. Online portfolio selection with cardinality constraint and transaction costs based on contextual bandit[C]// 29th International Joint Conference on Artificial Intelligence and Seventeenth Pacific Rim International Conference on Artificial Intelligence (IJCAI-PRICAI-20)，2020.